“大发现”书系

中国天文大发现

ZHONGGUO TIANWEN DAFAXIAN

（增订本）

陈久金　张明昌/著

齊魯書社

前 言

山东画报出版社出版的《中国地理大发现》和《中国考古大发现》，一炮打响，很受读者的欢迎。编者高兴之余，自然就联想到其他科学的发现，天文与地理密切相关，他们便约我们撰写《中国天文大发现》。当初接到这个书目约稿时，我们两人谁都觉得为难，不好写。中国无论古代还是现代，都是天文大国，成就卓著，不乏创造发明。但是专门从天文发现这个角度来立项著述，还是第一次。

什么叫大发现？中国天文大发现真有那么多，而值得用一本书的篇幅来概括么？在我们的头脑中，第一次出现了这些问题。思考的结果，无论是古代还是现代，不但有天文大发现，而且很多，值得大书特书。创造发明与发现是密切相关的两个方面，我们在制订本书写作提纲时，曾严格地把握住一个界限，即只写发现，不写发明创造。因此，中国古代天文学上的许多重大发明，诸如中国特色星表星图的创制、中国天文仪器的制造和改进、中国历法的创新和发展等，本书都没有涉及，只是仅仅局限在“发现”这一范围之内。

中国的天文发现，仅就古代而言，经我们分析组合，就有以太阳和三辰定季节规律的发现、四分历规律的发现、交食规律的发现、五星运动规律的发现、岁差和潮汐现象的发现和异常天象的发现八个方面。有人可能会怀疑，有些天文现象和规律的发现，其实并不复杂，能不能称为大发现？

我们认为，大与小是相对的，而且任何科学发现，都带有鲜明的时代特征。数千年前甚至上万年前原始人的发现，与用现代科学知识武装起来的现代人的发现不能相提并论。以上中国古代的八项发现大多出现在两汉以前，当时人们的科学知识还比较肤浅，认识还比较幼稚，在那种状态下有如此众多的发现，理所当然是大发现。例如，四分历的发现，致使孟子说："千岁之日至，可坐而致也。"曾引起战国时大学者孟子如此自豪的四分历的发现，并且一直沿用到东汉末年，对社会发生如此巨大影响的四分历也就当然是大发现了。又例如东晋虞喜发现岁差，在现代天文学者看来是小菜一碟，但在上古时人们就是不明白"岁自为岁，天自为天"的道理，直到虞喜从历史观测纪录的客观分析指出这一区别之后，仍经历了数百年的争论，这个道理才得到普遍承认，这当然也是一项大发现了。

明清时代，中国天文学进入低谷，而西方天文学正在突飞猛进。如果说这时中国天文学还有大发现的话，那就是发现了中国天文学大大落后于西方，需要努力学习和奋起直追。这时，西方各国天文学早已融为一体，中国天文学需要做好三件事：将中国天文学融入西方；培养专业外语人才；补足天文学落后这一课。清代和民国时期一直在追赶，但追赶的结果是差距越来越大。幸好民国时期已经有一批有志之士赴西方发达国家留学深造，并在西方先进的天文台从事研究工作，取得了出色的成绩。他们回国后正逢新中国大力发展科学文化，招募人才，这批人成为中国现代天文学的栋梁之材，对中国天文学的发展起到了积极的促进作用。

现代天文学与古代天文学有很大的区别。它现在仍然主要是一门探测科学，即使将来也不可能直接到太阳或恒星上作实地考察。地外星体距我们远得很，我们只有从它们发出的光和电子信号等信息中获知它们的特征和状态，这就需要高精尖的设备和用高精尖科学知识武装起来的研究人才。要做到这一点，需要投入大量的人力物力。经过半个多世纪的努力，中国天文学才打下了雄厚的基础，重新赶上或走在世界天文学的发展前列，在小行星的发现、彗星的发现、行星上的发现、恒星的发现、致密星的发现、星系的发现等方面取得了巨大的成绩。这些成绩，虽然都是在各国天文学家前赴后继、通力合作的情况下共同完成的，很难说有哪一项发现是某个国家某个人的独立贡献，但中国的天文学家毕竟为此作出了自己的努力。

当前，中国的人造卫星和宇宙飞船上天已经多年，登月计划也取得了阶段性成果，我们正面临新发现纪元的到来。让我们迎接一个个发现的捷报吧！

本书古代部分由陈久金撰写，近现代部分由张明昌撰写。

目　录

近现代部分

古代部分

第一篇
彝族十月太阳历的发现及研究

彝族十月太阳历的发现，在现代中国天文学史上是一件轰动全国的大事，各种新闻媒体都作了报道。随后又发生了是否存在彝族十月太阳历的争论。彝族十月太阳历发现的巨大价值，还在于它起源和植根于中国最古老的历法——阴阳五行历。随后，人们深入到《夏小正》是否是十月太阳历的讨论。可以说彝族十月太阳历的发现，是 20 世纪中国天文学界最热门的话题之一。

历史的车轮总是不停地滚滚向前。自从彝族十月太阳历再次提出，并且以科学的方法加以研究以来，前后又经过了 30 个年头。历史上凡是新生事物的出现，总是伴随着压制和斗争，十月太阳历的研究过程，同样伴随着激烈的争论。在经过一段较长时间的中断之后，今天我们有机会更冷静客观地面对和总结这段历史。

一、彝族十月太阳历的发现过程

1. 刘尧汉教授在发掘彝族十月太阳历上的贡献

刘尧汉教授，出生于云南哀牢山南华县沙村的一个彝族地主家庭。1943 年考入云南大学社会系，学习民族史和社会调查的方法。在系主任费孝通的指导下，对自己的家乡进行社会历史调查，完成了毕业论文《沙村社区研究》。他的研究工作受到当代史学界的高度重视和赞赏，翦伯赞教授嘱他再次到哀牢山调查时，注意弄清南诏王室的族别，范文澜教授则向其索要存稿。刘尧汉依据自己家族由奴隶主演变成封建地主过程为资料，写成《由奴隶制向封建制过渡的一个实例》一文，送范老审阅。范老阅后写出一篇热情洋溢的推荐文章《介绍一篇待字闺中的稿件》，刊载于1956年5月24日《光明日报》上，范老赞扬刘文为“山野妙龄女郎”。文中间接地批评了那些只知与中国《书经》《诗经》等“名门老太婆”或希腊、罗马等“外国贵族老太婆”打交道、只知从书本上寻出路的研究者，并风趣地批评说：“他们对眼前还活着的山野妙龄女郎就未免有些目不斜视，冷淡无情。”可以说，范老的这一批评对科技史的研究方法尤其中肯。那时的中国科技史界，还处在开创阶段，正忙于整理国故，尚未顾及野外和少数民族调研。从以上介绍可知，当年的刘尧汉教授，已经具备良好的社会调研的实践经验和深厚的史学、文献学功底，在科研道路上也已取得令人瞩目的成果。

我们认识刘尧汉教授，是一次偶然的机会。1975年，为了开展彝族天文调研，事先得熟悉彝族文献和社会历史知识，并为实地调查作准备。我们到中国社会科学院民族研究所请教，与他相识，并且在以后开展彝族十月太阳历的研究过程中结成了多年的合作伙伴。我们互相支持，取长补短，坚定认清目标，克服许多困难，打开了研究的新局面。

认识刘先生以后，他除指点我们如何开展凉山彝族天文调查、应该参阅的研究文献，还拿出一份整理前人调查资料的手稿，内容涉及彝族十月太阳历和十二兽历。我们阅读之后，劝其将这份资料改写成两篇论文，并亲自为他改写成《彝族太阳历考释》一文。刘教授接受了我们的意见，这两篇论文都刊载在有关的科技史刊物上。

图1.1 刘尧汉(右一)、卢央（左一）教授在彝族地区作调查

由于家庭杂事，计划中的凉山天文调查我未能成行。其他两位成员按计划去了。由于我觉得彝族十月太阳历是一项从未见到过的全新目标，很有研究价值，我便特别嘱咐去调查的同行关注这个方向。没想到的是，他们调查回来后说没有调查到十月太阳历。他们的工作让我和刘尧汉都很失望。正是这个原因，才促使我和卢央、刘尧汉三人于1981年再次踏上彝族天文历法调研的征程。

我们虽然想作彝族天文历法的全部调查，但关注的重点仍然放在十月太阳历上面。然而要获得这方面的信息十分困难，只能从星占资料中得到一些间接的信息。不过，我们还是从雷波县找到了直接使用过十月历的群众玛尼兹等人，最后我们出版了《彝族天文学史》。在此前后，还发表了若干有关彝族太阳历的论文。

我们在《彝族太阳历考释》中，引用了1934年俞德浚等人撰写的《雷马峨屏调查记》和1940年云南大学江应梁教授在大凉山调查写成的《凉山彝族奴隶制度》等文献，加以分析和综合，指出这个彝族太阳历的基本结构为：每岁十个阳历月，每个阳历月为三十六天，合计三百六十天。另有五至六天过年日，不计在月内。以十二生肖纪日，并与汉族的十二生肖相对应。但尽管有前人的多次实地调查，仍然还有一些问题不很清楚。如虽然知道其岁首在冬季，但不知具体与公历或农历的对应日期，也不知道具体是几年设置一个闰日等。

在开创彝族十月太阳历的研究中，刘尧汉所起的主导作用是很显然的。他不但首先整理出前人调查十月历的各种资料，而且又亲自组织他人再作专业调查，加以证实和补充。他不但熟悉作民族调查的方法，而且熟悉与此有关的民族资料和历史文献，从而对深入研究起到关键作用。当时他还是彝族中的唯一教授，在云南、四川、贵州的彝族干部群众中，有很高的威信。正是这个原因，我们的调查工作才能顺利进行，才能得到群众支持，对开展进一步研究起到推动作用。他还将他的有关工作专门写了一本书，名为《文明中国的彝族十月太阳历》。

从以上介绍可以看出，彝族十月太阳历虽然不是他首先从彝族闭塞的山寨中发掘出来的，但却是将民族学家的口头调查和似是而非的口头传说，引导到天文史界，从科学的角度探讨这一奇特而又古老历法的创始人，并且取得实质性的研究成果，从而与华夏古代科技文明相联系。他还利用自己擅长的社会调查方法，引导天文史家深入彝村作实质性的调查，推动了学术界和广大彝族群众参与十月太阳历的研究，明确指出十月太阳历是彝族自己固有的历法，从而否定了以往民族学家以为彝历“由汉人传授而来”的猜测。因此，刘尧汉教授在彝族十月历研究上的贡献是毋庸置疑的。

刘尧汉教授走进天文史的大门而研究彝族天文学之后，取得了许多成果。他开创了利用民族学和民族史的知识来充实中国天文史研究领域的研究方法，推动了中国天文史的研究。除发现十月太阳历以外，由他直接作出的贡献还有两项，一是发现和论证了彝族虎历和虎图腾崇拜，二是将彝族巫师的名称与中国远古黄帝系统的天文学家羲和挂上了钩。前者促进了人们对西羌虎图腾的认识，从而推动了人们对四象和恒星分野源于中国远古民族图腾的研究；后者则推动和促进了人们对远古华夏文明中的两大历法体系的分类和认识。

关于后者，应当说研究还刚刚开始，许多人可能还根本没有认识到。即使是天文史界，能够认识到的人也很少，故这里需稍作说明。刘尧汉教授为《彝族天文学史》撰写了“彝族文化史概略”一章，在第六节南诏大理文化、第七节毕摩与天文学两节中，重点考证了彝族君王和巫师的名称和作用。他在述说彝族、白族是古西羌一个分支的遗裔后指出，它的父子连名制与古代羌人相同。《新唐书·南诏传》称国王为骠信，称王后为信么。《大明一统志》“蒙化府”称巫师为西，称土地的主人为弥西。弥义为土地，其中信、西均为王或主人之义。而川、滇凉山彝族均称巫师为毕摩，称部落首领和奴隶主为西或色。男称西颇，女称西摩。乾隆《云南通志》第119卷曰：“巫号大溪波。”元李京《云南志略》也说：“惟用男巫，号曰大溪波。”故彝语信、西、溪、师等，均为彝语主人、王、巫师等同一含义的音译，具有见识广博、有学问、首领等含义。刘尧汉同时也注意到《国语·楚语》说古巫觋“其智能上下比义，其圣能光远宣朗，其明能光照之，其聪能听彻之。如是，则明神降之，在男曰觋，在女曰巫”。故认为彝族的毕摩与《国语》中所说的巫觋是相当的人物，而彝族的西、溪、信等，在读音上与《国语》之觋字也相一致。刘尧汉没有将彝族的巫师进一步与三皇五帝时代的羲和相联系。但彝族巫师既然可与《国语》中的传说人物巫觋相类比，那么一定也可与黄帝和帝尧时代的羲和相类比。由此推而广之，现今的彝族巫师西波，与黄帝、帝尧时代的天文官羲和，均为具有共同专长的星占师。他们同时

图1.2　云南南涧虎街土主庙《母虎历书》碑

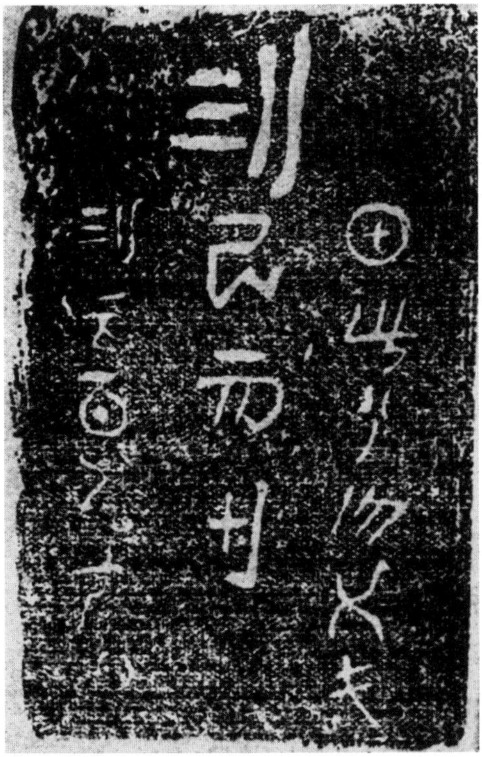

也推算节气，制定历法，其称号西、溪、羲、觋等，在读音上也一致。而且从族源来说，无论黄帝族、帝尧族或彝族，都源于同一民族——古西羌族。由此，我们便可找到能解开彝族十月太阳历与黄帝、帝尧阴阳五行历性质相似的谜团——她们同属古西羌民族，有着共同的古老文明。

2. 有关彝族十月历的争议和考验

彝族十月太阳历的发现和研究公布以后，尤其与中国上古的文献加以联系研究之后，在社会上引起热烈的反响。它的魅力，使很多人入迷和关心，也引起很多人想要参与进一步研究的兴趣。日本著名科学史家薮内清先生还专门为《彝族天文学史》写了书评，可见当时在国内外影响之广泛。但是，这件事同时也惹恼了一些人，引起了一些人的怀疑和反对，声明要与这些汉族太阳历的“发明者”斗到底。这些人针对《彝族天文学史》一书作了反调查，并在多处文章中公布了有关调查结果，以此证明我们在调查中编造了“假调查”，此后还有人自费出版了一本名为《古今彝历考》的书。即使经过多次修改，写在书中的文字仍然火气十足，似乎世界上只有他才懂得彝族和天文学。读者只需看他书目中的一些标题，就可看出其文字之激烈了：

这种公式是瞒不过人的
从来没有不以十二属相记的五天
不叫虎历叫天历
月名不是以五种元素命名的
十和三十六毫无天文依据
纯属虚构的讹传
彝族不崇拜虎不属虎图腾

为了将他的意见表达得清楚一些，我们于此引述他书中写得较为精彩的文字如下：

太阳历的作者声称，“通过对大量的彝族文献的研究，证实了这种说法（指十月太阳历）在彝族古代即已存在”。请问：太阳历论者研究过哪部彝族文献？哪部彝族文献的哪页记载了十月太阳历呢？能举出半个字吗？太阳历论者所发表的文章和书中没有引用过半个字。正因为太阳历论者不懂彝文文献，也没有研究过，才轻信太阳历的存在，闹出连篇累牍地发表十月历奇文的笑话。十月太阳历的奇文——奇就奇在用自己的想象和道听途说，模仿其他民族的历法，替古代彝族创造了十月太阳历。太阳历论者已发表的谈论彝族历法（指十月太阳历）的文章，没有引用（因为彝文文献里没有什么十月历）一句彝文历史文献中的话就是证明。

如果说十月历先进、有价值的话，请莫说是彝族先民的，最好还是老老实实、实事求是地说十月历是现代学者的发明创造。因为彝族先民确实没有为他的后代留下十月历。十月历这个光荣，不应当归古代彝人，而应当归现代彝族十月太阳历的发明者。

在他的笔下，可以看出有一大批专门造假的人。造假首先是从1934年中国西部科学院以俞德浚、常隆庆、施怀仁等十二人的考察团的调查报告开始的。为了不给人以打击面过宽的印象，他还将这批造假的人分成两类，一类是俞德浚这批人，这些是十恶不赦的首犯，另一批则是造假的从犯，用他的话说是“一字不漏地照抄”。即使是犯照抄的罪名也不小，因为像江应梁等这批民族学家是以民族调研著称的，竟然被他“发现”照抄了别人造假的东西而作为自己的发现。在他的笔下，我们也成为造假的人。在这里我们郑重声明，我们没有造假。多余的话我想已经不值得多说了。

3．彝族十月太阳历的深入发掘和研究

刘尧汉教授曾经说过：“我鸣而不争。”意思是说，只发表新的观点和新的结论，不与别人作过多的纠缠和争论。我们与刘尧汉持相同的态度。故对那些歪曲和挖苦言论一直没有作过答复。这里作些解释还只是第一次。当然，我们在此作些解释并不是要算历史的旧账，只是想告诉广大读者和青年科技工作者，在从事发现、发明的科研道路上是多么艰难，不要期望总是那么一帆风顺。遇到艰难和阻力会更加磨砺人的意志，受到一些批评甚至否定，是好事而不是坏事。事实胜于雄辩。新的发明、发现终将随着历史的发展推向深入和成熟。彝族十月历的发现和研究，就是一个很好的实例。

必须指出，有人借 1982 年《民族学报》上文章中的一句话，经过歪曲后大加挞伐，正反映出其心理上的弱势。从事过研究工作的人，谁都能分清彝族文献和彝文文献的区别。无需说明，几乎所有的读者都能懂得，凡是记载、反映与彝族文化有关的文献，都可称为彝族文献，它与何种表述文字无关。

当然，我们必须老老实实地承认，我们不懂彝文，但这并不能说明不懂彝文的人就不能对彝族文化进行研究。事实上，《彝族天文学史》中就有许多地方引用过前人翻译的《西南彝志》《文丛刻》和《宇宙人文论》中的原文，这些人却视而不见。

由于历史的原因，许多彝族群众将与天文星占有关的老彝文书当作四旧珍藏起来不敢示人。这正是《彝族天文学史》收集不到直接记载十月历彝文文献的原因。"文化大革命"结束，科学的春天来临，由彝老们珍藏的古彝文被当作民族珍贵遗产加以研究，记载彝族十月太阳历的彝文文献不断被人们发掘出来，加以翻译和研究。在 20 世纪 80 年代后期，凉山州和云南宁蒗县分别成立了以马拉呷和彭祥兴为首的彝族天文历法调查小组，他们的调查报告都一致肯定彝族有十月历，近代在边远地区的彝族还使用过十月历。西昌朱玉宾翻译并发表了专门记载十月太阳历的《日月星辰书》。人们并将收集到的记载十月历的彝文文献放在凉山博物馆中展出。

到现在为止，我们所介绍的彝族十月历还没有离开过凉山地区。事实上，云南除小凉山，其南部和东部也都有彝族十月历的文献。红河州民族研究所师有福从弥勒县法果哨杨家福处收集到一份记载彝族十月历的文献，他与童家昌等合作将其翻译成汉文，定名为《滇彝天文》。书中记载了彝族先民戈施蛮创始十月历的过程。文中记载了立杆测影、水珠测影和北斗指向等多种不同的确定十月历季节的方法。他们又从巡检司镇麦塘村找到了杨罗伯《十月兽历》的抄本。按《十月兽历》记载，这种历法是建立在雌雄造化万物的观念之上的，整个宇宙被看成是由清浊二气不断运动的结果。十月太阳历把太阳从南端移动到北端的时间定为一个阳年，太阳再从北端回到南端的时间称为一个阴年。而太阳由南到北又从北回到南的一个整年合计为 365 ～ 366 天。在阴阳学说的指导下，彝族先民将一个整年分为两半，阴年和阳年各占一半 180 日，其余 5 至 6 日为阳年过年日和阴年过年日。《十月兽历》以虎、水獭、鳄、蟒、穿山甲、麂、岩羊、猿、豹、四脚蛇十个动物为顺序，用以纪年、纪月、纪日。过年日不用动物纪日。每十年一个循环，每年的第一个月和第一日均为虎日。从这个意义上说，刘尧汉教授所发现的母虎日历石碑，于此便得到证明。

当师有福等人对滇南彝族十月历的文献初步翻译研究告一阶段之后，红河州民族研究所专门在弥勒县召开了中国彝族十月太阳历的研讨会，会上有很多学者撰写了研究论文。这些研究成果，连同凉山州天文调查小组的报告一起，刊载在《中国彝族十月太阳历学术讨论会论文集》上。

在彝族学者对彝族十月太阳历资料的发掘和研究中，贵州的有关人员动手最晚。但在我看来，他们所取得的成果和所作出的贡献却非常大，也很突出。贵州西北的毕节地区，是彝族古代的文化中心之一，集中了大量的古彝文和擅长古彝文的学者，1949 年后他们曾翻译出版了一大批彝文经典。例如，著名的《西南彝志》《宇宙人文论》《彝族源流》《彝族创世志》等，都是出自这个地区的翻译成果。

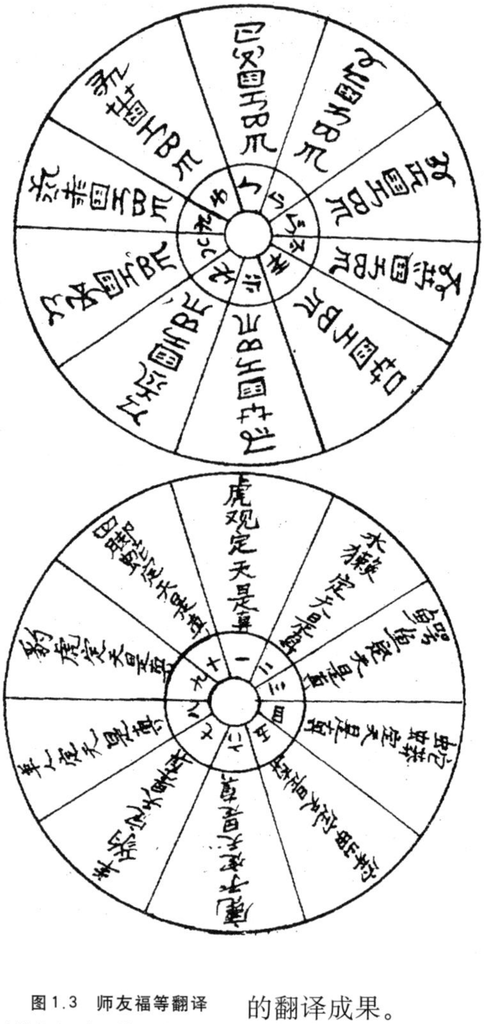

图 1.3 师友福等翻译弥勒彝文《十月兽历》记日、记月、记年法（引自《彝族十月太阳历讨论会文集》）

1998 年，在贵州彝学会的推动下，王子国先生的彝文文献经典系列，“历法篇”《土鲁窦吉》得以翻译出版。这是一份长篇巨著，翻译文字达 34.8 万字。王子国在前言中介绍说：“专著共分三卷，卷一论述彝族十个月为一年的历法，即彝族十月历；卷二论述彝族十二个月为一年的历法，即彝族十二月历；卷三用干支及数理等推理天地人产生的规律，揭示宇宙生成、发展、变化无穷的哲理。该书彝文原本是贵州省赫章县阿侯布摩世家历代祖传珍本。现由传人之一王子国收藏。”

前言在论述十月历的基本构造时说：

以天罡定年，以甲干定月，以五行定季，以干支不相应产生的三个时空变通六气后，运算出一年365～366日，一个月36日，十个月（一年）360日这一数据的。其余5至6日不算在月数内，作为阴阳生生不息、周而复始的交替日，定为年终吉日。年又分阴阳，阴年重5日，阳年叠6日。天干的中位是五，地支的中位是六。五十有五，六十有六，天地相合，上下变通，重在午位，叠于子月，子午重叠，日复一日。同理，阴年有5天年节，阳年有6天年节。一年分为五季，两个月为一季。一年分为二十个节气，18日为一个节气……一年分为十个月的基本理论是，建寅为人统，月份从寅算起。

图1.4　师友福所绘十月历月序与彝族四季节气对应图

从以上陈述可以看出，贵州彝文经典中所记载的十月历，与大凉山调查所得已有很大差异，与云南弥勒发现的十月历也有差异。我们首次从小凉山的调查中得知彝族十月历以阴阳配五行作为十月历的月名。《土鲁窦吉》也有明确的记载。它又明载天干十日为十月历的月名，这也与我们撰写的《天干十日考》完全相合。不过我们写这篇论文时，还只有间接性的依据，主要还属推理性质。《土鲁窦吉》明载五行生十日。它明确地指出“新年在寅月”，由于阴年和阳年是依冬夏至来确定的。那么，冬至后一个阳历月36天，加5至6天过年日，便是新年第一个月的开始。十月历也可以改革，岁首所在的季节是可以改变的，纪日周期也可以改变。例如，大凉山用十二生肖纪日，滇南彝族用十兽周期纪日，贵州彝族则以干支纪

图 1.5 《土鲁窦吉》一书中“一年十月”“一月分两节、一年二十节”的原文、译文对照书影

日。将一岁分为阴阳两个半年，一岁分为五季，两个月为一季，一岁又分为二十个节气，半个月 18 天为一个节气，这也是贵州十月历的特点。

《土鲁窦吉·论天地人生》曰：

一年十个月，六气定五季。阳升阴降，运行没错乱。一年十个月，一月三十六日。耀日空中运，一日行一度。一月三十六日，半月十八日。……五行主地支（十日），管大地中央。甲乙木行青，木行管东方，寅和卯相合，管七十二日。……丙丁火行赤，火行管南方，巳和午相合，管七十二日。……庚辛金行白，金行管西方，申和酉相合，管七十二日。……壬癸水行黑，水行管北方，亥和子相合，管七十二日。……中央土行黄，土行管中央，辰戌丑未合，管七十二日。

又其《论定年月界》曰：

> 定年三百六十日，定月有三十六日。十二属相转三周定一月，一年十月，十生就五成。一年分五季，形成了五运。……一月分两节，一年二十节。……阴年节五日，阳年节六日。

《土鲁窦吉》不但论定了一年三百六十日（附加有五至六天过年日），一年分十个月，每月三十六天，而且明确用十二属相纪日，每个月与三个属相周相合。它不但论定了一年分五季，一年分十月，而且明确地指出五行与十日即十个天干的对应关系。这种说法，是与师有福从滇南得到的彝族十月历文献的说法是一致的。《土鲁窦吉》还第一次记载了彝族十月历的每个月又分为二节，一年为二十节。这一记载又正好与最近山西临汾考古发现的陶都天象遗址的结果相对应。关于二十节气，我们在下一篇还有机会述及。

如果说弥勒的十月历还较原始，那么贵州赫章的十月历已经上升到了理论的高度概括。《土鲁窦吉》分别介绍了相生序和生成序五行在季节分配上的含义，由此我们找到了这两种五行在科学上的依据。以往我们曾在自然科学史研究杂志上发表《阴阳五行八卦起源新说》，按科学原理对两种五行作了季节上的分配，当时有很多人不能理解，现在从《土鲁窦吉》的陈述来看，正好完全相合。如果人们要寻找《易经》中的阴阳十个数变化规律的依据，及河图洛书的科学理论，只有从《土鲁窦吉》中才能得到真正科学的解答。对该书从科学上进行研究分析，已不是本书的宗旨，于是这儿打住。可以预言，《土鲁窦吉》的科学价值是难以估量的，它必将成为人们从事易学研究的经典。

已经很久没有听到反对的声音了。我们仍然期望能听到对彝族十月历研究的批评意见，因为这种批评意见定将促进研究的深入和发展。我们感到欣慰，在开展十月历研究不到二十年内，就从各地彝文文献中发掘出许多十月历的典籍，有那么多的学者积极开展彝族十月历的研究，他们所做的这些工作，替我们很好地回答了批评者的责难。

二、中国上古十月历的深入探索和《夏小正》是否是十月历的争议

本篇将用事实告诉读者，中国上古有许多熟视无睹的东西都可证明中国有十月太阳历。例如，阴阳五行是十月历，天干十日是十月历的月名，《夏小正》是十月历。本篇还用简明浅显的文字，分析了两种计算得到不同结论的道理所在：一个人说计算证实《夏小正》是十月历，另一个人说计算证实《夏小正》合于十二月历，这究竟是怎么回事？

1. 中国上古十月历的探索

彝族十月太阳历结构奇特的本身，就很令人惊叹，故值得对它进行深入研究。不过我们认为，彝族十月太阳历的真正魅力，还在于与中国传统文化的神秘关系。因此，我们在一个相当长的时间内，一直把主要精力放在对中国上古十月历的研究上，我们坚信，现今发现的彝族十月太阳历，早在中国上古时就已存在。彝族十月历，与中国上古十月历存在同源的关系。为此，我们接连发表了《论〈夏小正〉是十月太阳历》《阴阳五行八卦起源新说》《天干十日考》等论文。以往人们从来没有将《夏小正》、天干十日、阴阳五行及《周易》中的十个数往十月历上面想。这是一项重大发现，它在科技史界甚至是史学界及文化界投下了一枚重磅炸弹，引起了人们的关注和争议。现将有关的三个问题简要陈述如下：

(1)《夏小正》是十月历。我们曾从季节星象和农事物候两个方面，论证了《夏小正》是十月历而非十二月历。尽管前人没有认识到《夏小正》是十月历，但早已发现《夏小正》的星象物候，与农历存在很多矛盾之处。例如，清代孔广森《夏小正》补注说："《小正》躔度，与《月令》恒差一气。"《月令》即春秋战国时的农历，它与《夏小正》均为先秦时中国最古老的农事历书。所谓差一气，即在季节上相差一个中气，意为所有月份，均要推迟一个月。但显然，"恒差一气"的说法并不正确。例如，这两份历书就均有正月"初昏参中"，即当正月黄昏时这两种历法都看到了参宿中天的星象。说明二者季节是相同的。只是孔广森指出了其他月份平均季节星象要差半个月

或一个月。又例如日本学者能田忠亮等在《夏小正星象论》一书中指出，除参中星象一致外，其余星象都要比《月令》更古老，不能晚于公元前2000年。这也等于说，其他季节星象，几乎比《月令》晚了一个月。

我们说《夏小正》是十月历的主要依据，可以简单归结为如下几条：《夏小正》确实存在一年只有十个阳历月的特征。例如，正月初昏斗柄悬在下，到六月斗柄正在上；二月春分燕子飞来和七月秋分燕子南归；五月白天最长（夏至）和十月夜间最长（冬至）等，都应该是半年的时间，但以上所载均为五个月，可见《夏小正》的五个月就是半年，十个月为一年整。其他星象物候，也都与十月太阳历相合，而与十二月历有异。

（2）天干十日是十月历的月名。先秦流传下来的远古神话，有羲和生十日，还有羿射十日。羲和与羿，在中国远古时，都是了不起的大神和英雄。又有羲和生十日，常仪生十二月的神话。明显地，这里的十日对应于甲乙丙丁戊己庚辛壬癸，十二月对应于十二支子丑寅卯辰巳午未申酉戌亥。以往曾经有人断言，人们创立干支就是用来纪日的，但这种说法显然没有根据，其实正好相反，开始时是用来纪月的。以下文献正好说明这一点。

《淮南子·天文训》记载说“日之数十”“凡日，甲刚、乙柔、丙刚、丁柔，以至于癸”。人们弄不懂其中的含义，武断地将其归结为毫无实际意义的形而上学的观念，甚至将其归入毫无研究价值的迷信观念。其实，人们不懂得它的实质。下篇我们还要介绍《尔雅》中的月名和月阳的区别，就可明白十日具有阳历月的性质。《淮南子》所载甲刚、乙柔等刚柔十个数，正是对应于《周易·系辞》中天一至地十的十个数。可见十日这十个数，关系到中国上古阴阳五行和《周易》中的基本理论及其起源。

与此同时，在《管子·五行》和《史记·律历》中，都载明了甲乙等天干在季节分布中具体的方位和十日中每个名称的含义，可见十日原本就是十月历的月名。

（3）阴阳五行也是十月历的月名。我们在《阴阳五行八卦起源新说》中指出，五行即五时，或称五季，关于这一点，古人早有评

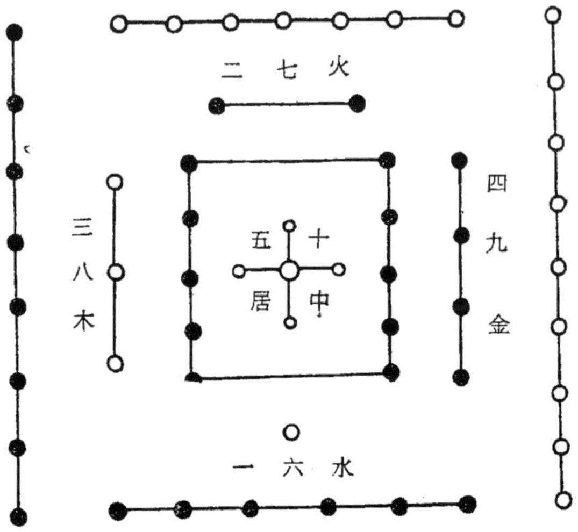

图1.6 陈抟《河洛理数》所载河图

说。其实，从小凉山彝族十月历的月名就已明确了这一点。但是，这种观念和认识，要想使文化界的学者认同绝非易事。由于五行是产生于战国时的一种哲学观念的说法，在中国已经根深蒂固，现今要将其转变为原本是十月历的月名，这种认识的差距实在是太大了。人们总需要有一个认识理解的过程。

在我们对五行本源的研究中，还有一个很大的突破是相生序五行木火土金水和生成序五行水火木金土的差异，我们按照河图洛书的结构，推论出相生序五行，各配阴阳，每行各占72日的结论。而对于生成序五行与相生序五行在季节的对应上有着极大的差异，即生成序五行将一岁分为阴年和阳年两半，阴年和阳年各含一个完整的五行，上半年为生五行，下半年为成五行。我们在发表这一认识时，仅为研究理论上的推导，不过，当《土鲁窦吉》一书于1998年出版后，完全证实了这一推论是正确的。故我们可以断言，《土鲁窦吉》一书的翻译出版，对中国易学的研究将有着未可估量的作用。

《周易·系辞上》说：“河出图，洛出书，圣人则之。”所谓黄河显现龙马，洛水显现神龟，这都是人们用以神化的借托。实际是说远古圣王依据天象物候作为法则，制订历法，以利于万民纪时使用。所谓伏羲授河图，禹授河图或洛书，文王画八卦，是说上天授予他们治理国家的大法，其中包括象征王权的历法。所以，被后世儒家说得神秘莫测的河图洛书，就是指历法。以往人们不理解十个数字何以成为历法，现在我们得知这种历法只对应于十月历的月名，由此才真相大白。

我们不想用太多的笔墨来介绍河图洛书的内容，这里只想指出两点：第一是无论河图或洛书的数序，均出自《尚书·洪范》，即生成序五行。所谓相生序五行，则是另一种排列方式，它又与河图中的排列方向相对应，不仅数序对应季节，方向也对应于季节。这反映出十月历中两种不同的历法系统，这在《土鲁窦吉》中均有记载。第二是河图洛书的画法，古代有不同的说法，而《土鲁窦吉》只对应于其中的一种。通常所说的九宫洛书，符合从不同方向的数相加均等于 15 的法则，已从原本源于天象历法的月序，改变成纯数字排列的法则，故后世洛书，从性质上说完全发生了变化。

2.《夏小正》是十月历还是十二月历的争议

现今所能看到的《夏小正》，明载一年十二个月。所谓《夏小正》是十月历，只是我们研究后得出的一个结论。从以上简单介绍就可得知，这种说法是有依据的，所以，这一观点得到很多人的拥护和支持，加以引用的不在少数。但是，持怀疑态度的也不少。更有一些人持反对态度，只是不表明态度而已。她们撰《夏小正星象年代研究》一文（《自然科学史研究》19 卷 3 期），虽然没有正面与我们辩论，却明确地表示出她们的态度和观点。归纳起来有以下几点：

（1）对能田忠亮的研究，该文的评价为“很有参考价值”，但“该文对不同代的星象如何同时使用未作说明”。实际意见是，不能同意将同一书中的各星象割裂成不同年代来使用。所以实质上是否定了能田忠亮的研究方法。

（2）她们提出自己的方案时说：“我们已经证明了《夏小正》中全部星象的年代是一致的，它们均适宜在公元前 800 年前后使用。不过，这一结论是在夏至与大火昏中在同一天的条件下得出的。实际上‘时有养日’的测定与昏旦星象不同，它们并不一定在同一天，所以我们既可以设大火昏中在夏至日，也可以设其在夏至前或后。……经计算，恒星在各月节的昏中年代为：正月昏参中公元前 1050 年；四月初昏南门中公元前 2500 年；五月大火中公元前 2050 年；七月旦参中公元前 2700 年。……上述结果表明，《夏小正》中的星象，大约在夏代时出现于二十四节气之各个月初，此后这些星象沿二十四节气向后移动，在周代时出现于二十四节气之各个月中。因此从天象的角度来看，它应是一部从夏到周均可使用的历法。……

关键在于是将各种星象设在二十四节气的月初还是月中。……这个结论，也可以解释它为什么会流传至周代。”

(3) 对正月初昏斗柄悬在下和六月正在上。她们置斗柄指向月移一辰的记载于不顾，说 :“只有当时间再提前约两周，才可称斗柄正在上之图形，但因为与参中的前提一致，这一偏差是可以允许的。”

(4)“正月昏参中年代的偏差……实际上它可以被解释为因与其他星象相隔不为整数月而产生。从距火昏中约 1050 年推知，参昏中与火昏中大约相隔 4 个月零 11 天。在将最显著的星象取在同一部历法中时，出现这样的偏差是完全可能的。”

(5) 对五月“时有养日”距十月“时有养夜”中间半年只有五个月，她们轻描淡写地说“两记必有一误……本文设”时有养夜“在 11 月”。

(6) 对于《夏小正》二月燕子从南方飞来和七月消失即回南方，表明春秋分相距只有五个月等物候上的差异，她们则不予理会。

于是，她们的结论《夏小正》是十二月历。

这一新的“计算”结果，实际上是对我们《夏小正》是十月太阳历研究结果的否定，这种研究结果的对立观点，实在令人遗憾。按说，经过实际计算的客观结果，总要比比较研究要来得准确可靠，所以按理说，她们的结论应该更具说服力。但是，我现在不妨告诉读者，在该文发表之前，还有人作过《夏小正》的星象计算，这个人就是她们的老师杜升云教授。他告诉我 :他作过计算，《夏小正》的星象是十月历。该文发表以后，我想起这件事，再次向杜升云核实。杜教授再次回答说 :“是作过计算，是十月历。”这就奇怪了，同一种古代观测纪录，计算结果竟然可以得出两种截然不同的结论，问题出在哪里呢? 于是，我们不得不对她们的计算过程作出检验和推敲。

必须指出，该文的计算结果并没有全公布，尤其是两种最关键的数据没有公布。她们的新计算方法中的最得意之处，就是将夏至与五月星象分开，这是前人不敢做的事。她分开之后，便可假定随着岁差的改变，季节星象由月初退至月中，这便形成了“夏代至周代均可使用”的状态。由此便莫名其妙地得出了“《夏小正》中全部星象的年代是一致的”结论。然而，无论是我们，还是能田忠亮等，都曾明确地指出所载季节星象有互相矛盾之处，她由此解释说 ：“斗柄正在上之图形，但因为与参昏中的提前一致，这一偏差是可以允许的。”既然是计算，为什么不公布数字？该文又说：“正月初昏参中，在各月出现的时间则略偏早。”其实，这其中藏有玄机，“略偏早”？偏多少？是一两周吗？我们引来《月令》孟春“昏参中”、季夏“昏火中”的记录，就可以明白，二者整整差了一个月。这半年存在一个月的差别，与斗柄下指到上指、自五月夏至到十月冬至、自二月春分到七月秋分，都是互相对应、可以印证的。

该文用节气与中气间的流变来解释《夏小正》各季节星象间的对应关系，也是完全不可信的。这怎么能算是推算呢？大家都知道，二十四节气最早出现在《吕氏春秋》，可见它的产生绝早不过战国，用其来解释夏商周三代的星象，与实际不可能相合。我们必须于此指出这一点，不然将使人误认为我们同意了她的“推算”。根据该文的推算，它首先就肯定了夏代已使用了二十四节气。不然假说的前提就没有了。但天文学界通常的观念是二十四节气起源于战国时代，与夏代相距甚远。

当然，由于历史久远，《夏小正》记载十分简略，作为一种学术研究认识上的分歧是正常的，人们对《夏小正》究竟是十月历还是十二月历，这一歧见还可能长期延续下去。仁者见仁、智者见智的观念是应该允许存在的。

三、十月历研究方法的总结

我们从事中国十月太阳历的研究前后达二十余年，其间虽然也作过其他研究，但十月历则始终是我们关注的中心和兴奋点。我们与刘尧汉教授合作研究彝族十月历也几近十年之久。时至今日，彝族古代有十月历已成定论，中国上古存在阴阳五行历或十月历也未看到有人反对，虽然《夏小正》是否是十月历还可能存在争议。读者中有相当一部分都是年轻人，他们已经走上或即将走上研究岗位，有些虽然不在专门的研究部门，但日常工作中经常会遇到改革、创新和发现，我们愿将我们研究过程中走过的路总结出来，这对青年一代来说，也许是有益的。

1. 创新和发现才是最大的成就——师姐的一句话使我终生受益

严汝娴教授是中国社会科学院民族研究所的研究员，是刘尧汉的夫人。他们夫妇俩共同从事西南少数民族研究，可谓志同道合。在我们与刘教授合作的过程中，也与严教授认识熟悉起来。严教授也是著名的学者，她在纳西族母系制度和中国妇女的婚姻家庭等研究方面都曾取得令人瞩目的成果，与我也曾合写过一本名为《普米族》的小册子。

在闲谈中，我告诉她我喜欢做创新和开拓性的研究工作。她说："只有创新和开拓性的研究，才是最伟大、最有前途、最有生命力的研究，它比沿着前人已经开辟的研究方向继续研究更有价值。做创新研究会面临很大的失败风险，但在十项创新研究中即使只成功了一两件，也是了不起的成就。"

严汝娴的这句话说得如此浅显和明白。在此之前我们并不是不知道从事创新研究的重要性，不过我们从她的话中则再次得到了对创新研究价值的肯定，得到了从事创新研究的鼓励，找到了同道和知音。自此以后，便更加坚定了我们从事创新研究的方向和信心。严汝娴的一句话，使我终生受益，永远受到鼓舞。

2. 不怕失败，才能成功——研究者的品格和毅力

从事发现和发明创新的人，在多数情况下都将面临失败的痛苦。对研究者来说，失败有两种，一种是经过无数次的研究失败之后最终获得成功，另一种是以失败而告终。对于后者而言，前者是幸运的、成功的。

从事发现、探索和创新的人，必须正确面对失败。经常失败是意料之中的事，故必须要有这种思想准备。对于一个研究机构和组织来说，探索中必然包含失败，只有在失败中才孕育着成功。失败将会失去什么？对机构和组织来说，只是损失了一些经费和时间，对研究者来说，将会面临同事和社会的冷嘲热讽，有时也会面临丢失饭碗的危险。但一旦获得成功以后，对社会的贡献则是巨大的、难以估量的。当然，对于十月太阳历的研究来说，其影响主要是精神文化方面的。

对一个研究者来说做开拓性的研究时，面临失败既然是常事，就应该做好失败的思想准备，要不怕失败。面对冷嘲热讽、诬陷和打击要泰然处之。在困难面前要坚强，要有百折不回的精神准备。

当然，在做选题时一定要认准方向，这就涉及一个研究者的素质和判断能力了。盲目蛮干是很少有成功机会的。当然，对于一个研究者来说，忠实于客观事实和原始资料，这是最基本的要求。造假舞弊，不属于研究的范围。

3. 从矛盾中寻找突破口——研究工作中的一个重要秘诀

凡是一种科研文献，在当时看来，都是符合科学的、完美的。无论是《夏小正》《周髀算经》，还是西方的本轮均轮运动体系和牛顿经典力学，时人的看法都是如此。《周髀算经》的太阳运动模型最终被认为不正确，托勒密的地心说最终被哥白尼的日心说所替代。人们的认识是有局限性的，但人类的认识又是无限的，并在不断深化中逐步发展。许多旧的认识，终究要被新的认识所替代，这是普遍规律。

如何从旧有的、不完善的或虚假的规律中寻找更完善的、科学的规律，取得新的研究成果和认识？从旧有制度和规律的矛盾中寻求突破口，否定旧事物，构建新事物的和谐，这是千百万研究者从成功事例中总结出来的普遍规律。当然，在这种探索的过程中充满了矛盾和斗争。通常地说，旧理论、旧势力的维护者，总是千方百计保护旧理论的完善和统一，这往往是个人利益在决定。旧有的权威往往都站在传统认识的一边，他们往往有意无意地对新事物看不惯、挑毛病，打击压制新事物。

4. 无私才能客观公正——对待新生事物的不同态度

一种新生事物的出现，一种新观念、新认识的出现，刚开始并不完善，必然存在缺陷。在对待新生事物上，常常出现两种截然不同的态度，或者扶持和鼓励，或者打击和压制。这两种不同的态度，初看起来似乎没有什么规律，但常常又受到个人情绪的支配，若透过现象看本质，中间大都夹杂着个人私念和利益的支配。某些人在写否定、批判彝族十月历文章的时候，态度很激烈、说话不公正，正是因为他以往曾写过否定十月历的文章。我们继续说有，这就使他很恼火，激动中说些过头话也是人之常情。还有一种就是同行间的妒忌或怕自己的利益和面子受损等，都可能产生抵触、不自觉的压制和打击情绪，走到新事物的对立面，这就是历史上往往有许多学术权威站到新生事物对立面的道理所在。

只有无私，才能做到客观公正。在这个问题上，原科委主任、中国工程院院长宋健先生就是我们学习的榜样。我们与宋健先生认识，还是出于在他领导下承担夏商周断代工程中的一个研究项目。他曾多次当众肯定、表扬我们在发掘、研究十月太阳历所取得的成果，肯定它的重大价值。宋健先生自己就是著名的科学家，有过许多亲身科研经历，对我们研究工作中的艰辛和暂时受到挫折表示理解和同情。这样一位我们并不熟悉的科学界的领导人，对我们所走过的路是如此关怀和支持，使我们十分感动。在发现、创新研究的道路上，许多过程都是共同的，我们感谢宋健先生的理解和鼓励。这比什么都重要，比什么都珍贵。它更加坚定了我们在科研道路上进行探索的信心和决心。

第二篇
以太阳出没方位定季节方法的发现

本篇的发现，包含有三层含义，其一是历史上原始人对太阳出没方位定季节方法的发现；其二是今人对太阳出没方位定季节方法和五时制的发现；其三是陶寺尧都观象遗址的考古发现。由于三者是互相关联的，我们将其合为一篇予以介绍。

一、两种历法系统

人类生存的地球，有自转和绕太阳公转两种运动。地球受到太阳的照耀，吸收太阳的光和热，孕育着人类和天地万物。地球的自转运动，形成昼夜交替。由于公转轴与自转轴斜交成约24度的夹角，在地球上便形成四季的变化。变化一个周期，就是一岁。

地球上出现人类，大约已有数百万年的历史。人类对自然界的认识，也是逐步从初级到高级发展的。人类将积累的知识，通过语言和文字，一代一代地向下传播，科学文化也由此逐步向前发展。华夏地区文字的出现，通常认为在夏代。也即公元前2000年前后。在此之前即处于所谓原始社会末期的三皇五帝时代，毛主席所说的华夏民族五千年文明史，就是指从此发端的历史。

人类的历史，是不断地认识自然、与自然界作斗争的历史，也是适应自然、改造自然的历史。人类有记忆，会思考，人们在社交的过程中创造了语言，从此彻底与动物划清了界限。人们发现自然界有寒暖的变化，想出了抵御寒冷的各种办法，如建房舍以御风雨，缝制衣服以暖身。原始社会末期，人类在与自然界作斗争的过程中已经取得了明显的进步，从茹毛饮血发展到用火熟食，从狩猎发展到饲养牲畜，从采集食物到种植各种农作物。人类这三个方面的进步，就是古史中所说的燧人氏钻木取火，教人熟食；伏羲氏或太昊氏教民结网捕鱼、狩猎畜牧；神农氏种植百谷、教民医药。黄帝则是五帝之首，比之三皇时代，又有了明显的进步，相传他是中原华夏民族的共祖，他发明了文字、算数、舟车、养蚕、音乐等，进一步踏入人类文明的社会。

人类文明进步的一个重要标志是时间先后次序的划分。例如，人人皆知、容易理解和区分的是作为昼夜交替的日的概念。这个概念大约在人类刚开始出现时就已经认识了。但是，日只能作为区分时间长短的小标尺。人的一生需要经历很多个日日夜夜，如果没有更长的时间标尺，人们就不能区分时日的先后，那就只能在时间长河中终日浑浑噩噩地生活。为了适应这个要求，人们在日的基础上又创立了年（岁）月和时节的不同长短的标尺，互相加以配合，也就形成了历法。

有人说，中国的历法，自古就是阴阳合历，也就是现在的农历。应当说，这话只说对了一半。正确的说法是，自秦朝中国大一统以后，中国中央政府所颁布的都是阴阳合历。历代正史所载律历志，也都具体证实了这一点。所以要作这种修正，是因为在我们这一代人的调查研究中，发现在中国境内除颁布行用农历以外，还在彝族等西南其他少数民族中流行一种太阳历，现代人们称之为十月太阳历。这种历法的大致结构是，每个阳历月为36天，一年十个月，剩下五或六天为过年日，以十二生肖纪日。经过研究，这种历法自古就已存在，可以上推到古西羌民族的时代，它与中国上古的五行历同属一个历法系统。

1. 黄帝时代的历法——阴阳五行历

黄帝是传说时代的人物，是中华民族的共祖。但研究上古史的人都知道，黄帝这个氏族来自古西羌，姬姓。其风俗习惯，带有古西羌的特点。黄帝既然成为华夏民族的共祖，在他领导下的政治机构，就不可能不使用一套统一的记时法则，以示统一号令。但时至今日，人们仍无法说清楚黄帝时代的历法究竟是什么模样。按照一些人的推想，黄帝时代的历法当然是属于农历性质的阴阳合历。但事实证明，这种推想是不正确的。

正史中第一部记载历法的《史记·历书》，介绍中国历法起源时就是从黄帝开始的，它说："黄帝考定星历，建立五行，起消息，正闰余，于是有天地神祇物类之官，是谓五官。"在《史记·五帝本纪》中则换了一种说法，称之为"治五气"。五气和五行是同一个概念。

令人不得要领的是五行是什么？《辞海》的解释是："中国古代思想家把这五种物质（水、火、木、金、土——编者注）作为构成万物的元素，以说明世界万物……"用一句简单的话概括，就是认为五行是中国古代的一种哲学概念和哲学用语。从这个意义上来说，黄帝所建立的五行与历法就毫不相关。正因为很多人相信将五行作为一种哲学观念来解释，人们也就弄不懂司马迁为什么要将五行当作黄帝时创立的历法来介绍。但实际上，五行是中国上古曾经推行过、后来又被人们所遗忘的一种历法。即使是五行的含义，也被一些哲学家曲解。例如，上引《辞海》对五行的解释就是一例。

我们来看看，古人是如何解释五行的。孙星衍在《尚书·洪范》疏中引郑康成说："行者，顺天行气。"又引《白虎通·五行篇》云："言行者，欲言为天行气之义也。"《春秋繁露·五行相生》也说："天地之气，合而为一，分为阴阳，判为四时，列为五行。行者，行也。其行不同，故谓之五行。"因此，五行中行字的含义是行动，而不是物质。五行就是一岁中五个不同气的运动，故《五帝本纪》不说治五行，而说治五气。气的含义，与节气之气相当，五行又与四季相对应，四季将一岁分为四个阶段，五行则是将一岁分为五个阶段。

由以上介绍看出，五行为一岁中的五个时节已经清楚了。但是，由于后人对五时制的遗忘和扭曲，对五行历很不了解，甚至有的人仍抱着怀疑态度，因此还有进一步阐述的必要。事实上，上古文献中关于五行即五时的记载很明确，也较具体。《尚书·皋陶谟》即有"抚于五辰"的记载，《诗传》云："辰者，时也。"《礼运》说："播五行于四时，故五时谓之五辰。"据这则记载，不仅黄帝时使用五时制，即使帝尧时也仍用五时制。又《左传》昭公元年曰："分为四时，序为五节。"古时时节并称，均为一岁中的某个阶段，反映出气温高低和太阳方位的特征，而与月亮的圆缺变化无关。将五节与四时相类比，表明四时与五行只是历法中两种不同分段的方法。班固《白虎通德论》五行条说："行有五，时有四，何？四时为时，五行为节。"与前者的说法完全一致。又《春秋纬说题辞》说："《易》者，气之节，含五精，宣律历。上经象天，下经计历。”其意思是说，《周易》的文化内涵，《周易》的数，相当于节气，它与五行相对应，表示出律和历的关系。天上与天象对应，地上与历法对应。再一次说明了五行对应于五节和历法，同时也对应于《周易》中的数。

《周易》中的数，就是《易·系辞》中“河出图、洛出书，圣人则之”的河图之数。古人附会，有圣王出，河出图，洛出书，圣王受命，天降祥瑞，得到新的历法，颁布于广大臣民。正是由于这一传统，中国古代新帝继位，都要颁布新的历法。按照通常的画法，河图的数为北方一六水，南方二七火，东方三八木，西方四九金，中方五十土。（参见图 1.6）称之为天地生成之数。这就是五行中的生成说的顺序。生成说中的五行，原本没有方向概念。但后来的相生说将木火土金水配为东南中西北，故在河图中才有火南、水北、木东、金西、土中的分配。这样，河图包含了生成说和相生说两个系统。对生成说，从圈点数可知月序；对相生说，从五行按方向的排列并配以阴阳可知其月序。由此可知，生成数五行将一岁分为两半，各为一组五行，即水火木金土水火木金土十个阳历月；而相生数五行为五行之数配阴阳，即木阴、木阳、火阴、火阳、土阳、土阴、金阳、金阴、水阳、水阴十个阳历月。请注意冬夏至相交时，是经过阴阳逆转的。

相生序五行在一岁中的时节分配，在《春秋繁露》“五行之义”中有明确的记载：

> 天有五行：一曰木，二曰火，三曰土，四曰金，五曰水。木，五行之始也；水，五行之终也；土，五行之中也。此其天次之序也。木生火，火生土，土生金，金生水，水生木。此其父子也。木居左，金居右，火居前，水居后，土居中央。此其父子之序，相受而布。
>
> 是故木居东方而主春气，火居南方而主夏气，金居西方而主秋气，水居北方而主冬气。是故木主生而金主杀，火主暑而水主寒。

将木火土金水作为一岁五季的名称，并不只用于理论，而是要付诸实际应用的。最早具体的记载见于《管子·五行》：

> 作立五行以正天时，五官以正人位。人与天调，然后天地之美生。

日至，睹甲子，木行御。天子出令，命左右士师内御。总别列爵，论贤不肖士吏。赋秘赐赏于四境之内，发故粟以田数。出国，衡顺山林，禁民斩木，所以爱草木也。然则冰解而冻释，草木区萌。赎蛰虫卵菱。春辟勿时，苗足本。不疠雏彀，不夭麑麇，毋傅速，亡伤襁葆。时则不凋。七十二日而毕。

睹丙子，火行御。天子出令，命行人内御。令掘沟浍，津旧涂。发藏，任君赐赏。君子修游驰，以发地气，出皮币，命行人修春秋之礼于天下诸侯，通天下遇者兼和。然则天无疾风，草木发奋，郁气息。民不疾而荣华蕃。七十二日而毕。

睹戊子，土行御。天子出令，命左右司徒内御。不诛不贞，农事为敬。大扬惠言，宽刑死，缓罪人。出国，司徒令，命顺民之功力，以养五谷。君子之静居，而农夫修其功力极。然则天为粤宛，草木养长，五谷蕃实秀大，六畜牺牲具。民足财，国富。上下亲，诸侯和。七十二日而毕。

睹庚子，金行御。天子出令，命祝宗选禽兽之禁，五谷之先熟者，而荐之祖庙与五祀，鬼神飨其气焉，君子食其味焉。然则凉风至，白露下，天子出令，命左右司马衍组甲厉兵，合什为伍，以修于四境之内。谀然告民有事，所以待天地之杀敛也。然则昼炙阳，夕下露，地竞环。五谷邻熟，草木茂实，岁农丰，年大茂。七十二日而毕。

睹壬子，水行御。天子出令，命左右使人内御。御其气足，则发而止；其气不足，则发撊渎盗贼。数剽竹箭，伐檀柘。令民出猎禽兽，不释巨少而杀之。所以贵天地之所闭藏也。然则羽卵者不段，毛胎者不牍，腫妇不销弃。草木根本美，七十二日而毕。

这段文字比较晦涩难读，今择要译述如下：

冬至为甲子日，是木季的开始，冰雪解冻了，草木开始萌芽生长。天子散发种子给农民，要及时播种，并及时给越冬的作物壅土。正是农作物萌生的季节，管理山林的官员巡行山林，要禁止砍伐，爱护草木。要挖去蛰虫及卵，以防止害虫孳生。和暖的春天已经来临，不杀害幼鸟，不伤害幼兽。对幼畜也不要缚之过紧。木季为 72 天。

丙子日为火季的开始，地气上升，天无疾风，草木奋发生长。这时要修掘沟渠，以利灌溉。这正是男女相会的季节，以利人口繁衍。君子出游，聘问诸侯。火季为 72 天。

戊子日为土季的开始，自然界散发出郁结的气息，草木养长，谷物生长得充实壮大，六畜兴旺，人民富足。这时正是农事繁忙的季节，应致力于农事。土季为 72 日。

庚子日为金季的开始，凉风开始吹起，白露出现，五谷开始成熟，草木茂盛壮实，农业得到了丰收。政府出动组甲厉兵，合什为伍。金季为 72 日。

壬子日为水季的开始，要削好竹箭，砍伐檀柘树，出猎禽兽，不管大的小的都可以捕杀。但是产卵的鸟不杀，怀胎的兽不捕。水季为 72 日。

从以上所述可以看出，《管子·五行》实际是一部完整的农事历书，与《夏小正》《月令》内容和性质完全相同。不同之处只在于《月令》为十二个月，《夏小正》为十个月，而《五行》为五季。三者都记载天子在不同时节应进行的政治活动，以及农事、物候等。五行这种历法以冬至为新年。冬至之日即甲子日。这就是五行中的第一天即木行的第一天。所以有“睹甲子，木行御，七十二日而毕”的说法。即木行从甲子那天开始，共七十二天。第七十三天为丙子日，是第二行火行的第一天。第一百四十五天为戊子日，是第三行土行的第一天。第二百一十七日为庚子日，是第四行金行的第一天。第二百八十九日为壬子日，是第五行水行的第一天。经过五行中五个七十二天，计三百六十日，再加上五至六天过年日，恰为一个回归年。依照这个系统，当时的干支纪日，大约与现今小凉山彝族太阳历的纪日方法一致，即过年日不用干支纪日，故每年冬至均从甲子日开始。

2. 九黎乱德之德——农历

中国第一部记载历法发展史的文献《史记·历书》，在追述传说中的历法时说：

> 黄帝考定星历，建立五行……是谓五官。各司其序，不相乱也。……少皞氏之衰也，九黎乱德。民神杂扰，不可放物，祸菑荐至，莫尽其气。颛顼受之，乃命南正重司天以属神，命火正黎司地以属民。使复旧常，无相侵渎。其后三苗服九黎之德，故二官咸废所职……历数失序。尧复遂重黎之后，不忘旧者，使复典之，而立羲和

之官。……年耆禅舜……舜亦以命禹。由是观之，王者所重也。

传说中的远古历史，往往出现前后颠倒的情况。华夏各民族间的融合也往往杂乱难分。但从以上历史传说，也可分辨出一些发展线索。前人对这段述文的解释都是含糊不清的，实际出自对远古历法史不明所致。

前已述及，黄帝时代考定星历后所颁行的是阴阳五行历。五行分阴阳正好十个阳历月。所谓五官，就是一岁中的五种行度，也就是五季的循环变化。五官也可理解为对五季的政治农事活动进行管理的官员。

相传黄帝以后就是少昊。据以上记载，少昊氏衰落的时代，九黎这个民族就开始在中国这块土地上乱德。以致于民神杂扰，莫尽其气。什么叫“民神杂扰”？什么叫“莫尽其气”？我们认为，黄帝时代所以民神不相乱，是由于颁行了五行的结果。现在五行历被扰乱了，才导致民神杂扰。“莫尽其气”的含义更为明确，就是说九黎废弃了五行历，使得五行循环纪日的制度受到破坏，故曰莫尽其气。文中还特别提到三苗服九黎之德，故二官咸废，历数失序。这就是说，黄帝时三苗服从了黄帝的德治，到九黎乱德时，又服从了九黎的德治，终于使得旧有的五行历法失序。由此看来，九黎不但乱了黄帝时代的德，而且还建立了九黎时代的德，所以才有“三苗服九黎之德”的说法。那么，九黎之德是什么呢？这是一个很关键而又值得探讨的问题。

通常地说，德就是道德恩惠。但这里人们服九黎之德导致历法失序，就绝不是指九黎对人民施行的一般恩惠。从哲学观念来说，德就是指“具体事物从道所得之特殊规律”。那么，九黎之德当理解为一种法则。《康熙字典》引《韵会》曰：“德，四时旺气也。《礼·月令》曰：某日立春，盛德在木。”而此处《历书》是专门讲历法的，可见九黎之德就是指九黎的历法。服九黎之德就是遵用九黎的历法。正是因为人们改用了九黎的历法，才引起习用旧有历法的人感到莫尽其气，历数失序。那么，被称为服九黎之德的历法是什么呢？直到现今为止，我们知道在华夏地区仅有两种体系的历法，一种就是前面已经述及的五行太阳历，第二种便是农历。故九黎的历法非农历莫属。

可以作为进一步探讨的，是前引《历书》文献中提及的两种历官的名称，即九黎乱德以后颛顼设立的历官南正重和火正黎，有时

图 2.1　清《钦定书经图说》载尧命羲和授时图

往往又合称重黎。而帝尧废止九黎之德之后，又恢复了旧有的历法制度，再次设立了羲和的天文官。号称颛顼氏设立的天文官重黎，与帝尧时设立的天文官，有什么不同呢？司马迁没有加以说明，可能帝尧以前的史事早已湮没无闻。他们之间的关系，正是要留待后人加以研究后解决的。

《历书》说：“尧复遂重黎之后，不忘旧者，使复典之，而立羲和之官。”初看起来尧设立的天文官是为了恢复颛顼时代的历法，但如果二者是一个体系，为什么不继续称为重黎而要改称为羲和呢？这不是毫无意义的问题，而是关系到华夏民族大系的分类，故必须分辨清楚。

华夏民族是由多个不同民族组成的。早在远古的时候，就有多个民族从不同的方向，向中原这块肥沃的土地发展。在不断的扩张中，各个民族之间发生争夺土地和资源的斗争。在斗争中便发生了民族的融合和消亡。所谓东夷、西羌、南蛮、北狄，便是古代的通称，也是华夏集团中的主体。其中尤以东夷和西羌最为强大。东夷起源于中国的东部，西羌在中国的西部。当西羌跨过黄土高原向华北平原发展的时候，便遇到正在发展壮大的东夷民族。南方的三苗、九黎民族也很强大，正在向华北平原发展。故发生了黄帝和炎帝之战、黄帝与蚩尤之战等著名的战争。黄帝、尧帝、舜帝等，就是著名的部落联盟大酋长。在民族和部落的联合中，高阳氏举八恺，高辛氏举八元，尧迁三苗，舜流四凶，使天下达到了大治，也促进了华夏各民族的融合。

在华夏民族融合的过程中，必然有某个阶段由某个民族占据主导的统治地位。而远古时的不同民族，都有自己独特的文化和风俗习惯。其中使用的历法就是主要文化特征之一。历法的性质又影响到民族文化的各个方面，故在远古和上古时，历法的特征，往往是民族特征的象征。

以往人们依据远古流传下来的传说史料，认为三皇五帝时的历法当推帝尧。这是因为有《尧典》星象可供研究：

> 乃命羲和，钦若昊天，历象日月星辰，敬授人时。……日中星鸟，以殷仲春。……日永星火，以正仲夏。……宵中星虚，以殷仲秋。……日短星昴，以正仲冬。……期三百有六旬有六日，以闰月定四时成岁。

对以上记述加以具体分析可知，《尧典》记载了完整的四仲中星，分别对应于四季。在这四仲中星中，还出现了二十八宿成立后才使用的暗星虚宿。经现代天文研究，中国二十八宿成立的时代不可能早于西周，大约形成于春秋时代。为了将天文官与四季相对应，文中又将羲和的名字拆成羲仲、羲叔、和仲、和叔四人，可知《尧典》一定是春秋战国时人伪造。又经前人研究，如果将鸟星、火星、虚星、昴星当作四季分至点时的昏中星，经过计算，将发现这四个星象并不是一个时代的中星。例如，最新的推算研究结果载在潘鼐《中国恒星观测史》中，他的结论与竺可桢相似，认为鸟、火、虚三星为周初的天象，而昴星仲冬昏中的年代竟在五千年以前，与传说中的帝尧时代相当。由此竺、潘二人均认为《尧典》四仲中星反映了周人的天文历法知识，而昴星仲冬昏中的记载，则是当时人们观测的失误。（或确是尧时冬至的中星）这些研究信息告诉我们，《尧典》所载天文历法知识，与尧时无关。故人们并不将《尧典》看作是尧时的历法。

那么，尧时的历法究竟是什么样呢？以往有些人对中国古代历法认识所以那么片面和狭隘，是没有认识到远古华夏民族分群对中国历法的影响，没能从民族学对中国历法进行研究，我们现今虽无法深入加以研究，但新的发现和研究方法的改进，却使这种僵持局面有了突破，其一是十月太阳历研究的新进展；其二是陶寺尧都遗址的发现。陶寺天文遗址留待下节作专门介绍，这里先从民族学的角度分析一下尧时可能的历法。

据今人研究，帝尧祁姓，一说姬姓。为黄帝系远房后裔。据传黄帝二十五子中得姓者十四，其中确有祁姓和姬姓。其后裔被封于唐，故称陶唐氏。可能正是由于同姓、同族的关系，周成王才将其弟叔虞封于唐地。其实，祁与姬为一音之转，由出现文字以前发展而来，当为同一姓氏的分衍。

在华夏众多的民族中，东夷、西羌，是远古时最强大、对华夏文化影响也最深远的两个民族。我们比较赞同王大有在《三皇五帝时代的社会性质及其年代学研究》中的说法：

> 黄帝、东夷（太昊、少昊、蚩尤等九夷）、炎帝三大国族集团间的关系，在不同的历史阶段是互相易位的。但炎帝集团的力量不甚强大……常常作为另两集团的辅佐集团而出现。唯东夷集团，特别是以蚩尤为代表的苗黎集团，始终不间断同黄帝族争夺中央王族政权的斗争。……黄帝族衰落后，少昊（东夷）代替其帝位。少昊时期，炎夷集团融合，东西方文化（黄河中、下游）相互渗透。……黄帝族文化退向北方。颛顼集团强盛，遂又取代少昊族文化。颛顼族掌握中央政权后实行政治改革，以制定历法，整肃农时耕作制度为导火线，加强中央政权的威势，设重黎（东夷和炎帝二族）二氏为左右监——所谓司天司地……帝喾代替颛顼而登帝位，是东夷民族对黄帝民族的胜利。帝喾是少昊清阳（或青阳）玄嚣（玄枵）的后裔，故帝喾生而神异，自言其名俊，明其为玄族挚族子裔。……挚继喾位，尧继挚位，带有家族世袭性质。这个挚，是少昊族裔。尧称伊祁氏，为黄帝二十五子得姓者之一祁裔，继承神农祁姓，加盟黄帝族联盟，故尧可视作黄帝系又重掌中央王族政权。尧继祖制，联合东夷民族天文世家，所以首命羲和敬顺昊天，历法日月星辰，以授民时。

括弧中的文字为原文所有。王大有特别指出，黄帝、炎帝本西羌族，进入中原以后，黄帝族居统治地位，炎帝则向南发展，与东夷族的少昊族和苗蛮九黎集团相结合，加速了华夏民族的融合。其天文历法制度重黎司天司地，就是其文化特征，以后颛顼、帝喾继承了这一事业。由于帝挚继位不善，帝尧继位。帝尧的先民在黄帝执政时就加盟黄帝族，故曰祁姓。以后又加入夷、炎集团，故至帝尧继位后，可视作黄帝系又重掌中央政权。其天文官由重黎改为羲和，就是明显的标志，其名称与黄帝“使羲和占日”的说法一致。故帝尧的历法不是农历而是阴阳五行历。

其实，记载黄帝创建历法，在《史记·五帝本纪》中还有一段不为前人注意和理解的文字，今引述如下：

> 神农氏世衰……轩辕乃修德振兵，治五气，蓺五种，抚万民，度四方……获宝鼎，迎日推策。……节用水火材物，有土德之瑞，故号黄帝。

旧注集解曰：“五行之气。”索隐曰：“谓春甲乙木气，夏丙丁火气之属，是五气也。”又索隐引《封禅书》曰：“黄帝得宝鼎神策……黄帝得蓍以推算历数，于是逆知节气、日辰之将来。”可知黄帝借助于得宝鼎的瑞象，建立一年为五个节气的历法。黄帝时代尚无文字，只能迎日推策，结绳记事。迎日推策，也就是相当于那时计日的月份牌了。策即是计数用的小竹板，依据一个月的日数，每天见到日出之时，便推过一块竹板来计日数。

对“节用水火材物”一语，人们几乎不明白它的含义，今注今释都将其释作节约用材，完全风马牛不相及。正义曰：“节，时节也。”因此“节用水火材物”是指节气使用水、火、木等五行。生成序五行为水火木金土，此处为省约只用了五行中的三个。由此可见，即使在《五帝本纪》中，也可见到黄帝时使用五行历的痕迹。

通过彝族历史和彝族文化的研究可以得知，作为古西羌文化主要继承者的彝族，至今仍称巫师或奴隶主为西或奚等，这里的西、奚，与中国远古黄帝、帝尧时代的羲和之羲，是同一读音之异写。上古时代的巫师，兼有制历、星卜等职能。正是由于彝族和黄帝族同源于西羌，才有黄帝族的羲和、彝族的奚婆等称呼。

所谓九黎乱德，是站在黄帝族文化立场上说的。由于九黎改制，废弃了黄帝族的历法，导致废时乱日，历数失序，才称为乱德。那么，九黎新颁行的历法是什么呢？就是现行农历的原始形态，一种以回归年作为一岁之长，以朔望月作为一月之长的历法。这种历法以设置闰月来调整季节，而判断季节则使用以北斗星和大火星为标准。故无论是东夷集团还是苗蛮集团的传统文化中，都可以找到火正这种天文官名。火正就是观测大火星定季节的官员。而黄帝族系判断季节的方法，则习惯于以太阳出没方位定季节。例如，东夷鸟系民族火正阏伯居商丘，后“相土因之”，为商的始祖；又苗蛮集团帝喾高辛氏火正重黎，又“吴回因之”。此两类火正均为东夷苗蛮集团，与黄帝系无关。

二、《山海经》中的六座太阳出入之山

在我们于四川大凉山彝族中调查到十月太阳历的同时，还采集到彝族用于定季节的传统方法，它便是沙正才先生利用地面山头观测太阳出入方位定季节的方法。当人们初次了解到这种定季节的方法时还感到很新鲜，但很快人们便发现中国古代也有这种方法的记载。最早使用古代纪录从事研究的是吕子方。他在1984年出版的《中国科学史论文集》中指出：

> 《大荒东经》记太阳所出之山六座，《大荒西经》记日入之山也是六座。这是观察太阳出入的地位，以便安排耕种日程，也是确定季节最原始的方法。如果不这样去理解，那又怎么解释呢？

我认为，这是远古的农人，每天观察太阳出入何处，用来定季节以便耕作的资料，这是历法的前身。

一年四季气候不同，按天动学说，是由于太阳由极南到极北，又从极北到极南，一年之间往返一周而来。太阳走到极南时叫冬至，到极北时叫夏至，到正东、正西叫春分和秋分。当然这种认识是人类文化发达以后的事了。远古时代的人，只知道日出而作，日入而息，把太阳的出入当作生活作息的标准。多山地带的人，自然就以山为日月出入的标尺。

西羌的基本地域位于甘肃、四川、青海、陕西一带，如果我们将《山海经》所载这六座太阳出入之山看作远古羌人确定时节的方法也是大致合适的，但它不应属于东夷人的观象方法。令人特别关注的是《山海经》中所载太阳出入之山均为六座，而不是七座：

> 大荒东南隅：

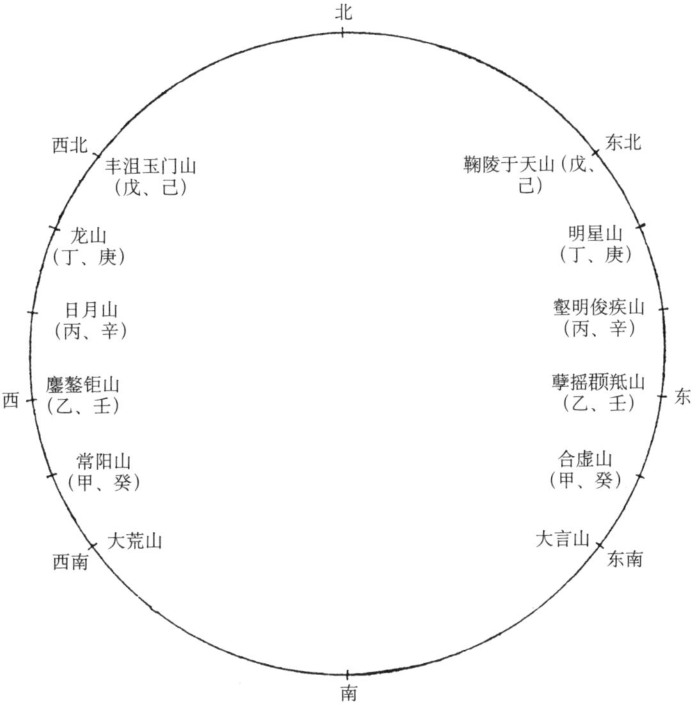

图 2.2 《山海经》中六座日出之山和日入之山

大荒之中，有山名曰大言，日月所出。

大荒之中，有山名曰合虚，日月所出。

东海之渚中：

大荒之中，有山名曰孽摇頵羝。……一日方至，一日方出。

大荒之中，有山名曰壑明俊疾，日月所出。

大荒东北隅：

大荒之中，有山名曰明星，日月所出。

大荒之中，有山名曰鞠陵于天……日月所出。

西北海外：

大荒之中，有山名曰丰沮玉门，日月所入。

大荒之中，有龙山，日月所入。

西海渚中：

大荒之中，有山名曰日月山，天枢也，吴姬大门，日月所入。

大荒之中，有山名曰鏖鏊钜，日月所入者。

西海之南：

大荒之中，有山名曰常阳之山，日月所入。

大荒之中，有山名曰大荒之山，日月所入。

其中大荒东北隅下两条，原在大荒东南隅中。但《大荒西经》中的西北、西、西南各有两座日入之山，而《大荒东经》东南日出之山有四座、东方日出之山有两座，东北则没有，而在东南隅后两座山旁又有司幽之国。幽常与北相连，故知东南方的后两座日出之山，应在大荒东北，错置于东南隅下，故此调整。

这六座日出之山和日入之山明确地告诉我们，《山海经》所记载

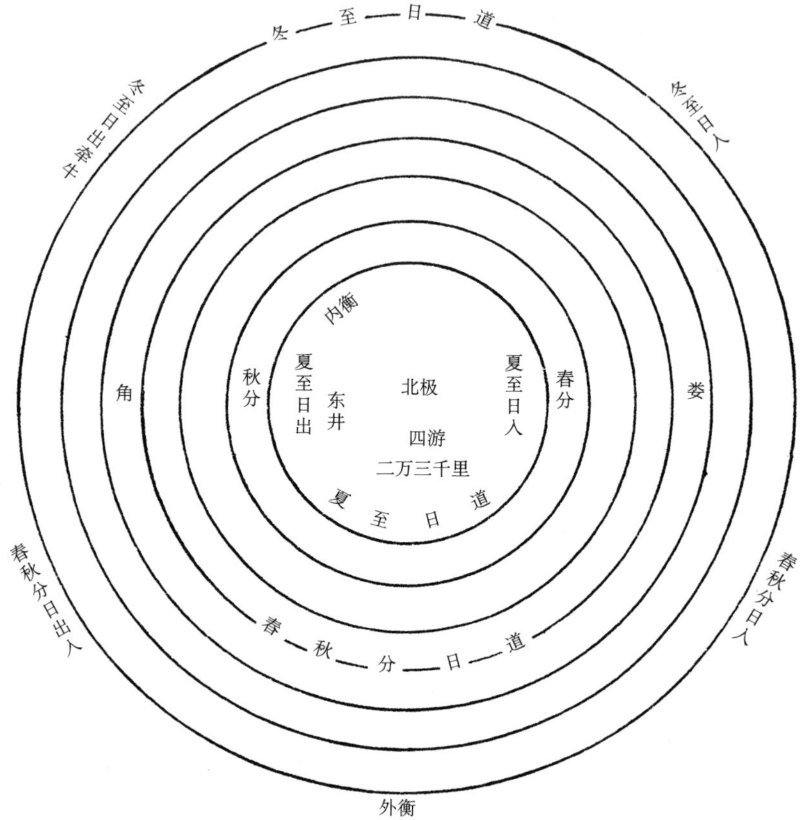

图 2.3 《周髀算经》中的七衡六间图

七衡六间对应于农历的十二个月。冬至日行内衡，夏至行外衡。太阳每月行一间，自冬至到夏至，太阳行六间，对应于农历上半年的六个阴历月。与陶寺观象遗址十个土柱完全不对应。

观测日出、日落的主人公使用的正是一岁十个时节的太阳历。因为从东南最南方的日出之山所对应的，正是冬至时节，它与第二个山头之间对应太阳所经过的日期，确为一个阳历月，以后第二至第三、第三至第四、第四至第五、第五至第六也均为一个阳历月，合计正为五个阳历月。直至东北的第六个山头，正是夏至时节。夏至以后，太阳又从东北返回东南，也正好为五个时节。而如果行用的是一岁十二个月的历法则不是这样，在《周髀算经》中所讲的是农历推算方法，它所介绍的是自冬至到夏至为太阳运行的七条轨道，所谓七衡六间，就是指此。（见图 2.6）半年六个朔望月，当介于七个山头之间。故五行历与农历的判别方法泾渭分明。

与六座日出、日入之山相对应，在《山海经》中，还记载有羲和生十日的神话，它说：“羲和者，帝俊之妻，生十日。”“汤谷上有扶桑，十日所浴，在黑齿北。居水中，有大木，九日居下枝，一日居上枝。”“一日方至，一日方出，皆载于乌。”这是中国历史上流传久远的金乌载日的神话，是说十只乌停留在扶桑树上，轮流载着太阳自东向西巡行。十日巡行一周就是一岁。

关于十日，在中国上古文献中，还有更多的传说，例如，《论衡·感虚》说：“尧之时，十日并出……尧上射十日，九日去，一日常出。”《淮南子》还说尧使羿上射十日。这些传说故事由谁射日并不重要，重要的是尧时出现了十日，而且说这十日是羲和生的。由此可知，这个十日与帝尧和羲和结下了不解之缘。《山海经》还说：“羲和生十日”，“常仪生十二月”。由此不难看出，十日是与十二月相对应的，中国远古不但使用一岁十二个月的农历，同时还使用过一岁分为十日的太阳历。所谓羲和生十日，应当理解为羲和创造并使用了十月太阳历，别的解释是没有的。

除了《山海经》将十日与十二月相类比和对应以外，有关十日的科学概念还有更明确的解释。有人曾经武断地说，天干地支，自古以来就是用于纪日的。故无论十日或十二辰，除了用以记载日数，就没有其他功用。这种说法显然是错误的。首先，以十二地支记月，已是人人皆知的事实，可见以十二地支记载农历月，已是不用辩驳的历史事实。这里要说明的是，十日原先也是用于记载阳历月的。

我们在前面已经指出，河图洛书中的阴阳十个数，就是一个回归年中的十个时节。北宋易学大师陈抟在《河洛理数·大易数妙义》中说：“凡一、二、三、四、五、六、七、八、九、十之数，乃天地四时节气也。”这十个数，也正是指十日之数，即甲、乙、丙、丁、戊、已、庚、辛、壬、癸。《淮南子·天文训》还指出：“日之数十”，“凡日，甲刚、乙柔、丙刚、丁柔，以至于癸”。十日分刚柔，也就是分阴阳，它正与云南小凉山彝族十个月名木公、木母、火公、火母、土公、土母、铜公、铜母、水公、水母相对应。

《史记·历书》十一月“月名毕聚”，索隐曰：“毕，月雄也；聚，月雌也。”对于一般的人来说，初见月雄、月雌之说可能莫名其妙。但是，在《尔雅·释天》中有关于月雄月雌的具体解释：

> 月，在甲曰毕，在乙曰橘，在丙曰修，在丁曰圉，在戊曰厉，在己曰则，在庚曰窒，在辛曰塞，在壬曰终，在癸曰极：月阳。
>
> 正月为陬，二月为如，三月为寎，四月为余，五月为皋，

六月为且，七月为相，八月为壮，九月为玄，十月为阳，十一月为辜，十二月为涂：月名。

对此，《尔雅·释天》晋郭璞注曰："其事义皆所未详通者，故阙而不论。"邢疏曰："疑事无质，故阙而不论。"自从20世纪长沙子弹库出土天文历法帛书和彝族十月太阳历发现以后，我们对《尔雅》所载月阳、月名就有了较为清楚的认识。原来，早在先秦时，中国就有阳历月和阴历月两种历法，阳历月称为月阳，也就是《史记》索隐所说的月雄；阴历月又称朔望月，由于日为阳，月为阴，故仅以太阳确定的月称为月阳，以月亮圆缺为周期确定的月称为月名，又名月雌、阴历月。以上《尔雅》文字难读，今试译如下：

月的名称有两种，一岁分为十个月的阳历月的名称为：在甲的月名称为毕，在乙的月名称为橘，在丙的月名称为修，在丁的月名称为圉，在戊的月名称为厉，在己的月名称为则，在庚的月名称为窒，在辛的月名称为塞，在壬的月名称为终，在癸的月名称为极。

阴历月的名称为：正月为陬月，二月为如月，三月为寎月，四月为余月，五月为皋月，六月为且月，七月为相月，八月为壮月，九月为玄月，十月为阳月，十一月为辜月，十二月为涂月。

以往人们已经注意到楚《离骚》有"摄提贞于孟陬"和《国语·越语》有玄月之名，故判为南方少数民族的十二月异名。这一说法在长沙子弹库楚帛书中得到了证明。而《尔雅》所述十个月阳，又正好与彝族十月太阳历和《山海经》六座太阳出入之山相对应，故中国十月太阳历的存在，可以得到各个方面的印证。

三、中国最早的天文台在山西陶寺发掘面世

1. 陶寺天象遗址的建筑年代

以往人们大都认为，中国古代的天文台遗址仅有三处：一是北京古观象台，这是由明代城墙扩建而成的古天文台遗址，台上还保留有清制八件仪器；二是河南登封测景台，有人把它叫作周公测景

台，其实与周代的周公毫无关系，而是后人的附会。登封测景台的最早建筑，是靠近门口的纪念唐朝一行在此测景的石台，登封测景台的主要建筑，则是元代郭守敬在此建造的四丈砖石建筑的高表测景台；三是洛阳东汉灵台，相传著名天文学家张衡在此工作过，但至今仅存土台一座，什么遗物也未留下。

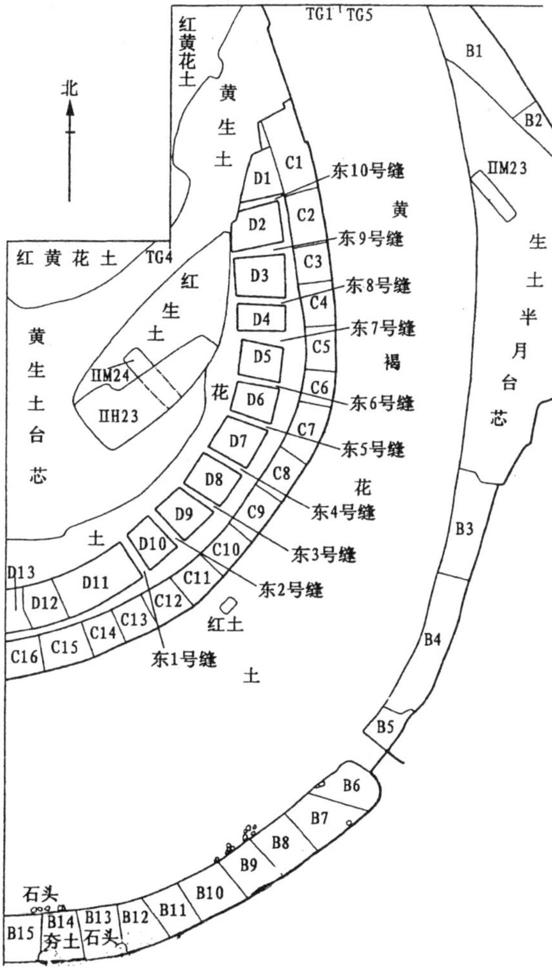

图 2.4 考古队描绘的观气象台三层台基和土柱、狭缝（引自 2004 年《考古》7 期《2003 年发掘简报》删除了台下无关部分）

中国是世界四大文明古国之一，至少有着四千年的文明史。能否有更早的天文台遗址可供发掘和研究呢？以往一直没有找到。不过，近年来的考古发掘，却打破了这一长期沉默的现象。

自 1978 年以来，五帝之一的帝尧都城，逐渐被中国考古界发掘出来，呈现在世人面前，这个遗址分布在山西南部襄汾县陶寺镇附近。中国社会科学院考古所与山西省考古所合作，共钻探面积达 32 万平方米，发掘面积达 1500 余平方米，收获颇丰，确认了陶寺早期城址、宫殿区及核心建筑区。2001 年，又经考古发掘，确认了陶寺中期大城遗址。发掘出了宫殿、王陵、宗庙、城墙等王都必备的要素。

为了配合中华文明探源工程的研究，自 2003 年起，又重点解剖挖掘了大城祭祀区夯土建筑遗址。这个祭祀遗址，位于大城中心点以东，以南各 620 余米处。以中期大城的南域墙为依托，向东南方向接出一个大半圆形建筑。建筑基址由生土台芯和夯土台基组成，外包半圆形环道和半圆形台基建筑。

最外圈夯土墙、距圆心半径为 25 米，弧长 38 米，墙宽 1.5 ~ 2 米。第二道夯土墙距圆心 22 米，弧长 40 米，墙宽 1 ~ 1.5 米。内圈夯土墙半径 12 米，弧长 25 米，呈大半环形，宽 1.1 米。三层台基各高 0.4 米。

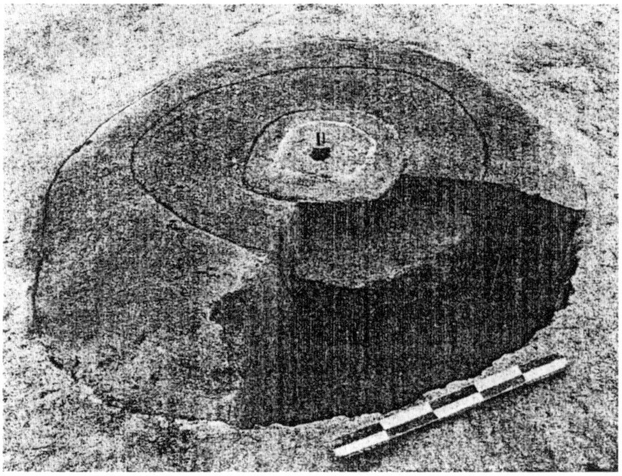

图 2.5 陶寺观象台遗址发掘出的观测点四圈夯土层揭示的状态（引自《中国国家天文》2007 年 3 期陈久金《4000 年前的山西陶寺观象台》）

在第三层台基平面上，在夯土墙与台芯之间，距台芯 10.5 米处，筑有一排夯土柱。这段由夯土柱组成的圆弧，长约 19.5 米。夯土柱与夯土墙之间，相隔 0.2 ～ 0.8 米。夯土柱的平面形状，大多为长方形，个别为梯形、三角形或平行四边形。长度在 1.3 米左右。宽度 1 米左右。夯土柱高约 2.7 米。经过最终清理，这一排夯土柱共有 13 个。相邻夯土柱之间的狭缝宽度，平均为 15 ～ 20 厘米。而且这些土柱间的狭缝，呈正对圆心的放射状。（见图 2.4）

原本在第三层台基中心的堆积土没有铲除掉，难以确定台基中心即观象基点的部位。铲除堆积土之后，在第三层生土台芯中部，发现了陶寺观测点的夯土标志。这个标志，共有四道同心圆。内圈夯土层的直径 25 厘米，二圈同心圆的直径为 42 厘米，三圈直径约 86 厘米，外圈同心圆直径约 145 厘米。有了这四个同心圆组成的夯土层圈作标志，观测人站立的位置即可充分确定。（见图 2.5）

陶寺遗址出土有大量的彩绘陶盆、陶缸、石璇玑、玉环、石镞、石钺等，表明它是新石器晚期的遗址。在陶寺遗址中，还出土有大量人骨、兽骨和其他含碳物质，可以用于碳十四测年。测量的结果是这个祭祀平台的始建年代距今 4100 ～ 4000 年。陶寺文化的晚期距今 4000 ～ 3900 年。这是这个遗址最后被废弃平毁的年代。陶寺文化的早期，即陶寺遗址城址的始建年代，还要更早一些，大约在距今 4300 ～ 4100 年之间。可见这个遗址当在夏代以前，不属于夏文化的范围。从历史年代的分析表明，它大致处于夏以前的尧舜时代。

古代文献有关于帝尧都城的记载。中国较早的历史纪年史书《帝王世纪》就说：尧“都平阳”。即帝尧建都于平阳。古平阳城旧址在山西临汾市西南。《汉书 · 地理志》说：河东，“本唐尧所居”。注引应劭云：“平阳，尧都也。在平河之阳。”《魏土地记》曰：“平阳城东十里，汾水东，原有小台，台上有尧神石屋、石碑。”故胡渭《禹贡锥指》等说：“临汾有尧陵。”这些记载说明当时的尧都，可能就是在临汾一带。只是由于尧都早已被夷为平地，后人无法具体判定它的地界，今陶寺遗址，正合于古平阳地界的范围之内。从出土的物品、碳十四测年和古代尧都城址地界的文献记载，进行综合分析来看，将陶寺遗址定位为尧都，是大致合适的。

陶寺遗址表明，它可能就是尧都遗址，那么，尧都就在陶寺镇一带。令人感兴趣的是，这个遗址附近的陶寺镇的名称。既然是尧都，人们就自然会联想到帝尧号陶唐氏。考其来历，按通常的说法，帝尧初居陶，后徙唐，或称封于唐，故号陶唐氏。因此，陶唐氏就是这个家支的称号，也是地名。考其陶字的来历，当与这个家支擅长制陶技术有关。正是帝尧先民发明或擅长制作陶器，才被人们称之为陶唐氏。以后陶唐氏之名，便演变成氏族名兼地名。

遗址附近的镇名，如果叫陶镇、陶村，都完全可以理解，但这个镇名为什么叫陶寺？据今人的通常理解，寺就是指佛寺。但佛教传入中国是东汉以后的事，那么，寺就不当作佛寺来解释。陶寺的本义是什么呢？据东汉《说文解字》曰："寺，廷也。有法度者也。"又《广雅·释宫》曰："寺，官也。"王念孙疏证曰："皆为官舍也。"官舍就是官府。因此，陶寺的名称，当十分古老。它的含义，就是陶这个地方的宫廷，或陶这个地方的官舍。那么，就陶寺这个镇名，也可推断为与尧都有关。

2. 尧上射十日的科学含义

在中国古代文明中，真正留下文字记载是从商代开始的。在此之前只有传说而无信史。传说往往带有神话性质，而神话又是历史的影子，正是通过神话传说的形式，人们才将史前真实的历史流传下来。将神话作为历史来研究，有一个方法问题。在史前神话中，往往将史前神话人物描绘出超人的能力，不能就此简单地加以否定，而应该正确地利用科学研究分析的手段和眼光加以识别和论定。

在史前流传的三皇五帝传说故事中，与天文历法的记事关系最多的当推帝尧。而在帝尧的天文历法记事中，有两类互相不同、甚至互相矛盾的说法，现分别加以介绍和分析。

(1)《尧典》四仲中星剖析

以往被研究得最多，也是五帝中最为著名的天文文献当推《尚书·尧典》，今引述如下：

> 乃命羲和，钦若昊天，历象日月星辰，敬授人时。……日中星鸟，以殷仲春。……日永星火，以正仲夏。……宵中星虚，以殷仲秋。……日短星昴，以正仲冬。……期三百有六旬有六日，以闰月定四时成岁。

按照这段文字记载，关于尧时的天文历法，我们作如下四点分析：

第一，尧时的天文官为羲和。他们以观察日月星辰的位置变化来确定时节，制定历法。这一点得到西汉天文学家和史学家司马迁的认同。《史记·历书》说："盖黄帝考定星历，建立五行……是谓五官。各司其序，不相乱也。……九黎乱德……三苗服九黎之德……尧复遂重黎之后……而立羲和之官。……云天之历数在尔躬。"这就是说，黄帝时考定星历，用羲和制历，建五行的历法制度，这就是阴阳五行历，也就是十日历，即后世所说的十月太阳历。以后九黎乱德，三苗等服从九黎的德，用天文官重黎制历，即跟随九黎使用大火星历，从而废弃了五行历，致使"民神杂扰，不可放物，祸菑荐至，莫尽其气"。从重黎为火正。东夷民族也以阏伯、相土为火正来看，使用大火星历以火正为天文官的地区，就不仅只有九黎三苗，东夷也是使用大火星历的。由此看来，在中国上古时代，有黄帝系统以羲和为天文官制定的五行历，和九黎三苗东夷系统以阏伯、相土重黎为天文官制定的大火星历的两种不同的历法体系。

第二，《尧典》有人四仲中星。《尧典》特别指出，羲和以观测鸟星、大火星、虚宿、昴宿来确定春夏秋冬四季。这一具体星象的描述，曾经引起很多人的关注和研究。刚开始时有人只根据冬至昴宿昏中的说法，依据岁差原理，推得冬至昴星昏中确是四千年前的天象，由此认为以四仲中星来判断季节，早在四千年以前中国人就已经创立了，而在此之前，中国天文学还只处在所谓的三辰时代，即以北斗星、大火星或参星黄昏时出没方位定季节制历法的时代。所以，这是一个了不起的成就，由此也可证明中国天文学十分古老。

随着研究的深入，人们逐渐发现所谓尧时的四仲中星，实际并不是一个系统。人们终于得出一个结论，冬至昴星昏中，可能确是尧时的天象，但其他三颗昏中星，则大致是春秋时代的天象。由此可知，所谓《尧典》四仲中星，当是春秋战国时人根据当时的认识加以附会而成，故有人干脆说《尧典》天象与尧时无关。这是一种极端的说法，我们推想，作者在写作《尧典》时，也许是引用了某些有关尧时传说故事的。再说《尧典》中所载虚宿、鸟星，都是二十八宿成立以后才被命名的暗星，这与三代以前以大星出入方位定季节的原则并不相合。由此更加坚定了《尧典》所描述的非唐尧时天象的意见。

第三，殷商二时说不利于尧时四仲中星的成立。按照《尧典》的说法，尧时以四仲中星来确定四季。那么帝尧时就有了四季的观念，并且有了确定四季的标志星象。这是不是历史事实呢？以往有不少人根据殷墟甲骨卜辞推论说殷代只有二季而无四时。尽管这二季的名称尚有争议，但几乎同时都认为殷商只有二季。如果这一推论成立，那么尧时是否有四时就很成问题。当然，即使可以证明殷商无四时，也不能就此断定唐尧时一定无四时，因为商人与唐尧人不是一个民族，有着不同的文化特征，使用不同的历法。我们这里指出前人关于殷商无四时的研究结论，只是想提醒读者尧时关于四仲中星的说法的根据是很脆弱的。

第四，对以闰月定四时成岁的分析。我们认为，“期三百有六旬有六日”这句话，表明了那时人们所认识的回归年长度，介于 365 日至 366 日之间，至于精密到何种程度，人们还没有能力确定。此正合于人们创立四分历之前认识回归年长度的水平。四分历大约创制于战国早中期。在四分历中，载有中国第一个精密的回归年值 $365\frac{1}{4}$日。

《尧典》并未载明唐尧时使用什么历法。不过前人一直以为，中国自古以来就一直使用农历，《尧典》又有“以闰月定四时成岁”的说法，那么唐尧时就当是农历了，这是前人的普遍认识。不过，四仲中星的记载既然不合唐尧时代的天象，说唐尧时使用农历也就没有根据了。

(2) 尧上射十日及羲和占日的天文含义

古史中记载帝尧时第二种天文历法内容往往不被人们看重，而常常被当作历史神话来看待。现就上古与羲和射日有关的神话记载作出介绍和分析。

《淮南子·本经训》说：“尧之时，十日并出，焦禾稼，杀草木，而民无所食。……尧乃使羿……上射十日。”

《庄子·齐物论》曰：“昔者十日并出，万物皆照。”

《论衡·感虚》曰：“儒者传书言，尧之时，十日并出……尧上射十日，九日去，一日常出。”

《楚辞·天问》曰：“羿焉弹日，乌焉解羽？”王逸注曰：“羿仰射十日，中其九日，日中九乌皆死，堕其羽翼。”

还有一些其他文献也有尧射十日的记载，大同小异，也就不多重复介绍了。神话传说总是依一定的历史事实为基础的，不可能毫无根据地凭空捏造，那么，古代文献中尧射十日的科学依据是什么呢？下面将逐项加以分析：

第一，十日不是一齐出现的。按照《淮南子·本经训》的说法，正是由于帝尧时有了十个太阳同时出现，使得地上过分炎热，把庄稼都烧焦了，弄得人民没有饭吃。为了确保人民能够生存下去，帝尧才命令当时最著名的善射英雄羿射杀十个太阳。又按照《论衡·感虚》的说法，尧射杀了九个太阳，保留了一个太阳正常出没，提供光和热，最终才使人们能够生存下来。

但是，天空中同时出现十个太阳是不合常理的，人们编出这个故事，并且广为流传，总是有它的道理和意义。所以，我们有理由深入探讨下去。古人所说的十日并出，难道真是在同一天中十个太阳同时出现在天空中么？中国最具神话色彩的奇书《山海经》透露了其中的秘密。

《大荒东经》说：“东海之外，甘水之间，有羲和之国。有女子名曰羲和，方浴日于甘渊。羲和者，帝俊之妻，是生十日。”

据传说，所谓黄帝和帝尧时代的天文官羲和，是帝俊的妻子，她生下了十个太阳，并且在甘渊的水中为这十个太阳洗澡。由此可见，《山海经》所说的十日并出，并不是在天空中同时出现了十个太阳在照耀，而只是说羲和这个人生下了十个太阳。这是神话十日并出的真谛。所谓“焦禾稼、杀草木，而民无所食”等说法，只是后人的曲解和发挥。为了进一步说明这一点，《山海经》又作了补充。

《海外东经》曰：“汤谷上有扶桑，十日所浴，在黑齿北，居水中，有大木，九日居下枝，一日居上枝。”

《大荒东经》曰：“汤谷上有扶木，一日方至，一日方出，皆载于乌。”

由此可见，《淮南子》《论衡》等所说的“十日并出，焦禾稼，杀草木”等，纯系子虚乌有。羲和生下了十个太阳，这就是十日并出。并出就是并生。这十个太阳平时都生息在汤谷的扶桑树上，十个太阳轮流值日，轮到值日时，这个太阳就站到扶木的上枝。当前一个太阳回来之后，另一个太阳才由乌载着出去巡行。“一日方至，一日方出，皆载于乌”，就是指此。这种天体巡行的秩序很正常。

第二，古代天文文献关于十日的科学解释。通过以上的介绍可以看出，尧时确有十日并出的传说，但并不是如《淮南子》《论衡》所说的十个太阳在同一天并出，从而编造出帝尧命令羿上射十日的荒诞故事来。那么，尧时的十日并出，在科学上究竟是个什么概念呢？要想解开这一谜团，还需从《山海经》说起。

《大荒西经》说：“有女子方浴月。帝俊妻常羲，生月十有二，此始浴之。”

《大荒东经》则说：“东海之外，甘水之间，有羲和之国。有女子名曰羲和，方浴日于甘渊。羲和者，帝俊之妻，是生十日。”

因此，按《山海经》的说法，常羲和羲和都是帝俊的妻子。常羲生了十二个月亮，羲和则生了十日。十二个月亮与十个太阳是对等的。这十二个月亮，无疑出自农历的十二个朔望月。由此推理，这个十日，也当是一岁中的十个阳历月。

十日是十个阳历月么？依据古代文献的解释，事实正是这样。

《左传·昭公五年》曰：“日之数十。”

《左传·昭公七年》曰：“天有十日。”

《周礼·春官》曰：“冯相氏掌十有二岁，十有二月，十有二辰，十日，二十有八星之位。”

《淮南子·天文训》曰：“日之数十。”“凡日，甲刚、乙柔、丙刚、丁柔，以至于癸。”

《周礼》同时说冯相氏掌十有二月、十日，也进一步说明十日与十二月是对应的。《左传·昭公七年》说“天有十日”，天与地相对应，天为阳，地为阴，也说明十日为阳历月，十二月为阴历月。而《天文训》则将十日与十天干对应起来，说明十日就是十天干。

《史记·历书》载十一月“月名毕聚”。集解曰：“案：虞喜曰：天元之始，于十一月甲子夜半朔旦冬至……月雄在毕，雌在訾。”索隐云：“谓月值毕及陬訾也。毕，月雄也。聚，月雌也。”此处的月雄月雌，就是阳历月和阴历月。显然，月雄就是以十日纪月，月雌以十二地支纪月。

此处毕和聚，分别为月雄和月雌的异名，关于这一点，在《尔雅·释天》中有详细记载，它将月雄称为月阳，月雌称为月名：

> 月，在甲曰毕，在乙曰橘，在丙曰修，在丁曰圉，在戊曰厉，在己曰则，在庚曰窒，在辛曰塞，在壬曰终，在癸曰极：月阳。
>
> 正月为陬，二月为如，三月为寎，四月为余，五月为皋，六月为且，七月为相，八月为壮，九月为玄，十月为阳，十一月为辜，十二月为涂：月名。

只知道中国古代有阴历而不懂得也有十月历的人，读到以上文献时会感到莫名其妙，但相信中国上古也有十月太阳历的人就会一目了然。

第三，羲和不观测星辰而只观测太阳。《尧典》的要点是记羲和以四仲中星确定季节，制定历法。这话说得似是而非。在中国古代其他文献中，都载明了羲和是日官，只观测太阳，而不观测星辰。

《史记·历书》索隐引系本说：“黄帝使羲和占日。”就明确地指出羲和是专门占卜太阳的官员，由于其功勋卓著，后人尊其为日神。正因为羲和是官名而不是人名，故刘歆在王莽朝也曾担任羲和之职。

屈原《离骚》曰：“吾令羲和弭节兮，望崦嵫而勿迫。”王逸注曰：“羲和，日御也。”洪兴祖补注曰：“日乘车驾以六龙，羲和御之。”这里把羲和说成是替太阳神驾车的驭手。古代有关羲和的记载虽有出入，但都离不开与太阳打交道，可见《尧典》说尧以羲和用四仲中星定季节，当是虚无不实之辞。故研究帝尧时的天象遗址，当从观测太阳方位入手，才是正确的选择。

3. 陶寺观象遗址的观象功能及十一条狭缝的天文含义

中国古代的祭祀遗址，一般都带有天文历法功能，而在这个遗址反映得尤其明显。那么，当时人们如何从事天象观测呢？中国社会科学院考古所专家何驽在陶寺祭祀台遗址《发掘心路历程杂谈》中，记载了他们在发掘过程中，探索如何在台上从事天文观测的曲折过程，记载了对夯土柱个数的发掘过程，尤其是寻找观测中心点所走过的弯路。这些研究探索的过程，都是很正常的。由此正揭示出一个训练有素的考古工作者在精心发掘和保护文物免遭人为破坏的过程。

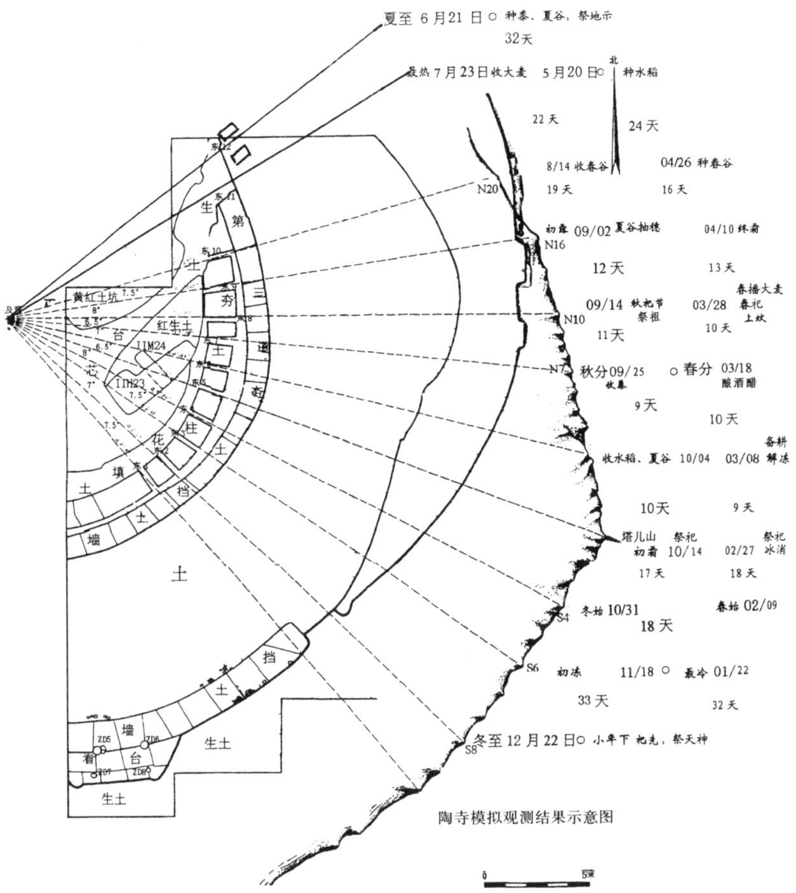

图 2.6 考古队描绘的从陶寺观象台观测点通过夯土柱狭缝和对应山头测得的天象结果

台中心四个同心圆夯土层的发现，确立了观测点的无可替代的地位。在四个同心圆中，最里的一个圆的直径仅为 25 厘米，在圈内刚好可以站立下一双成年男子的脚，从而证明了这个观测方位是无可游移的。

事实上，据何驽介绍，在清除台芯夯土层上的覆土之前，考古发掘人员曾根据土柱、狭缝的朝向，反推过观测的理论中心点，所得结果与揭开夯土层后的实际中心观测点基本相合，由此也可推知土柱构成的弧线、土柱狭缝朝向的构筑，也是合于科学原理的。

寻找到观测点的位置，这是从事祭祀台天文观测研究的关键一步。这个祭祀台兼具观测和祭祀两种功能，故它既可以称祭祀台，又可称观象台。正是由于找到了观测点，才找到了冬至时刻所观测到的狭缝（从南向北数第 2 条狭缝）和对应于塔儿山的东南山峰；同时，也找到了与第 5 条狭缝相对应的塔儿山主峰，并和主峰顶上的宝塔连为一线；在春秋分日附近，则通过第7条狭缝，它正与塔儿山主峰以北的一个小山头相对应；其他狭缝，与塔儿山其他山峰的对应关系则不太明显。其实，有了观测点和狭缝之后，其背后对应的山峰只具示意性质，并不是必不可少的。此观测点与山峰的对应关系，正与《山海经》中六座日出、日落之山相对应，此处也具有示意性质。《山海经》以六座日出、日落之山定季节，尧时发明了土柱和狭缝，这是尧时天文学的一个进步。

明确了观测点以后，在考古上取得的另一项成就，是找到了坐落在第2道夯土墙上的最后两个夯土柱。夏至日出的方位，正从最后的两个土柱相夹的狭缝中通过。这样，我们便可从这些夯土柱中间看到12条狭缝。对应的冬至狭缝是第2条，对应的春秋分狭缝是第7条，对应的夏至狭缝为第12条。第1条狭缝与天文观测无关。冬至狭缝以南的土柱和夏至狭缝以北的土柱，也与天文历法无关。事实上，第1条狭缝往南，还有两块相连的夯土柱，不过，这两块土柱之间并没有狭缝。故自冬至狭缝（即第2条缝）往南的三个土柱，只是土柱象征性的往南延伸，不再有天文历法的功能，其土柱的长度也与其他不相对应。（见图2.6）

人们对尧时使用的历法如有不同的认识，就该用历史事实来加以证实。现今于陶寺发掘出的被证明可能是尧都祭祀台的天文遗址，便是检验帝尧时代究竟使用何种历法的最好实证。一切真伪都将通过这个祭祀观象台提供的信息来得到检验。尧都观象台真能揭示出这个秘密么？让我们慢慢给读者加以说明。

自2003年至2005年以来，经过考古工作者不断探索和模拟观测，可以确定下来的是一个观测中心点和13个土柱，中间夹着12条狭缝。有人也将南面最后一个长长的土柱看作两个，那么就有14个土柱，只是这两个土柱之间并没有狭缝存在。

土柱和狭缝的多少并不重要，关键在于已经可以确定的天文观测点。据发掘报告，可以确定的是他们有详细的观测记录。2003年12月22日冬至日出时，确实从自南向北数第2条狭缝中看到了日出景象，在春秋分前后（实际是3月18日和9月25日），通过第7条狭缝，在塔儿山东南峰顶点看到了日出；在夏至日6月21日，通过第12条狭缝又看到了日出。这个日出方向没有山头与其相对应，只看到太阳出现在塔儿山北部的平台上。其余各个狭缝，也都有太阳

表一

考古狭缝序号	日出通过狭缝日期	相邻狭缝间隔日数	十二月中气日期
12	6.21	33	6.21 夏至
11	7.23	22	7.23 大暑
	5.20	24	5.21 小满
10	8.14	19	
	4.23	16	
9	9.2	12	8.23 处暑
	4.10	13	4.20 谷雨
8	9.14	11	
	3.28	10	
7	9.25	9	9.23 秋分
	3.18	10	3.21 春分
6	10.4	10	
	3.8	9	
5	10.14	17	10.24 霜降
	2.27	18	2.19 雨水
4	10.31	18	
	2.9	18	
3	11.18	33	10.23 小雪
	1.22	32	1.20 大寒
2	12.22		12.22 冬至

表二

编号	D_{-3}	D_{-2}	D_{-1}	D_1	D_2	D_3	D_4	D_5	D_6	D_7	D_8	D_9
长度	×	×	×	2.3	1.7	1.25	1.5	1.25	1.25	1.3	1.3	1.25

通过狭缝看到日出的日期记载，但都与二十四节气中的其他节气不对应。现将考古队的观测记录引述于表一。

表中狭缝编号为考古队设定，自南向北排列。由于狭缝除冬至、夏至、春分、秋分外，与二十四节气并不对应。本表将这些节气排在与狭缝看到日出日期最接近的栏内，以示比较。

考古队还于 2003 年公布了一份夯土柱的测量数据，即各夯土柱的长宽尺寸。按我们的理解，夯土柱的长即为面向观测者柱面横向张开的长度，具有张角的含义。现引述如表二。

表中土柱 D 的编号，为测量人公布的编号。自北向南排列。由于 D_{-1} 至 D_{-3} 的土柱是后来才发现的，没有编号，也没有长度数据。D_{-1}、D_{-2}、D_{-3} 是我们追加的编号。其中 D_{-3} 已在夏至狭缝之外。D_9 也在冬至狭缝之外。D_{-2} 和 D_{-3} 原本是当作门墙看待的，找到了具体观测点之后，才发现原本被误认为门墙的夯土墙，也是供测量用的夯土柱。D_{10} 至 D_{13} 土柱，由于与天文无关，故此从略。

由表二可以看出，各夯土柱的长度，平均在 1.25 ~ 1.30 米之间，仅 D_1、D_2 和 D_4 三个土柱的长度较大一些，尤其是 D_1，达 2.3 米，这种反常的误差在天文上是无法作出解释的，只能把它看作无意中产生的误差。他们原本设计中的土柱长度，当均为 1.25 ~ 1.30 米之间。也就是说，原本设计人的土柱长度都是均等的，在理论上没有差别，只是工匠们具体建造时产生了一些误差。有了这个认识，对于分析研究陶寺祭祀天象遗址的历法形态很重要，可以少走很多弯路。

为了达到日出时通过土柱间狭缝观测日出的目的，要求各狭缝与太阳和观测点成一直线，这就要求当土柱在观测者东南时，其狭缝指向东南；土柱在观测者东北时，狭缝就指向东北。从考古描摹图可以看出，这些狭缝绝大多数都确实符合这一要求。但由于受到当时建筑技术的限制，个别狭缝的朝向也不完全同步，而时有偏差。但总的来说，都可以从观测点通过狭缝看到日出。这在当时来说，已经是很了不起的事情了。

无论是哪个民族，无论从事天象观测或是开展宗教祭祀活动，都离不开本民族的生活习俗和本民族的文化特点。天象观测是为制订历法服务的，故它一定包含有当时历法形态的特征；宗教祭祀必须确定祭日周期，以便定期开展祭祀活动，也必然具有历法的特征。因此，这些夯土柱的结构，理所当然地能够反映出当时历法的基本特征。

那么，这些土柱的结构含有哪些特征呢？我们现在就来分析祭祀台土柱在天文历法方面的功能。从以上介绍可以看出，代表冬至日出方位的第 2 条狭缝，与代表春秋分日出方位的第 7 条狭缝之间，包含有 5 个夯土柱。代表夏至日出方位的第 12 条狭缝，与代表春秋分方位的第 7 条狭缝之间，也包含有 5 个夯土柱。由此可知，从第 2 条冬至狭缝，到第 12 条夏至狭缝之间，共有 10 个夯土柱。

每个夯土柱象征着什么呢？它既象征着11个天文观测点中相邻两个观测点之间所包含的日数，也象征相邻两个观测点之间日出自南向北，或自北向南位移的夹角。土柱的长度，就对应于夹角的大小。考古队公布了各土柱夹角的度数，位于6.5°～8°之间，狭缝大小的差别没有规律，当是土柱长度制作时出现的偏差。按制作者的本意，这些土柱的长度即夹角应该相等。大小没有差别。由此我们可以得出这样一个推理：每两个狭缝之间，象征着一个节气，一个土柱就是一个节气。那么，冬至到夏至之间有10个土柱，象征10个节气。从冬至到夏至又回到冬至，为一回归年，计有20个节气。

2005年10月22～24日，中国社会科学院考古研究所组织了13位天文学家参观了陶寺观象遗址，并由王巍所长主持了天文观测遗址功能讨论会。《考古》杂志于2006年第11期发表了包括考古学和天文史在内的18位专家发言摘要。伊世同、孙小淳、李东生等一致认为这是一座观象台遗址，它同时具有观象、演示和祭祀的功能。陈美东在发言中指出："考古学家何驽已对陶寺观象遗址作了四点证明：一是冬至观测狭缝的发现，冬至那一天从观测点看过去，太阳刚好从2号缝通过，与对应的山头相切，这不可能是一般的巧合；二是夏至观测狭缝的发现，夏至那一天，太阳刚好从12号狭缝，与对应的山脊相切，同理也更加证实其夏至观测的功能；第三是东7号狭缝为春秋分观测缝的发现，与《尧典》二至二分概念相吻合；第四是观测点的发现，这更加扎实地证实了该遗迹的天文学观测功能，通过该点，能观测到所有狭缝相对应的山头或山脊的日出，从而构成观测点、观测缝与相对应山头或山脊的相当严格的观测系统。这些都是客观的发现，而不是巧合。陶寺人可以利用这些建筑观测日出，将一年分为20个节点，是可以肯定的，而当时没有二十四节气。"

中国古代有句传统的说法为日行一度。是说太阳在黄道上大致每天向东运行1°。日出方位的变化，对应于太阳所在黄道的赤纬度数。黄道与赤道斜交成约23.5°的夹角，太阳在冬至时，在黄道的最南端，在赤道南约23.5°，日出东南方；太阳在春秋分时，在黄道与赤道的交点上，日出于正东方；太阳在夏至时，在黄道的最北端，在赤道北约23.5°，日出于东北方。

如果太阳一直在赤道上运行，那么日出永远在正东方，没有南北方向的位移。正是由于黄道与赤道斜交，才引起日出方位的南北变化。太阳在黄道上运行的速度是有变化的，但变化不大，所以中国古代的天文学家在一个很长的历史时期内，都当作日行 1° 来计算。直到隋朝的历法才有了改进。因此，粗略地说，可以认为太阳在黄道上作匀速运动。在这种假设下，太阳运动位置在赤纬上的投影的变化都很大。例如，太阳在冬夏至前后的 10 天内，赤纬的变化就很小，只有 1° ~ 2° 。而在春秋分前后的变化则很大，每天几乎接近 1° 。很显然，用太阳在土柱夹角间的日数变化来设置历法中的节气是不合理的，也是不方便的。考古队公布的观测到的各狭缝间对应的相隔日数，就反映了这种实际情况。

表一所载各狭缝间相隔日数的数据表明，太阳在冬至前后通过一个土柱所需的日数为 32 ~ 33 日，在夏至前后也为 33 日，这表明在冬夏至前后太阳通过一个土柱间的日数是对等的。夹角变化 7° 约需 33 天。而在春秋分前后，太阳南北位移的速度达到极大，只需 9 ~ 10 天。就能通过一个土柱。其他土柱对应的日期变化，则介于其间。多少的差异，只是出于土柱制作时长度的误差，并没有什么特别的科学含义，考古学家不必花费过多精力于此。

除了冬至、夏至和春秋分狭缝可以用于实际观测外，其他狭缝都没有从事观测的实际意义。实际上，即使是春秋分狭缝，由于制作技术或受到自然环境的限制（塔儿山最高峰偏于春秋分狭缝实际位置以南 4 ~ 5 天），利用春秋分狭缝观测，也会导致较大误差。由此可见，陶寺祭祀遗址的土柱，只有冬夏至狭缝，才具有实用价值。而只有冬夏至的狭缝标志，才具有制订历法的实际意义。中国古代的历法家一直保持着这一传统。

由以上分析可以明白，陶寺天象遗址的 11 条狭缝和 10 个夯土柱，既具有天文历法上的实际观测功能，也具有当时历法和宗教、文化上的示意性质。10 个夯土柱的含义表明，当时的历法，一定具有一岁包含有 20 个节气的内容。由于日出太阳方位在不同季节移动一个土柱所需日数差异较大，当时人们不可能按土柱夹角间太阳所经过的具体日数来确定各季节的日数，实际使用的，是中国古代习惯使用的平均日数的方法。即将一回归年按 20 个节气平均分配，每个节气为 18 天，共计 360 天，余下 5 ~ 6 天作为过年日处理。这样，陶寺观象台遗址所使用的历法特性就呈现在我们面前；这种历法将一岁分为20节气，每个节气为18天，每2个节气组成一个阳历月，每个阳历月为36天。故10个夯土柱在观象台兼具观测和历法上的演示性质。帝尧时没有文字记载，以土柱和狭缝来表示时历的特性是很有必要的。这种将一岁分为20节气的历法，虽然与后世的农历不合，却合于中国上古的阴阳五行历，即十月太阳历。

这一认识和推论，难免会引起一些人的怀疑和否定。因为前人从未提及过一岁为20节气的历法，不但古代文献没有记载，即使以往研究十月太阳历的人，也未涉及此说。这种怀疑和否定的意见是可以理解的。但是，一项新的发现，一种新的观念，应该等待时间的考验，让其慢慢发展和逐步完善。十月太阳历的发现和研究历程，正反映出这种规律。

最近我们注意到，贵州民族出版社1998年出版的彝文经典译著“历法篇”《土鲁窦吉》一书中，就载有一岁十个月，一月分两节的陈述。其前言中说：“一年分为五季，两个月为一季。一年分为二十个节气，18日为一个节气。”其原文中也说：“定年三百六十日，定月有三十六日。”“一年十月，十生五成。”“一月分两节，一年二十节。”“阴阳定年节，阴年节五日，阳年节六日。”（第151～153页）

此书译者王子国先生，其先父王兴友，是贵州赫章地区彝族世传毕摩，保存了许多彝文古籍。王子国先生先后参与了《西南彝志》《宇宙人文论》《彝族源流》等彝文经典的翻译，是翻译功底深厚、成就卓著的学者。《土鲁窦吉》共分三卷三十四章。全书专门记载介绍彝族古代使用的十月太阳历和阴阳合历（即农历）两种历法。它不但保存了彝族古代的珍贵文献，同时也为华夏文化的探源研究，提供了许多鲜为人知的新线索。由《土鲁窦吉》的记载可以确定，中国古代确实使用过一岁分为20个节气的历法。春秋战国以后被中央王朝废弃的十月太阳历，终于可以在古西羌文化的保存者彝族文献中寻找到线索和依据。这是十分珍贵和难得的。

黄帝、帝尧和彝族，同源于古西羌民族，这为大多数史学家和民族史家所认同，他们具有共同的文化特征十月太阳历，也是可以理解的。

第三篇
以三大辰确定季节功能的发现

中国远古、上古时代，人们将确定季节的星象统称为辰。中国是一个多民族组成的国家，早期，不同民族所使用的季节星象不同。大致来说，黄帝系的民族用太阳方位定季节，夏人用北斗定季节，商人以大火和龙星定季节，晋人用参星或伐星定季节。至西周和春秋战国时代，中国各民族进一步融合，科学文化交流频繁，天文学也得到进一步的发展，进入使用众多星象确定季节的时代。

一、辰——定季节的星象标志

中国古人常说，天上的星象有日月星辰。一般地说，日月星称为三光，即三种发光体。可见辰与日月星三光是不同的，那么，辰是什么呢？我们在这里就专门说说辰的概念。

《左传·昭公七年》载晋侯对伯瑕曰："多语寡人辰，而莫同。何谓辰？"对曰："日月之会是谓辰，故以配日。"这句话很多人都不理解，也不懂"配日"是什么含义？其实，辰是指天上太阳月亮交会的标志点。用这个标志点干什么？是用来确定一岁中十二个月节候的。所以，一岁定为十二辰，以对应于十二个农历月。配日，就是一岁十二辰与十日相配。这个十日就是阴阳五行历中的十个阳历月，十日即甲、乙、丙、丁、戊、己、庚、辛、壬、癸。这里所"配"的"日"，既非指日期，也非太阳，而是前引《周礼·春官》所说冯相氏掌十有二月、十有二辰、十日、二十八星之位的十日。正因为一岁中十二个阴历月与十个阳历月相对应，才有十二辰与十日相配之说。

确定农历十二个月节候的十二个标志点，实际是指黄道带上的十二个区域。这就是中国古代天文学上常说的十二星次。自冬至之月开始，分别为子月星纪，丑月玄枵，寅月娵訾，卯月降娄，辰月大梁，巳月实沈，午月鹑首，未月鹑火，申月鹑尾，酉月寿星，戌月大火，亥月析木。这里十二辰对应于农历的十二中气。十二月中的每一个中气，它一定对应于十二次中固定的星次。故可以用十二辰即十二星次来确定农历十二月的节候。

有人可能会说，农历的十二月节令，对应于十二辰，这一点没有疑问，如果中国古代有五行历，也应该有与五行相对应的五辰，中国古代文献中，有关于五辰的说法吗？这个问题想对了，也问对了。中国上古确有五辰的说法。《尚书·皋陶谟》有“抚于五辰”。抚于五辰按《说文》的解释为遵循五辰。即使用五个天象标志来安排五个时节。皋陶虽然是帝舜的大臣，但却是从尧时代就在朝为官的老人，他的年龄，差不多与舜相当，故他对尧时的五时制是熟悉的。

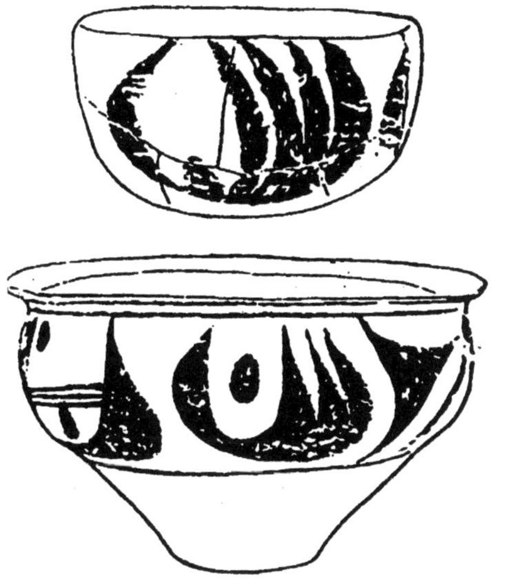

图 3.1　最早出现的仰韶文化遗址庙底沟类型陶器上的大火星像图

请注意有五个象征熊熊燃烧之状的火焰柱，里面包裹着一颗星辰状的大火星。此正是商人心目中的大辰。其时代大约在公元前 4500 年。

古代文献中不但记载了五辰，还记载了与五辰相对应的五兽，或名五灵。这种灵是与五季相对应的。五灵在《淮南子·天文训》中称为东方苍龙、南方朱雀、中央黄龙、西方白虎、北方玄武。《月令》中的五季星象则为东方木鳞虫、南方火羽虫、中央土倮虫、西方金毛虫、北方水介虫。这里的倮虫对应于黄龙，鳞虫对应于苍龙，毛虫对应于白虎，介虫对应于龟蛇，羽虫对应于朱雀。其他如《大戴礼记·易本命》《管子·幼官》等也有类似的说法，只是略有差异。这些记载表明，中国古代除将黄道带分为对应于十二月农历四季的四象外，还有对应于五季十月历的五灵即五象。简明地说，五象的分法就是在四象朱雀与白虎之中插入黄龙一兽，它实际就是指星空中的轩辕星座。

《春秋公羊传》记载了昭公十七年一颗彗星出现于大辰。作者自问自答地说：“大辰者何？大火也。大火为大辰，伐为大辰，北辰亦为大辰。”日月之会是为辰，一岁十二个月有十二辰的观念，大约形成于十二月令。十二月令的观念，对应于一个月有一个月“辰”，即该月的太阳所在，同时还对应于昏旦中星等。这是天文学进步繁荣以后才形成的一套完整体系。《公羊传》三大辰的说法，则是十二辰观念形成之前的初始观念。

按照日本新城新藏《东洋天文学史研究》有关辰的说法，在中国天文学形成之前，为观象授时时代，这个时代的天文学史，实际上只是辰的变迁时代。即由地方或时代的不同，使用不同的星座作为辰——即定季节的专用星象。

他指出，商代及其先民以大火星作为商人专门祭祀的大辰，所以，当时所说的辰，就是指大火星。(参见图 3.1) 三晋地方的晋人及其先民陶唐氏帝尧时代，以参星即伐星作为专祀之星。夏人以北方为根据地，距今三四千年以前，北斗星比现在更靠近北极，更便于用斗柄指向确定季节，故北斗又称为北辰。《夏小正》有正月斗柄悬在下、六月初昏斗柄正在上等记载，北斗可能是夏人或周人专祀的大辰。而春秋战国以后，开始用土圭测太阳高度定十二辰，便将太阳称之为辰。

新城新藏的观点很有见地，对于辰的解释也抓住了要点。他关于中国上古不同地区和民族习俗的认识很有先见之明，即使时至今日的许多科学史家，也未必认识到这一点。不过新城新藏对于夏文化的认识似还有可商榷之处，尽管夏人天文学中具有北辰的特征，但我们所了解的夏文化，已与夏代文明结下了不解之缘，故所谓夏文化，已是西羌与东夷文化的混合体。《胤征》载“羲和湎淫，废时乱日”，可见夏人的天文官仍为羲和，仍属西羌系统。故夏人可能既有以日出方位定季节的传说，又有以北斗定季节的传统。

二、以大火星定时节功能的发现

中国文明起源的历史，虽然按传统的说法可推至黄帝时代，即华夏文明约有五千年的文明史。例如，说黄帝考定星历，就是这一文明的代表。但是，黄帝只是一个氏族和时代的象征。那个时代，使用较为原始的五行历，已是不容怀疑的历史事实。但是，人类创制历法用以分判时日的历史，就只有五千年么? 应该比这个时代还要早一些。黄帝领兵与蚩尤打仗，已是人类大规模的集体行动了，很难想象，没有完整统一的历法，怎么可能组织指挥这种大规模的集体行动。传说中的三皇五帝时代，都应该有自己原始的历法，只是各自创制的原理和依据不同而已。因此，我们把人类创制历法纪日的时间提前到一万年以前，这是有可能的。

上一篇已经指出，中国远古的历法，至少有阴阳五行历和农历两种。而阴阳五行历则是通过观测太阳的出没方法来确定季节和制定历法的。在以上关于辰的讨论中，我们介绍了判断季节的多种不同方法，除以太阳方位定季节以外，还使用物候和季节星象的出没定季节。其中利用三大辰来定季节，就是中国远古上古经常使用的方法，现在逐次加以介绍和讨论。

1. 大火星——天空中的特殊星象

人们将太阳和月亮称为大明，其余的发光体统称为星。其中有五大行星在星空移动。行星每天移动不止，没有固定的方位。但古人通过对固定星象即恒星出没方位的不断观察则发现，气候寒暖季节的变化，不仅与太阳的出没方位有关，还与恒星中天和出入的时节有关。这便是古人将三大辰选作判断时节的标志的道理所在。

新城新藏早就注意到大火星是商人的专祀星，这一判断完全正确。不过他还没有认识到，大火星不仅是商民族的族星，从扩大范围来说，它应是整个东夷民族的族星。于此，我们有必要专门就这个问题加以说明。有一个叫太昊的民族，可能是最早定居在华北大平原东部的民族，他们以想象中的神异动物龙为图腾，各种官制名号等，都以龙命名。他们大致分布在从东北南下至燕山以南、河北省的东部、山东省的大部、河南省的东部和中部等地。太昊为族称或人名。太字可作两种解释，一作久远，一作伟大。故太昊为远古称为昊的民族。相传太昊都陈，故人们称陈国为太昊之墟。陈国是周代的一个国家，都城为宛丘。即今淮阳县东 1.5 公里。而城东北 15 公里，相传就是太昊都城。城西北 1.5 公里，有太昊陵。从这些遗址也可看出当年东夷族人活动的大致地域。

以后东夷人在与华夏其他民族的融合斗争过程中，逐渐向外迁移，分裂成许多支系，其中尤以向南迁移的一支东夷族发展繁衍迅速，分裂成一个新的支系，他们虽然保留原有的文化习俗，却改以鸟作为自己的图腾，这便是少昊族。相传帝俊即帝舜，是其著名的部落首领。帝舜手下还有两个著名的东夷大臣皋陶和伯益，相传他

们就是淮河流域诸国建立者乃至商朝、秦国、楚国建立者的共祖。(见图 3.2)

按照《帝王世纪》和《史记·五帝本纪》的记载，黄帝以后由少昊继位，少昊以后是颛顼，颛顼以后是帝喾，帝喾以后是唐尧、虞舜。前已述及黄帝和尧同属西羌系统，少昊以鸟为图腾，帝喾和帝舜也都属东夷的鸟图腾。颛顼族先民来自西羌，在黄帝时代曾加入华夏联盟，故也可称为黄帝的子孙。少昊时颛顼族与少昊联盟，并继承了少昊的部落酋长。他联合少昊氏的重、九黎族的黎，和南方的炎帝族共工，组成华夏大联盟。任命重黎为火正，改革历法，即所谓祝融氏的天文历法时代。祝融之墟就在河南新郑。故郑、陈同为东方苍龙分野。

图 3.2 《南山经》中的鸟身龙首神

《南山经》的地域相当于中原南部，对应于少昊族的居地。其鸟身龙首，象征其由龙图腾向鸟图腾的演化。

以往我们曾在多本书中论述过中国星空中黄道带的四象分布及二十八宿星名，它与中国远古、上古民族分布的图腾有关。由于东夷族以龙为图腾，东方苍龙星象所对应的分野即为东夷族分布的地区，即春秋战国之韩、宋、燕三地。《汉书·地理志》载韩、宋、燕三国为东夷之地的理由时说，韩地角亢氐之分野，有郑、陈之国，“本太昊之虚”；宋地房心之分野，本“火正阏伯之虚”，“周封微子于宋”，象征殷商遗民之地；燕地尾箕分野，“殷道衰，箕子去之朝鲜，东夷天性柔顺，异于三方之外”，殷贤臣箕子率殷遗民移居“三方之外”，也属东夷分布之地。《汉书·地理志》在论及东方苍龙七宿时，直接提到“东夷天性柔顺”，本“火正阏伯之虚”，又载微子、箕子分为宋、燕之国，此二贤臣均为殷商遗民的象征，这三处地域无疑为东夷之地的代表。故东方苍龙七宿所对应的分野之地即象征着东夷民族分布之地。

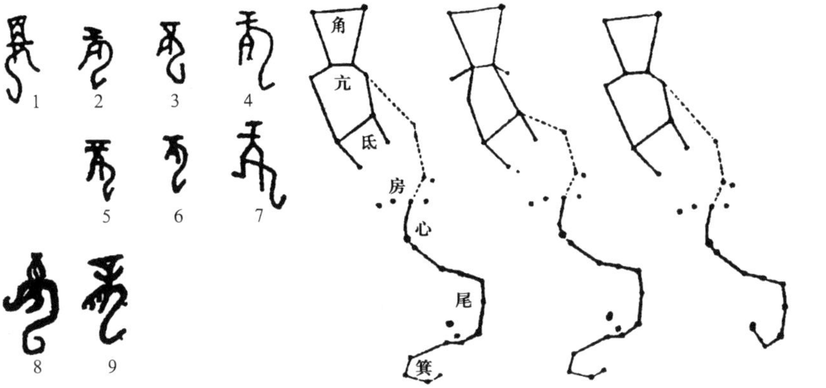

图 3.3 殷墟卜辞中龙字与苍龙星座形象的对比

正因为东夷人的龙崇拜，以大火星定时节，并且把大火星作为自己的族星，才导致东夷人将黄道带东方七宿星象称之为东方苍龙。据研究，殷墟甲骨文“龙”字的写法，与苍龙七宿星象的组成一致，那么当时的龙字可能就是这样创造出来的。在苍龙星座的正中间，有一颗与周围相比最为明亮的恒星，人们称之为大火星。它具有火红的颜色，大火的名称可能正是源出于此。大火星又名心宿二，它不仅在苍龙七宿中是最亮的恒星，即使在全天星象中，也是第 15 亮星，可见它被东夷人选为专祀之星不是偶然的。

2. 以大火星定历法和农耕时节关系的发现

大火星被东夷人选为专祀之星，还有一个更为重要的理由，那就是利用大火星为东夷民族确定时节的特殊功能。东夷民族，可能是华夏地区最早进入农耕社会的民族之一，故东夷文化也较为发达。在公元前 3000 年至公元前 2000 年，正逢大火星在夏至和冬至昏旦中星的时代。东夷人发现，以大火星定季节，对于东夷人来说，是很方便有效的。在这个时代，人们将大火星看作神灵一样，每当见到它在天空出现之时，都要予以祭祀，感谢它告诉人们正确的时节，便于人们适时播种，获得好收成。因此，大火星便成为东夷民族的族星。由于文献缺乏，我们现在已经不知道当时除了判断五月初昏大火中天以外，具体是如何用它判断其他时节的。但是我们可以设想，当时人们几乎都能熟记每个月大火星的方位。因为即使到了各星象混合观测的春秋战国时代，以大火星来判断季节仍然被普遍使用。例如，当时有句俗话叫作“火中，寒暑乃退”（最热时初昏火中，最冷时黎明火中），《诗·七月》有“七月流火”（七月时大火星像西下的流星一样很快下落了），《夏小正》还有八月“辰则伏”，九月“内火”（辰星隐伏在日光下不见了，内火即大火星隐于日光之内）。从《夏小正》也可看出，当时人们曾普遍地专门给大火星一个特有的名称——辰。而其他星象则不能享用这个名称。即使是另外二个大辰北斗和伐星，也必须称为北辰和伐星或参星。

3. 苍龙星座与农时节令

正是由于东夷人的龙图腾崇拜，他们不但逢年过节祭龙神，建龙王庙，将自己周围的山脉、村寨河流称为龙山、龙村、龙水，而且还将这种习惯观念搬到天上，将自己的族星也称之为龙星。不过，龙星所包含的范围几乎占据了东方七宿中的六个星宿，即角、亢、氐、房、心、尾六宿。角即龙角，亢为龙颈，氐为龙的骶骨，房为龙腹，心为龙心，尾为龙尾。并定名为东方苍龙。这条龙星之所以冠以东方二字，正是由于在春季黄昏时能见到它在东方出现。苍龙为苍青色的龙，也象征春季万物返青的颜色。苍龙星座在古希腊称之为天蝎座。有趣的是，东西方的天文学家都将尾宿这几颗星看作动物的尾巴。

（1）龙头节与春耕春种

中国古代有过龙头节的习俗。民俗学家在谈到龙头节习俗时，往往与中国古代神话故事中的龙联系起来，将龙这个动物描绘得有声有色。事实上，在当今自然界，龙这种动物是没有的，多半是人们头脑想象中的神异动物。古人把龙想象成威力无比的神异动物，把龙居住的地方称为龙宫，藏伏的地方为龙潭。它时而藏伏于龙潭，又时而腾云驾雾。它能兴云作雨，因而农业的丰歉和水旱灾害，全部由它执掌。为了祈求风调雨顺，人们每年都要祭龙神。还专门为其立庙，称为龙王庙。遇到干旱之年，还要专门举行向龙神求雨的仪式。

清末《燕京岁时记》说：“二月二日，古之中和节也，今人呼为龙抬头。是日，食饼者，谓之龙鳞饼。食面者，谓之龙须面。闺中停止针线，恐伤龙目也。”可见人们将龙头节还看得很神圣。龙头节停止针线，恐伤龙目的传说，也可看出人们普遍对龙神的尊敬和爱戴。人们在过龙头节时，通常都要开展耍龙灯的活动。龙头节的活动中心，是围绕着一种称之为引龙回的宗教活动进行的。节日清晨，人们点着灯笼，把草木灰或谷糠等物，自水边或井边，一直撒到屋内的水缸边，祈求龙神赐福，保佑风调雨顺，五谷丰登。龙头节这一天人们所开展的宗教活动，反映出人们对龙的崇拜。

那么，古人为什么要将龙头节安排在农历二月初二或春分这一天呢？据传说，龙是一种冬天需要蛰伏的动物，蛰伏即冬眠。龙又将在惊蛰这一天苏醒。醒来后，就要抬起它的头来。于是，春雷滚滚，春雨绵绵，万物因此而苏醒。《说文解字》说："龙，鳞虫之长。能幽能明，能细能巨，能短能长。春分而登天，秋分而潜渊。""春分而登天"，是说春分以后人们可以在黄昏时看到龙出现在天际。"秋分而潜渊"，说明秋分以后的整个秋冬，也就看不到龙了。

(2)《周易》乾卦六龙与作物生长季节

根据以上叙述，熟悉天文学的人马上就会联想到，这与季节和星空的变化有关。那么，人们想象中的龙，也就可能与天上的苍龙星座相对应了。通过这一联想之后，人们才忽然明白，古人心目中所想象的龙的变化，正好对应于苍龙星座的位置变化和季节变化。因此，不难想象，《周易·乾卦》六龙如下的著名用语在天文星象的含义：

> 初九，潜龙勿用；
> 九二，见龙在田，利见大人；
> 九三，君子终日乾乾，夕惕若厉，无咎；
> 九四，或跃在渊，无咎；
> 九五，飞龙在天，利见大人；
> 上九，亢龙有悔；
> 用九，见群龙无首，吉。

前人对此几乎全无准确的天文星象解释，只是把它们看作一套占卜用语。但若将其与苍龙星象四季的出没状态相联系，就可一目了然。这里的一些名词需作些解释才能明白。潜龙，就字面的含义为潜入水底之龙。龙在地面或在天空时，人们是可以看得见的，但当龙潜入水底之后，就看不到了。所以潜龙的真实含义是潜藏不见的龙。但这里所说的六龙，其实是对六个时节龙的方位的描述，所以潜龙就是指潜龙时节，即初九为潜龙时节。实际是指这条天上的苍龙隐没在地平线以下不见的时节。

第二个时节为：九二，见龙在田。是说这条龙已经浮出水面，呈现在田地的上面了。见龙在田，形象地描述了龙从水面刚刚露出，呈现在水面田间的状态。它对应于苍龙星座黄昏时初见于东方地平线以上的情景。

第三个时节为：九三，君子终日乾乾。就字面含义为君子上升成道阶段的兢兢业业、自强不息的奋斗精神。它虽然较为隐晦，但也是象征以苍龙方位记时的一个阶段。即对应于苍龙星座于黄昏时见到龙角以后渐渐升起的一个阶段。由于苍龙星体巨大，从东方始见龙角到整个龙体包括尾宿在内需要一个较长的过程，故也需作为一个时节。

第四个时节为：九四，或跃在渊。义为整个龙身跃出了水面，是苍龙星体全部离开东方地平以后开始上升的阶段。这时龙体呈现在黄昏时的东南方。

第五个时节为：九五，飞龙在天。象征着君子的事业达到顶峰，正是辉煌发达的阶段。飞龙在天，也就是苍龙星座黄昏位于正南方。它对应于大火昏中的天象。

第六个时节为：上九，亢龙有悔。含义为君子盛极之后的改悔，对应于苍龙星座中天以后的往回下行，即苍龙星座位于黄昏时的西南方的时节。

乾卦六龙中最后一条判语为：用九，见群龙无首。它也为一个时节。见群龙无首象征君子事业的终结，在天文学上的对应为苍龙星座无首。整个这组占语只是一条龙的描述，这里所谓群龙，实指苍龙星座的各个部位。见群龙无首，意为龙体的各个部位尚在于星空，只是龙首不见了。实即是黄昏时，龙角星已经隐没于西方地平线以下，但其余亢宿、氐宿、房宿、心宿、尾宿仍可见于西方地平线以上的时节。

这里需要交代清楚的是龙首就是指龙角，也就是二十八宿中的角宿。但早期人们所说的龙角二星，并非指角宿一和二，而是指大角星和角宿一。因为三代以前人们所用季节星象，全是大星，而且大角之名就源于龙角星。大角星是全天第 4 亮星，角宿一也为全天第 16 亮星。只是由于大角星距其他苍龙星体较远，才改用后世的角宿二来代替。

由以上乾卦六龙星象的分析可以看出，六龙中的每个卦位都与苍龙星座的方位有关，原本就是用于确定季节的。而乾卦六龙中的数序和季节，也都与《夏小正》的月序相对应，就星象物候而言，也与《诗·七月》相对应。因此，初九就是一月，九二就是二月，九五就是五月，上九就是六月，用九为七月。《七月》诗中的“七月流火”也正与用九“见群龙无首”相对应。“无首”即龙角隐于西方地平线以下，而大火星则位于西方地平之上，正合于“流火”之象。正是由于七月大火星处于西方地平以上，才会有《夏小正》的八月“辰则伏”和九月“内火”。

(3) 辰角见与秋收冬藏时节

苍龙星座，经过了昏见、昏中、群龙无首和内火之后，就将出现晨见的天象，它们与昏见的使用相对应，同样有声有色。

上文提及在太昊之墟，周代作为太昊后裔象征建立了陈国。在《国语·周语》中，记载了单襄公讲陈国季节的一段话：“夫辰角见而雨毕，天根见而水涸，本见而草木节解，驷见而陨霜，火见而清风戒寒。……火之初见，期于司里。”先秦文献难读，今译成现代汉语再予以说明。这句话的意思是说，当秋天的早晨角宿初见东方的时候，雨季就结束了；当氐宿出现于东方之时，河流中的水就干涸了；这时草木也开始枯谢凋落；当房宿在东方出现的时候，就到了下霜的时节；大火星出现的时候，天气变冷，就要做过冬的准备……大火星出现的时候，为王家服役的农人就该到司里去集合了。

单襄子考察陈国的年代（公元前601年），正是与《月令》的使用年代一致。但是，《月令》已经改用昏旦中星定季节，而当时的陈国却仍用固有的龙星晨昏初见的方法。依月令推之，农历九月正是角宿早晨初见东方的标志，农历十月正是心宿初见东方的标志，农历十一月，正是尾宿初见东方的标志。故有先王教导说：雨季结束而清除修正道路，河流中水干涸以后就架桥梁，当草木枯黄时而准备收藏粮食，下霜时就准备好过冬的皮衣，寒风到来之时就修城郭宫室。又有农谚说：九月修路，十月架桥，结束场院的农活，备好土箕扁担，当营室星昏中天之时，就到司里去集合为公家作土功。

单襄子所述陈国传统确定季节星象的方法是，当角宿黎明出现于东方时为农历九月，当氐宿、房宿（天根、天驷）出现于东方之时为农历十月，当心宿（大火星）出现于东方之时为农历十一月。这个节候，也对应于《左传·昭公三年》的“火中，寒暑乃退”。寒退为大寒十二月中旬以后。

从以上陈述和分析，足可以看出古人专以大火星确定季节的丰富内涵。

4. 火正与商丘火星台遗址

中国远古和上古的天文官有羲和与火正两种职官。羲和为古西羌系统天文官的职称，这个问题，我们已在以上两篇作出阐述，这里再阐述火正。据《尔雅·释诂》：“正，长也。”郭注曰：“正，谓官长。”这就是说，中国远古上古专门负责观测大火星预报时节的天文官称为火正。由于大火星是东夷族专门祭祀和观测的族星，故火正这个官职，也当是东夷族的范围。从民族史的角度来考察古代文献，所得正是这样的结果。

（1）火正重黎

有关火正的上古文献虽有多处，但所记载的史事却只有两处，一处是祝融氏重黎，另一处是阏伯在商丘祀大火。先说重黎之事。《史记·历书》在探索中国历法起源时，记述黄帝考定星历，建立起五行历法。至少昊氏之时，九黎乱德，三苗等服九黎之德。其实，这里的记述比较隐晦，若九黎和三苗仅仅是边疆无关大局的少数民族，他们的乱德就完全没有必要在历法史上记这么一笔。九黎的乱德，恰恰是扰乱了黄帝作为中原大酋长时期建立起来的德，即向部落联盟各方颁行的阴阳五行历。扰乱就是废止。历法是没有一天可以停止的，不用旧历就用新历，可见当时包括东夷族、黄帝族、炎帝族等加入的大联盟内，都在贯彻颁行一种新的历法，这就是与后世农历相仿的十二月阴阳合历。

《史记·历书》的记述只是给我们提供了可供研究的线索，它说：“颛顼受之，乃命南正重司天以属神，火正黎司地以属民，使复旧常，无相侵渎。其后三苗服九黎之德，故二官咸废所职，而闰余乖次，孟陬殄灭，摄提无纪，历数失序。尧复遂重黎之后，不忘旧者，使复典之，而立羲和之官。”这段议论是互相矛盾、无法读通的。按照文义，少昊之时九黎乱了德，以后由颛顼恢复设立重黎火正的官，恢复了正常的历法秩序。以后九黎再次乱德，后再由帝尧恢复设立羲和之官。

按照这种说法，颛顼时的重黎火正，似乎与黄帝和帝尧时的羲和没什么差别。但颛顼恢复黄帝之德的天文官为什么不称羲和而称重黎火正呢？尧恢复重黎之后，不称重黎又改称羲和呢？事实并不那么简单，颛顼时的火正重黎，与九黎乱德之黎，难道只是读音上的偶然重合么？

我们认为，所谓九黎乱德，实即少昊、颛顼时的历法改革，它打乱了黄帝时的阴阳五行历，改用一岁分为十二个月的阴阳合历。历法改革的主角就是火正重黎。我们认为，九黎之黎，与重黎之黎，是相关的，是远古部落大联盟中的一员。所谓九黎，是形容黎人部落的众多，重黎也是黎人部落中的一员。

关于重黎，自古就有重、黎各自为氏的说法。近年来何光岳、王大有等人都明确指出，重氏为东夷少昊族的后裔，《左传·昭公二十九年》所载少昊氏有四叔：重该修熙中就有重，重为句芒。句芒为春神，春夏为阳，故重为南正。而黎为颛顼氏支裔与九黎或炎帝族融合后形成的支裔，故他们所制订的历法，代表了东夷族和九黎族的传统。关于南正重和火正黎或北正黎的差别，我们现今也大致可以得到一个较为一致的看法：所谓南正属阳，以观测太阳定季节，南为阳，太阳也为阳性，故重为南正。所谓北正属阴，以观测大火星定季节，北为阴，星也为阴，故黎为火正，又称为北正。天与地也是一对矛盾的两个方面，天为阳，地为阴。神与人也是一对矛盾的两个方面，神住在天上属阳，民住在地上属阴。故曰南正重司天以属神，北正黎司地以属民。

在《尚书·吕刑》和《国语·楚语》中，还载有颛顼命重黎绝地天通。楚昭王问何为绝地天通？观射父说："颛顼受之，仍命南正重司天以属神，命火正黎司地以属民，使复旧常，无相侵渎，是谓绝地天通。"这就是说，颛顼命令南正重专门负责司天职责，火正黎专门负责司地的职责，对二者作了严密的分工，不能互相混淆和侵犯了各自的职责。绝地天通，同时还有测定冬夏至，分清阳年和阴年的含义。

我们始终认为，早在黄帝建立部落大联盟、创制阴阳五行历之前，各个民族内部就已经使用各自的原始历法。他们各自的历法现今虽然无法弄清楚，但可以相信已经包含有阴阳五行历和十二月农历在内。

故我们认为，西羌系统的民族行用阴阳五行历，东夷、九黎、三苗、南蛮系统的民族行用十二月农历。所以，当黄帝修德振兵、担任部落联盟大酋长之时，就颁行阴阳五行历，而少昊执政时，就颁行属于东夷系统的十二月历，故司马迁说九黎乱德。颛顼氏这个民族的族源比较复杂，我们将在有关章节中介绍。颛顼执掌华夏部落联盟的大酋长以后，仍然沿用少昊执掌时颁行的农历，故其天文官称为重黎火正。

由于祝融氏曾世代长期担任火正之官，因此我们有必要对其来历作一简要介绍。据《史记·楚世家》记载：黄帝之孙颛顼高阳氏生称，“称生卷章，卷章生重黎，重黎为帝喾高辛居火正，甚有功，能光融天下，帝喾命曰祝融。共工氏作乱，帝喾使重黎诛之而不尽，帝乃以庚寅日诛重黎，而以其弟吴回为重黎后，复居火正，为祝融”。又《世本》卷章作老童，《索隐》说：“卷章名老童……重氏、黎氏二官代司天地，重为木正，黎为火正。”

从以上记载可以看出，颛顼氏主要依靠少昊氏、共工氏、九黎氏等的支持，当上了华夏部落联盟的共主，与黄帝族的关系则稍为疏远。《楚世家》等将颛顼说成是黄帝之孙，将重黎又说成是颛顼之孙，只能说明颛顼氏曾加入黄帝为盟主的华夏集团，重黎氏又加入了颛顼为盟主时的华夏集团。他们之间存在共同依附、共同执政的关系，而不一定有血缘上的联系。

重黎氏成为华夏集团中的重要一员之后，便世代以火正著称，正因为他们负责观察、祭祀与大火星有关的事务，专与火打交道，故被帝喾命名为祝融，祝融原本为重黎氏火正的号。祝融含有巫祝大明的意思。

被称为祝融氏黎的、专以祀大火为职业的这个黎人家支，以后专司大火，并以火正为职业，其后裔不断发展，被称为祝融氏。

重黎因征讨共工作乱不力而被诛，火正一职由其弟吴回继任。吴回生陆终，陆终生六子后得祝融氏八姓，为楚的先民。吴回死后葬于侩，即今河南省新郑，故新郑有祝融之墟。

（2）火正阏伯与商丘火星台

河南省商丘火星台是另一处火正之墟。《左传·昭公元年》载孔子弟子子产说：

昔高辛氏有二子，伯曰阏伯，季曰实沈。居于旷林，不相能也，日寻干戈，以相征讨。后帝不臧，迁阏伯于商丘，主辰，商人是因，故辰为商星。迁实沈于大夏，主参，唐人是因，以服事夏商。……故参为晋星。由是观之，实沈，参神也。

高辛氏二子的故事记载了商民族主祀大火星、西羌裔的唐人及以后的晋人主祀参星的历史事实，以至于大火星被人们视为商人之星，参星被人们视为唐人、晋人之星。商人的先祖阏伯被人们尊为大火星之神，唐人的祖先被人们尊为参星之神。所以，《国语·晋语四》载："大火，阏伯之星也，是谓大辰。"于是，大火星与商人的先祖阏伯结下了不解之缘。

又《左传·襄公九年》载："陶唐氏之火正阏伯居商丘，祀大火，而火纪时焉。相土因之，故商主大火。"这条记载说明了三个问题，首先，它明确记载了阏伯是火正，火正以主祀大火而得名。其次，这个火正经历了高辛氏和陶唐氏两代，它代表商民族用大火星确定时节。此处虽曰陶唐氏之火正阏伯，实际并不是帝尧朝中设立的天文官，因为如前所述，帝尧的天文官为羲和，而不是火正。再次，这个阏伯的火正虽然在商丘代代相传，但后来还是势衰最终被东夷族的另一支系相土所取代，故曰"相土因之"。相土为商先民十四世祖先的第三世，他既佐夏，又功著于商。故相土也为火正。

由以上记载可知，商丘当为火正阏伯、相土之墟。现今在商丘西南 1.5 公里之处有一土丘，人们称之火星台，台顶建有阏伯庙，也称火神庙，庙内建有阏伯、相土的塑像。此庙由来已久，相传宋太祖赵匡胤草昧之时，就曾醉卧过这座阏伯庙。据记载，宋国为殷贤臣微子建立的国家，建都于商丘，这个火星台有可能是早在宋国时为了纪念阏伯而建立的祭祀台。

图 3.4　商丘阏伯火星台外景

《商丘县志》引元侯有造《阏伯祠记略》曰："伯，火官，掌记火星，行火政，后世以为

火祖。”可以看出民间后来已将大火星定时节的火正与管理民用火的火官联系在一起。《周礼·司烜氏》说：仲春二月“以木铎修火，禁于国中”。注曰：“为季春将出火也。”按周朝旧制，有于春分前后禁火的习俗，司烜氏此时敲着木铎宣布禁火，这就是寒食禁火的由来。直到清明，才得以用火。故唐人诗有“内官初赐清明火”（韦庄），“朝来新火起厨烟”（杜甫），“日暮汉宫传蜡烛，轻烟散入五侯家”（韩翃）。

实际上，周代禁火之举，也与大火星出没有关。《周礼·司爟氏》：“季春出火，民咸从之；季秋内火，民亦如之。”郑玄注曰：“以三月本时昏，心星见于辰上，使民出火；九月本黄昏，心星伏在戌上，使民内火。”故《春秋传》曰：“以出内火。”原来，禁火活动与天上大火星的出没时节有关。当傍晚初昏时刚刚看到大火星出现在东方地平线上之时，正逢三月之时，名为出火，它正位于一年中农业生产的关键时节，故设立禁火出火的活动，以惊农时。

5. 殷墟卜辞带给我们的启示

古人记载有关殷代的科技文化很少，即使有某种追记，也往往不得要领，甚至完全与历史事实不合。幸好殷墟卜辞为我们提供了大量的资料，现仅举与东夷天文学特征有关的大火与历法两项信息，用以对大辰作进一步说明。

（1）殷墟卜辞带给我们的历法信息

殷墟卜辞需载明占卜的月份和日期，从这些卜辞记载可以看出，殷代一律用干支纪日，不用数字纪日。而纪月则用数字，从一月到十四月均有记载。从月和干支的相互关系进行仔细排比推算，每月的日数，有 29 日，有 30 日，甚至可能还有 31 日。由此可以得到这样一个结论，殷历以回归年纪年，以朔望月纪月。有大小月，大月 30 日，小月 29 日。至于偶然出现的 31 日，还有待于进一步研究，也许只是今人排比推算上的问题，至于卜辞中偶然出现的十四月记载，有些人则解释为殷人历法置闰不精，可能是一年再闰所致。

殷代历法中的季节划分，经过了长期的争论。早先，叶玉森在《殷契钩沉》中，认为他已认出了卜辞中的春夏秋冬四个字，所以殷代是有四季之分的。但后来证明了他的考释是错误的。陈梦家认为卜辞中只有春秋之分，故殷代只分春秋二季。他的观点在温少峰《殷墟卜辞研究——科学技术篇》中得到了应用和肯定。但是，冯时在薄树人主编的《中国天文学史》“天文学的萌芽”中指出，殷历只有春冬二季，即陈梦家所说的秋字，应该释为冬。当然，殷人的春冬，与现今四季的春冬并不对应，殷人的春季为作物生长季节，即对应于春夏二季，而殷人的冬季，则对应于秋冬二季，为作物的成熟收藏季节。

关于殷代的岁首，古代文献有明确记载，即殷正于农历十二月。即所谓殷以季冬为正。这与《左传·昭公十七年》“火出，于夏为三月，于商为四月，于周为五月”的记载也是一致的。但是，常正光在《殷历考辨》中指出，在卜辞一月有火的记载：

> 己巳卜，争（贞）：火，今一月其雨？
> 火，今一月其雨？
> 火，今一（月）不其雨？（《合》二〇九）

并在一月前后也有雷雨的记载，提出在大辰星昏见以后的夏历四月为殷历的一月。温少峰等采用这一说法。

冯时注意到这些大火星出现在一月的卜辞，同时注意到武丁时期的五次月食纪录，并且注意到卜辞春秋在八至十二月，冬季在三至七月的记载，提出殷代岁首当在农历的九至十月。在这个季节，也正合于大火星晨见东方。冯时的说法也许更切合实际一些。

(2) 卜辞中关于苍龙星象的观测

前已述及，由于东夷人的龙图腾崇拜，他们把自己的图腾也搬到了星空，将黄道带秋分以后的星座称之为龙星，并把这个星座想象成有角有四肢有尾巴的一条巨龙。由于这条龙星于春夏黄昏呈现在东方星空，十分显眼，人们便用它的出没方位来确定季节。

温少峰等指出，卜辞中有许多是记载祭龙星的，例如：

> 癸卯卜，贞：侑启龙，王祉，受侑佑？（《外》四五三）
> 丁卯卜，贞：史以有告启……在二月（《南》上一四）
> 贞：告龙于……（《宁》三·四三）
> 贞：维告龙，令？（《存》一·一七一四）

辛亥……告龙于父丁，一牛？（《粹》三六五）

这里的龙就是苍龙星座，人们心目中的龙神。启龙就是蛰伏中将要启动之龙。殷历二月尚在冬季，不过即将出现龙星于东方，故问卜。告龙，即龙星见，将此事报告先王，或报告大众，以备农事。

卜辞中有关大火星的记述最为丰富，例如：

贞：隹火？五月（《后》下三七·四）
己酉贞：王其令火司……工？
己酉贞：火，古王史？（《掇一》四三一）
卜：其告火，自后祖丁？（《南》明五九九）

火司就是司火之官。就如《周礼》中的司烜，他实际就是火正。司火所作的工作，就是所谓“古王史”。古王史，就是古王事，就是勤劳王事。当火正见到大火星出现于东方地平之上时，就要予以祭祀，报告众人从事农耕，为王事尽力。

殷人祭祀大火星，有多种目的，主要有禘祭、侑祭、祓祭三种，今分别介绍如下：

禘（dì）祭，为帝王祭祖之礼，通常要若干年才举行一次，在夏季举行。卜辞中有《合》一六二禘心的记载，其中心就是心宿二，即大火星。

侑（yòu）祭：侑祭为报答神灵恩赐之义。侑祭虽不如其他重要，但留下的记录众多，例如：

丙寅卜，㱿贞：其侑火？（《甲》三〇八三）
贞：王侑心，不佳……
贞：王侑心（《乙》三二〇四）

其中火、心，都是指大火星。

卜辞还载有殷王占卜尾宿的记事：

王占曰：其隹丙，用牵侑尾，其尾辛（《乙》四二九三）

这条卜辞的用意，为在丙日用梏械之囚作为祭品来祭祀尾宿。

三、以参星定季节功能的发现

参星是与大火星、北斗星并列为远古三大辰定季节的标志星。参星是唐人和晋人之星。参星又称西方白虎。参星有什么来历呢？说明它在中国科学文化史上的依据，以及如何利用参星来确定季节，这是本节所要解决的问题。

1. 从晋平公病因说起——高辛氏二子的故事

《左传·昭公元年》载晋平公有病，巫师说是实沈、台骀作祟。郑国派大臣子产聘问。晋大臣叔向问子产，实沈、台骀是何方神灵？

子产回答说：从前高辛氏有两个儿子，大的叫阏伯，小的叫实沈，住在大森林里，不能相容，每天互相厮杀。帝尧认为不应该如此，就把阏伯迁居商丘，让他们用大火星确定时节，后来商朝人沿袭使用，所以大火星称为商星。把实沈迁居大夏，用参星来确定时节，后来唐国人沿袭使用，并用以归服事奉夏朝、商朝。唐国的末世叫唐叔虞。当周武王的妃子邑姜怀着太叔的时候，梦见天帝对自己说，我给你的儿子起名叫虞，将要以唐国封给他，唐属于参星的分野，就让他在这里繁衍养育他的子孙吧。等到生下之后，见孩子手心有纹路像虞字，就以虞给其命名。等到成王灭了唐国，就将唐国封给了太叔。所以，参星就是晋国的星宿。由此看来，实沈就是参星之神了。从前，金天氏有一个后代叫作昧，做了水官，生了允格和台骀两个子孙。以后台骀承袭了水官，疏通了汾水、洮水，堵住大泽，他们的子孙居住在广阔的高平地区。颛顼因此嘉奖他，把他封在汾川，沈、姒、蓐、黄四国世代守着他的祭祀。现在晋国主宰了汾水一带而灭掉了这些国家，由此看来，台骀就是汾水之神了。

遇到水旱瘟疫这些灾祸时，就向山川神灵（台骀）祭祀禳灾；遇到雪霜风雨不合时令时，就向日月星辰的神灵（实沈）祭祀禳灾。根据这两点，这两位神灵涉及不到君王的身上，至于君王的病，只是由于饮食、哀乐所致，与山川、星辰之神无关……子产听说，国君的侍妾不能有同姓，因为其子孙不能昌盛……在君王宫里有四个姬姓侍妾，要不就是这个缘故吧？

在这则故事中，所讲述的高辛氏二子阏伯和实沈，实际是指华夏联盟中的东夷和西羌两个民族。正是由于高辛氏化解了这两个民族之间的矛盾，结成了部落联盟，高辛氏才当上联盟的大酋长。故事中的东夷代表阏伯居商丘，在中国的东部，对应于黄道带的东方。故事中西羌代表实沈居大夏，在汾水一带，位于中国西部，对应于黄道带的西方。由实沈便牵涉到晋人的老祖母姜嫄。

2. 台骀人的来历——晋人的老祖母姜嫄

在上述高辛氏二子的故事中，说明了台骀民族的来历。他是西方民族的天神金天氏的裔子。台骀人又称有邰氏。为炎帝神农氏后裔，姜姓，出自西羌。有邰氏为周民族和晋民族的先祖弃的外家，姜嫄的出生地。以后周人与台骀人世为婚姻，互相依托。台骀人迁居中原之后，曾居于山西汾水一带，治理了汾水，成为汾水之神。故在山西很多地方都有台骀庙，为其后裔祭祀祖先的地方。据今人研究，大约在尧舜之前，台骀人已经迁居汾水一带。据文献记载，古之姜原，位于运城县北。不过，后来部分台骀人和周民族的先民为商人所迫，又向西迁回祖先黄帝姬水故地岐山周原，即陕西武功县一带。周人在台骀人等的协助下，终于在陕西兴旺发达起来，翦灭了商人的统治。这就是为什么在中国恒星分野西方白虎中既有赵魏，又有梁州的道理所在。

图 3.5　山西太原晋祠中的圣母殿——姜嫄庙

在以上高辛氏二子的故事中，台骀的后裔曾建立沈、姒、蓐、黄四国。即台骀人的后裔中，又可分为沈氏、姒氏、蓐氏、黄氏四个支系。我们这里只介绍与黄道带西方星座有关的沈氏和蓐氏。

按照何光岳《周源流史》的意见，高辛氏二子之一的实沈，实际就是指台骀民族沈氏支系的远祖，沈氏不但在汾浍之间建有沈国，在河南固始等地也建有沈国。可见这支沈氏台骀人不但历史悠久，而且擅长观测星象定季节，故被人们推为星神。

在《礼记·月令》以五方、五帝、五兽、五神配五行中，从民族方位的分布与图腾的配合来看，大致配合是合理的，只是其中西方金配少昊不大正确，因为据文献记载，少昊氏有明显的鸟崇拜记录，该民族也大致分布于中国的南方。但大概出于炎帝有炎热之含义，只能配在南方，才导致这样的结果。

我们认为，不仅西方实沈星次的实沈之名源自西方的台骀人支系沈氏远祖，蓐收一名，也源自台骀四支后裔中的另一支蓐氏。按照《国语·晋语二》载虢公梦中的描述，蓐收之神为人面、白毛、虎爪。这个形象与上古文献中所载西王母“人面、虎身、有文、有尾、皆白”相仿，正合于西羌民族的虎图腾崇拜。(参见图 3.6)

3. 参星与羌人的虎神崇拜

关于黄帝族、炎帝族、古西羌族和现代西南少数民族虎崇拜的观念，我们以往已经在不少文献中作过介绍，不再在这本书中加以重复。总之，正是由于古西羌人的虎图腾崇拜，他们才将本民族的虎图腾观念搬到天上，将黄道带西方的星座称之为白虎星。

我们在前面已经对源于西羌的黄帝族及其后裔帝尧时期使用的历法和观测方法作了介绍，表明西羌先民擅长和习惯于观测太阳的出入方位确定季节。但是，这并不是说西羌人就不懂得以季节星象来确定季节。本节就是通过古羌人的遗裔晋人与参星的关系，来介绍古西羌族以参星定季节的方法。

首先说明参星名称的由来。在古代汉语中，参有三的含义，故参星原本的含义就是三星。这三颗星具体是指参宿一、二、三，也即古希腊猎户星座中的猎人腰带的三颗星。这三颗星横向排列，大致与赤道平行，就在赤道附近。参宿与大火星分布在黄道带的东西两个方向，差不多正好相差 180°，人们在地球上永远不可能同时观

图 3.6 《山海经·西山经》中守护黄帝下都的陆吾神
请注意其虎身、人面、虎爪的形象，西山经对应于中国的西部，表明西方民族以虎为图腾，黄帝的守护神是虎的形象。

测到参星和大火星。所以，唐代诗人杜甫在他的诗中发出了“人生不相见，动如参与商”的感叹。兄弟之间本来情同手足，永不分离的，但由于阏伯与实沈这对兄弟终日争斗，终于被高辛氏帝喾分割在天各一方，永远不能相见。

不知到了什么时代，人们将参宿三星扩大成七颗。人们所以这么做，可能正是出于古羌人对虎神的崇拜。如果要将参星与虎的形象联系起来，仅有三颗星是不行的。因为三颗成一直线的星座，往往只能被人们想象成一条扁担或称之为衡石，古人对这三个星也确实出现过这种想象的。

中国古代的天文学家，除将这七颗大星定为参宿以外，还有将参宿定为十星的，所谓参宿十星，就是除这七颗大星，还包括参宿三星下面的三颗竖向排列的罚星。

如果将罚星也包括在内，这个星座就更像老虎了：在参宿北面有觜宿三星，象征着虎头，参宿包围在外面的四颗星，称之为虎的左右肩股，而罚三星，就是老虎的尾巴。从参二宿配合而成的星座形象来看，它好像一只坐着正对着前方的老虎，但在通常的古代星象图中，西方白虎常常被画成奔跑的形象。

苍龙与白虎是整个黄道带中最为明亮的两个星座，它们被中国远古先民选作华夏族群中两个最强大的民族东夷和西羌的图腾星象，这是完全顺理成章的。在参宿七星中，几乎全都是亮星，除罚三颗为 3 等星外，其余都是 2 等以上亮星，其中参宿七为全天第 8 亮星，参宿四为全天第 10 亮星。

4. 唐人以参星定季节的方法

在华夏族群的先民中，不同民族都在顽强地努力保持着本民族固有的文化传统，在原有的基础上加以发扬光大，同时也吸收周围其他民族先进的科学文化，以期促进本民族的进一步发展。这里仅介绍两份具有典型意义的能够反映古唐人、晋人文化特征的文献，以供读者参考。

(1)《诗·唐风·绸缪》中的三星方位与季节的关系

《诗·唐风·绸缪》有如下以三星起兴的诗句：

> 绸缪束薪，三星在天……
> 绸缪束刍，三星在隅……
> 绸缪束楚，三星在户……

毛传指出，绸缪即男女婚恋之缠绵状态。束薪、束刍、束楚，为以礼娶之成室。三星即参宿三星，在天即农历十月初昏参星见东方，在隅为农历十一月、十二月参星初昏时出现在东南方，在户即参星正对门户，即指参星初昏时正月位于正南方。一般人家的大门都朝向南方，在户即正对着南方大门。郑疏另立新说，以为婚嫁之时当在农历二月，故诗中的三星不当为参宿而是心宿。郑说实误。三星一般均是指参星，心宿或称大火，在天文学上一般不作三星解。况且《左传》明载高辛氏二子故事中参为唐人之星，故唐风之三星没有不用参星而用心星之理。

此诗出自唐风，表明诗中所出现的风俗习惯属于唐人的后裔。由此表明，直到春秋战国之时，唐尧的遗民仍流传着以三星在天、在隅、在户的方位确定农历十月、十一月、十二月和正月的习惯。

(2)《夏小正》中以参星定季节的方法

《夏小正》共有 4 条参星记录，今引述如下：

> 正月初昏参中
> 三月参则伏
> 五月参则见
> 七月参中则旦

其中“参中则旦”原本在八月，按照唐僧一行和孔广森意见改在七月。

从《诗·唐风·绸缪》和《夏小正》有关参宿季节星象记载可以看出，古西羌及其遗裔确实很重视对参星的观测，从正月、三月、五月、七月、十月、十一月、十二月都有在初昏或黎明时参宿初见东方、中天或其他方位的记载，可以想见古羌人确有专以参宿出没星象确定时节的阶段。

据传说记载，《夏小正》是孔子从夏民族的遗裔中记录下来的历法文献。夏民族虽然出自西羌（据载禹生石纽），但东迁以后，在与唐人、东夷人、颛顼人的联合过程中（“迁实沈于大夏”，唐国建都夏墟，就是很具体的融合），已经吸取了其他民族的先进内容，例如已经采用昏旦中星来确定时节。但即使如此，以参宿确定时节，仍然是《夏小正》中使用次数最多的星象，共达4次之多，其余最多的斗柄和大火星为3次。可见《夏小正》仍然保存着西羌天文学的一些特征。

图3.7 《海内经》中的颛顼之父韩流形象

请注意其猪嘴、猪脚、鳞身的形象。猪嘴鳞身象征夏民族与东夷龙图腾民族的融合。

四、以北斗星指示时节功能的发现

1. 从司幽之国说起——颛顼族、夏民族的猪神崇拜

由于华夏先民发现以北斗星定时节的方法历史久远，在长期流传发展过程中，有关起源这段历史，反而湮没无闻。由于文献缺乏，关于以斗柄指向定时节的起源历史，几乎无人研究。只是到了20世纪新城新藏指出以斗柄指向定时节可能出自夏民族，李约瑟在他的《中国科学技术史·天文卷》中引用了北斗七星与猪的故事之后，才推动、促进了人们对这一问题的探索和思考。在这个问题上，只有冯时等少数学者，才认识到中国先民对北斗的崇拜与猪崇拜有关。他就是以北斗定时节的发现者。他是指哪些或者是哪个民族有猪图腾崇拜呢？这又落入一些茫然无所适从的境地。因为从传统民族史和民族学的角度出发，几乎无人说过华夏各民族具有猪崇拜的痕迹。研究工作必须从头做起。

我们注意到《山海经》中有如下两段有关猪神的描述，《海内经》曰：

流沙之东，黑水之西，有朝云之国、司彘之国。黄帝妻雷

祖，生昌意。昌意降处若水，生韩流。韩流擢首、谨耳、人面、豕喙、麟身、渠股、豚止。取淖子曰阿女，生帝颛顼。

又《中山经》曰：

凡苦山之首，自休与之山，至于大騩之山，凡十有九山，千一百八十四里，其十六神者，皆豕身而人面……苦山、少室、太室，皆冢也……其神状，皆人面而三首，其余属，皆豕身而人面也。

上段记载说，在流沙的东面，黑水的西面，有一个司猪的国家。一个名叫韩流的人，长着长脑袋，小耳朵，人面、猪嘴、猪蹄，就是该国的国君。韩流之妻又生了颛顼。下段记载说，在苦山、少室山、太室山一带，生活着十六个神灵，主神为三首神，长着三个脑袋。其他属神，都长着人的面孔，猪的身子。

在《山海经》里所出现的神，也包括各种神兽在内，都是地球上不存在的特异动物，实际都是指当时的图腾形象。由此看来，包括颛顼父亲在内的颛顼民族，也属于猪图腾。这两个以猪为图腾的民族，一个是颛顼的出生地，流沙之东，黑水之西，大致就在甘肃、陕西一带。而另一支猪图腾的民族，则分布在少室山、太室山一带，即今河南省郑州、洛阳之间的嵩山一带。这里正是夏民族占统治地位的政治中心。

第一段文中所载的司彘之国，究竟是什么意思呢?《山海经》中有“司日月之长短”的记载，意思是说，观测日月出入的山头方向，用以确定季节。这里“司彘之国”的司字，当作观测解。因此，所谓司彘之国，就是专以观测彘星定季节的国家或民族。当然，在古代汉语中，司也可作职掌解，也是官署的名称，如司徒、司空、司仪、司机等。因此，根据这段记载，我们便有理由理解为颛顼族和夏族是专祀彘星的民族。

颛顼族与夏民族究竟是一种什么

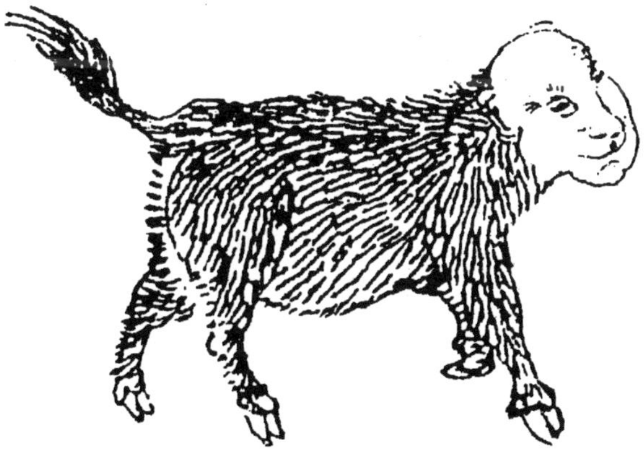

图 3.8 《中山经》的彘身人首神

中山经对应于中原的中部，它当与鲧封崇山有关。

关系？《月令》孟冬之月说："其帝颛顼，其神玄冥。"玄冥是什么？通常释作水官修熙，也即北方、北极之神禺强。郭璞《山海经》注曰：禺强"字玄冥，水神也"。庄周曰："禺强立于北极。一曰禺京。"这个禺京，就是禹的父亲鲧。按照皇甫谧的说法，"鲧，帝颛顼之子，字熙"。又禹母曰修己，则修熙即禹之父母。鲧被封于崇山，故《山海经》有少室山、太室山，有人面彘身神的记载。禺强立于北极的含义，不仅说明鲧出生于北方，以北方为基地，同时也祭祀北极星神，即以北辰定季节。《史记・夏本纪》亦说："禹之父曰鲧，鲧之父曰帝颛顼。"这些上古文献均表明夏族与颛顼族的密切关系。

这里尚需交代一个疑问，许多古书中说，颛顼乃命重黎制历，观大火，以为火正，不是两者矛盾么？应该是不矛盾的。颛顼族、夏族专以北辰定季节，与颛顼为华夏大联盟盟主以后，设重黎之官为火正，观大火定季节是两回事。只能说明颛顼为古帝时，联盟内的东夷族、九黎族的文化影响更大。

2. 猪星与北辰的两种对应星象

(1) 北斗为猪星

有人可能会说，仅凭《山海经》等记载的有关颛顼、玄冥的猪崇拜和司彘之国等似是而非的记载，不足以证明北斗星崇拜就是猪崇拜，更不能证明颛顼族、夏族主祀北斗星。事实上，中国远古人类确有猪神崇拜，祀北斗就是祀猪神，还有许多确实具体的例证。现再举数例，以示证明。

唐代郑处诲《明皇杂录・补遗》记载了天文学家僧一行擒纵北斗星神的故事：

一行幼年的时候，家里很穷，他的邻居王姥姥，前后接济他数十万元。一行经常想要报答她。唐玄宗开元年间（713—741），一行受到玄宗的敬遇，玄宗对他言听计从。后来王姥姥的儿子犯了杀人之罪，在狱中尚待处决，王姥姥向一行求救。一行为难地说："姥姥要金帛，我当十倍相酬，但犯了国家王法，是难以用私情来了却的，我实在想不出好办法来！"王姥姥生气地骂道："我认识你这个和尚又有什么用呢，亏我当年还那么帮你！"一行求她宽恕，姥姥气呼呼地头也不回地走了。

一行感到十分愧疚，不断地想着既不违法又可解救王姥姥之子的方法，终于想出了一条妙计。当时在他浑天寺里作劳务的工人有数百人之多，他找来二人，让他们腾出一间房子，搬进一只大瓮，放在房中。并给他们一个口袋，嘱咐他们从下午到黄昏时，在一个作坊的院子里潜伏着，看到有东西进来，就必须一个不漏地将它们捉住。如果逃脱一个就将受到鞭打。二人按照嘱咐办了，到了酉时，果然见到一群小猪来了，二人全部将其捕捉而归。一行大喜，将其装入瓮中，用木板盖的，并用“六一泥”封好瓮口，在上面用朱笔写了数十个梵文字。

第二天早晨，宫中派来的差人敲开了一行的大门，将其召到便殿。玄宗焦急地问道：“太史官来奏，昨夜星空不见了北斗星，这是什么征兆？大师有什么解救办法吗？”一行说：“后魏的时候发生过荧惑不见的事，如今发生帝车不见，这是自古未见到的。俗话说，即使匹夫匹妇之星不在其位了，就将发生陨霜干旱之事，现在帝车星不见，就将对陛下不利了。但是，陛下的盛德终究是能感动星辰的，我们佛门是讲求宽恕一切人的。依臣下的意见，不如大赦天下。”玄宗听从了一行的劝告，宣布大赦天下。于是王姥姥的儿子得到赦免。第二天傍晚，太史奏说见到北斗第一星，到第七天傍晚，北斗七星便全部再现于星空。

这个故事看似荒诞离奇，却给人们留下一个永久的启示，在中国远古历史上，可能确实存在将北斗星看作猪神的化身。不然便不会产生这么一个离奇的设想。

作为古代文献记载的例证，在《初学记》引《春秋说题辞》有如下记载：“斗星，时散精为彘，四月生，应天理。”斗星，就是北斗星，其形状似斗，为古代的盛酒器，故名。散精为彘，即其精灵为猪。猪怀孕四月而产生，这个数字对应于四季，故曰应天理。但可能正是由于北斗四月应天理的这一说法，古代天文学家在创造星名时还创造了天理星座。《史记·天官书》曰：“在斗魁中，贵人之牢。”集解引孟康曰：“《传》曰‘天理四星，在斗魁中。贵之牢名曰天理。’”《开元占经》卷六十九还引巫咸曰：“北斗魁中，天理，主贵者，水官也。”这个水官，就是我们前面所提及的水官玄冥。这样看来，就无形中理清了猪与北斗、猪与颛顼、玄冥之间的关系。

图 3.9　河姆渡遗址陶钵上的猪星图像

颛顼族和夏民族的猪崇拜和北斗崇拜，得到

了考古界的证实。考古发掘表明，中国远古人类不仅有猪崇拜的习俗，并且已将对猪的崇拜和对北斗星神的崇拜联为一体。陆思贤、李迪在《天文考古通论》和冯时在《天文考古学》中，均指出在中国新石器时代的三大遗址，即辽宁红山文化、山东大汶口文化、浙江河姆渡文化遗址中，曾普遍地发现有猪崇拜和北斗崇拜的现象。在各种简单的墓葬遗物中，大多包含有猪头和猪骨。另外还有一些刻有猪形象的器物和礼器。这些猪像遗物，大多与四季星象或北斗星象有关。

出土于河姆渡遗址第四文化层中的长方形陶钵，经碳十四测年结果为公元前5000—前4500年间，陶钵呈斗魁形状，外壁两侧各刻一猪。（见图3.9）这当然是河姆渡文化先民十分重视驯养猪的事实，但其猪身上明显地刻有一圆形的星象，则反映出它与季节星象的关系。它只能被看作当年北极星的标志。如果说河姆渡陶钵猪体所反映出的星象还不够具体，那么良渚文化遗址出土的玉璧猪像就更清楚了。在猪身上明显地刻有呈斗形的四颗星，便是猪应合斗魁四星的象征。（见图3.10）

更为明确表示远古人们将北斗星神作为崇拜对象的，有山东莒县陵阳河大汶口遗址出土的陶尊斗魁图像，在一个上为立柱，下为倒梯形的图像中，共有七颗星，在呈方形的四颗星的正上方，另置一排直立的三颗，此正是北斗七星的明确表征。这个斗柱所指的立柱，正是古人礼天图腾柱的象征。在这个倒梯形立柱的上方，有十二个排列整齐的圆圈，在下方则有十个排列整齐的圆圈，各为两行。它们是什么含义，前人均未涉及。我们认为，此正是中国上古

图3.10 浙江余姚良渚文化遗址玉璧上的猪星图

请注意猪身上的四颗星对应于北斗星的斗魁，尾部的三颗星对应于斗柄。该遗址的碳十四测年为公元前5000—前4500年。

两种历法的标志，十二圆圈表示农历的十二个月，十个圆圈表示五行历的十个阳历月。（见图 3.11）

更为奇特的是，安徽省含山县凌家滩出土的新石器文化的猪像玉雕。玉雕整体所表现的是一只鹰，鹰的头尾和两翅都很形象，鹰的胸部画有一整规的八角形。其表现四时八节的标志十分明显。它的奇特之处还在于鹰的两只翅膀，若对翅尖细加琢磨，又各自成一颗猪头，两个猪头的身子连为一体。其所反映的斗建授时的观念也就很清楚了。而鹰形象本身所表现的是淮夷鸟图腾的族徽，猪像与八角形相配，让我们看到了新石器时代，人们以猪、北斗、北极三位一体的实物证据。（见图 3.12）

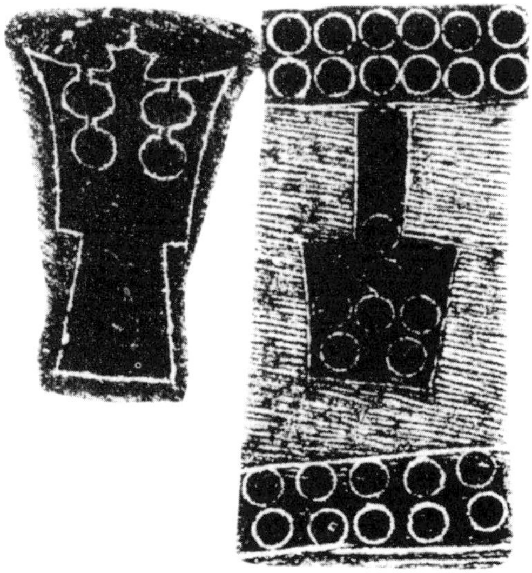

图 3.11　山东莒县陵阳河大汶口遗址刻划符号北斗图

请注意中间北斗的上面所示 12 个圆圈，对应于 1 岁 12 个月；下面所示 10 个圆圈，对应于 1 岁 10 个阳历月。

（2）奎宿为猪星

《史记·天官书》曰："奎曰封豕，为沟渎。"正义曰："一曰天豕，亦曰封豕，主沟渎。"封豕就是大猪。所谓天豕，即天猪之义。由于猪有拱土寻食的习性，星占家从这一习惯出发加以发挥，故有奎主沟渎的说法。

又十二星次中有娵訾星次。娵訾又名豕韦，后世对应于室宿和壁宿。星次的名字也与猪有关。

黄道带的北方七宿，对应于北方玄武，而玄武又与颛顼、玄冥有关，即对应于北方颛顼族和夏民族。我们已经指出，黄道带的四方星与中国民族的四方分布相对应。所以，北方玄武星象，即与北方颛顼和夏禹相对应。正是出于这一对应的考虑，天文学家除将东方星座与东夷、西方星座与西羌、南方星座与少昊相对应外，也将北方星座与颛顼夏民族相对应。将北方与夏民族相对应，不仅是由于夏人分布于中国的北方，还由于夏人对北辰的崇拜。天文学家在创立将华夏四个主体民族对应于

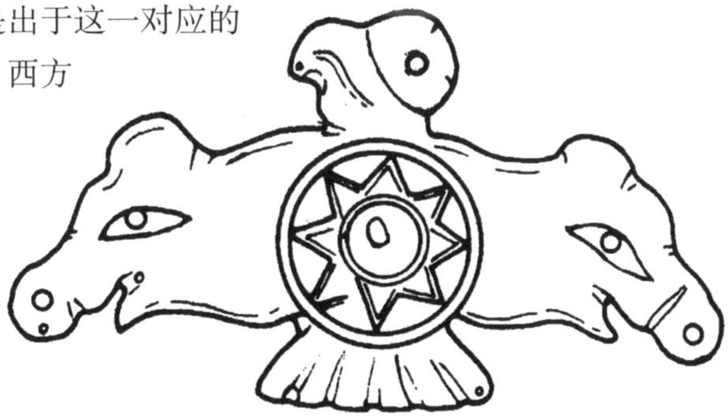

图 3.12　安徽含山县凌家滩鹰形猪嘴八角星纹玉雕

四季四方之时，便将夏民族对应于北方。正是由于这一观念，黄道带的北方七宿，也便成为颛顼、夏民族主祀的星座。这就是为什么夏民族既祀北斗又祀北方七宿主星的道理所在。明白了这个道理之后，北方主神颛顼、玄冥，祀猪、祀龟蛇、祀封豕的道理所在，也就容易明白了。

前已述及北方主神为颛顼，玄冥为其属神，这一说法源于颛顼生鲧、鲧生禹的传说。由于颛顼和夏民族早期存在的猪崇拜习俗，便形成了北斗为猪星，北方星座亦为猪星的观念。北方星次中的豕韦星次，就是由此而得名。至于奎宿为大猪，也当与北方夏民族有关。奎虽为西方七宿中的第一宿，它却与西方的虎星无关，而与北方星次的豕韦相接。大家都知道，奎宿是二十八宿中分布最北的一个星宿，原本就与北方七宿关系密切，只是由于岁差的原因，后人才将奎宿划归西方七宿之首。

夏民族加入华夏联盟以后，由于夏禹治水有功，成为华夏联盟的共祖。正是由于治水有功并与以蛇为图腾的修己结为婚姻联盟，导致了夏民族图腾的改变，由猪变为龟蛇。北方星座中既有猪星，又有龟蛇星，便是夏民族图腾转变留下的印记。

3. 北斗定时节的使用方法

杓系龙角——以角宿方位定时节

《史记·天官书》载有北斗星斗柄指向的具体记录，它说：

> 北斗七星，所谓旋玑玉衡，以齐七政。杓携龙角……
>
> 左角，李；右角，将。大角者，天王帝廷。其两旁各有三星，鼎足句之，曰“摄提”。摄提者，直斗柄所指，以建时节，故曰“摄提格”。

这就是说，北斗七星斗柄的指向是很明确的，这就是杓携龙角。即斗柄指向苍龙星座的龙角，即角宿。《天官书》所说的两只苍龙的角，一颗是大角星，另一颗就是角宿一。这里《天官书》尤其注重大角星在建时节中的特殊地位。这也许是大角为全天少数几个最明亮的恒星之一（全天第4亮星）。它两旁各有三颗星名曰左右摄提，摄提为牵引提携之义，也与北斗星的指向有关。摄提格就是摄提星的方位，以木星运行一周十二年为一个纪年周期的方法，当木星运行到摄提星方位时，就称为摄提格之年。二十八宿的起首星为角宿，大多数人都不明白中国的二十八宿为什么要从角宿开始，知道了角宿为北斗星指示方向的标志以后，就会明白二十八宿起自角宿的道理所在：北斗星的指示方向，自然处于建时节的领先地位。

《淮南子·天文训》则记载了北斗指十二辰对应于十二月的状态：

> 帝张四维，运之以斗，月徙一辰，复反其所。正月指寅，十二月指丑，一岁而匝，终而复始。

这里明确地记载了北斗星黄昏时正月指向寅位，二月指向卯位，三月指向辰位，直至十一月指向子位，十二月指向丑位，又回到初始的运行状态。循环不已。因此，北斗七星是指示时节早晚的天然标志。当然，这是假定北斗星位于天顶，即人类生活于北极的理想分法，它与人们实际所观测到的月徙一辰的方位是有差别的，所以人们在用北斗指示时节时，还需借助于其他标志。

《夏小正》载正月斗柄悬在下，六月初昏斗柄正在上。《鹖冠子·环流》也说："斗柄东指，天下皆春；斗柄南指，天下皆夏；斗柄西指，天下皆秋；斗柄北指，天下皆冬。"均是指在黄昏时观看北斗斗柄的指向，故《天官书》曰："用昏建者杓。"

第四篇
年月闰周的测定和四分历的发现

中国远古、上古时代，经历了漫长的观象授时阶段。观象授时也有岁首月首，也有用以判断年、季、月首的方法和标准。但那时设置岁首、月首，可能带有一定的随意性和人为因素。观象授时的方法，是否一定需要知道一岁、一月准确的日数？刚开始的时候也许不知道，至少不一定需要知道精密准确的日数。但授时的标准还是有的，例如，可以用初见大火星出现于东方之日作为岁首，初见新月作为月首等。经验积累多了，一岁、一月的大致日数也就知道了。只是知道得未必准确而已。

历法有两种观念，笼统的说法，观象授时也叫历法，只是授时的标准掌握在历官的头脑里。严格意义上的历法，是必须具备推算年、月、日的严格标准，一天不能多，一天也不能少。谁来推算都一样。即制订历法，必须要有进行推算的基本天文数据。例如，回归年、朔望月、置闰周期等。还有一套健全的推算方法。本篇主要介绍中国古代历法家测定这些数据的基本方法，以及如何发现中国最早历法推算方法的。

一、回归年长度测定方法的发现

自从人们能够区分一岁中的不同季节之后，人们便产生了岁和回归年的概念。所谓回归年，是太阳从黄道上某个天文点出发，例如冬至、夏至、春分、秋分等，运行一周，又回到该天文点所需的日数。具体的方法，通常利用两次日出最北方位或最南方位所间隔的日数，也可利用两次初昏初见大火星之间相隔的日数来确定。严格来说，利用太阳出没方位定出的岁与利用大火星定出的岁，在概念上是不一样的。只有利用太阳定出的岁，才叫回归年，这一名称，是从太阳两次回归的时间间隔而得名。利用大火星确定的岁，名叫恒星年。由于岁差的原因，回归年与恒星年并不相等。但由于每年仅相差 0.0142 日，远古和上古的人们是不能区分的。

除了以太阳出没方位和以恒星出没方位定季节，在春秋战国时还出现一种立杆测影定季节的方法。这种方法的发现，大约还可上推至殷代。立杆测影，是根据中午杆影长度的变化，确定各季节的日期。刚开始时，人们习惯于用垂直地面的八尺表来测定日影长度的变化。以立杆测影的方法所得冬至日期的精度，与以太阳出没方位和以恒星出没方位确定的冬至日期精度相差无几，也许立杆测影的方法更精密一些，但即使如此，一次直接测量的结果也不比一个整数日更精密。《尚书·尧典》所载“期三百有六旬有六日，以闰月定四时成岁”，就反映出当时观象授时的实际状况，人们只能大致知道一回归年介于 365 日～366 日之间。

甚至有迹象表明，西周以前也许使用更粗略的回归年纪日方法，即以干支纪日，恒定以甲子日为元旦的方法，这样，一岁便恒定为 360 天，多下的几天或置闰日，或临机处置。殷墟卜辞中的祀周，也同样反映出这种状况。

1. 四分历岁实的来历

中国第一部用于严格推算的历法就是四分历。四分历因其以 365.25 日为回归年日数而得名。最早的四分历，即所谓先秦古四分历黄帝、颛顼、夏、殷、周、鲁历，均未载创于何时何国，也未载作者姓名。现在我们所能知道的，只有岁首和历元。不过，我们据其历元，可以大致推知其天象的适用年代介于战国期间至西汉初年。所谓黄帝、颛顼、夏、殷、周历，并非指远古、上古朝代的历法，仅仅是制历者的托名。正因为这个理由，很多天文史家将四分历的创制时代判为春秋末年或战国时代。

四分历由岁余为四分之一日而得名。然而，四分历的岁实即回归年长度是如何得来的呢？有人曾经以为，自从中国天文学家发明了立杆测影以后，测定回归年的精度就获得了较大提高，甚至四分历的岁实长度，也是由圭表连续测影，影长四年变化一周而获得的。但实践证明，八尺表直接测量日影精度有限，这是因为冬夏至前后的两三天内，日影长度几乎没什么变化，因此造成冬夏至日期的测定不准确。所以说，立杆测影所得回归年精度，与太阳出入方位和恒星初见方法所得精度相差无几。

《左传》记载春秋时代240余年的史事，载有丰富的天文历法史料。其中有两条日南至记录十分令人关注：

> 僖公五年　春王正月辛亥朔，日南至。
> 昭公二十年　春王二月己丑，日南至。

鲁僖公五年为公元前655年，鲁昭公二十年为公元前522年，相距133年。日南至即冬至。这两条通常被人们看作为当时使用圭表测量冬至日期的实测记录。经精密推算结果表明，前一条记录比真冬至日早1天，后一条早2天。这一计算结果表明了当时实测冬至的误差达1至2日。这是当时圭表测影精度的实际情况。

我们至今仍然没有找到当时的历法家所使用的回归年数值是如何得来的。我们认为，在春秋时代日南至的观测记录一定不少，只是保留到今天的仅此这两条，而即使仅依靠这两条日南至观测纪录，便可推知在这133年间自日南至到日南至的总日数，这个总日数被133年相除，便可得到较为精密的回归年值。自辛亥至己丑相距39日，133年间两个冬至日经过的总日数为809个干支周期加39日，故有 $(809\times60+39)\div133=365.2556$（日）。由于两次观测的误差被平摊在133年间，使得求出的回归年精度大大提高，计算值近于四分历的岁实，时人便以四分之一日作为日余，这便是四分历岁实的来历。

《后汉书·律历志》上说：

> 日发其端，周而为岁，然其景不复。四周，千四百六十一日，而景复初。是则日行之终。以周除日，得三百六十五四分日之一，为岁之日数。

这段话反映的就是冬至日正午日影长度四年一个周期的变化。

如果第一年的冬至发生在正午，第二年的冬至就发生在正午之后，又过四分之一日的傍晚；第三年的冬至就发生在正午之后，又过了四分之二日的夜半；第四年的冬至就发生在正午之后，又过了四分之三日的黎明；第五年的冬至又回到了正午时刻。因此，从四分历的观点来看，如果精密测量上述五个冬至日的正午的表影，一定是第一、第五的影长最长，第二年稍短，第三年最短，第四年与第二年相等。故四分历的回归年，具有四年一循环的特征。

2. 祖冲之寻求更精密岁实的方法

人们创立了四分历之后，数百年以后的历书都可以立刻推算出来，人们都为天文学的进步而感到骄傲。但是，随着天文学的进步，人们对天象的观测手段也在不断进步，观测工作越来越勤奋，历法中存在的缺点也就不断显现出来。首先，人们发现汉初使用的颛顼历“朔晦月见，弦望满亏多非是”，“历纪坏废，宜改正朔”。在改历中有人主张沿用四分历，重新测定历元。邓平则提出太阳历的回归年余分的长度使用$\frac{43}{81}$日，最后邓平历取得了胜利。取胜的主要原因是因为八十一分这个数，符合音律中的九九黄钟自乘。历与律调，象征着自然界的规律协调和谐，社会江山也就永固。其实，太初历岁实的精度，与四分历相差无几，从实际数值来看，甚至比四分历更疏阔一些。

天文学家在太阳历的行用过程中不断作出检验和观测，发现太初历很快也就不合天象，天文学家不断对它进行改进。西汉末年，刘歆对太初历进行整理改造，定名为三统历，基本历元法数不变，勉强使用到东汉章帝时，又改用后汉四分历。这次改革明确发现了历法后天，故将历元提前了四分之三日。并将三统历太阳在黄道上的历元（冬至）位置牵牛初度改定为斗宿二十一度。这两项主要改革都是明显的进步。但是，东汉天文学家对这一历法改革并不彻底，只是一种矛盾的调和。人们早已发现了历法中使用的岁实太大，然而时人也无法作出彻底改进。故人们提出了三百年斗历改宪的说法。即新实行的四分历即使当时完全合天，但行用超不过三百年，就将再次出现较大误差，必须再作改革。

这一说法是符合科学实际的。由于冬至点改在斗宿，故人们称岁余为斗分，所以对改革历法有斗历改宪的说法。回归年的精确值为 365.2422 日，四分历为 365.25 日，误差为 0.077 日，经一百年之

图 4.1 祖冲之像
(429—500)

后，就差至 0.77 日，即行用一百年之后的节气就将后天四分之三日。有了这一明显的差误，也就很容易观测到了。于是，人们在探索多种改革历法的方法。

历法的改革还需从精测冬至的时刻和岁实出发。这是因为制历就要设置历元，必须首先确定冬至的推算时刻。

中国的测角仪器浑仪，利于测定恒星的方位，但对测定太阳的方位就不方便了。故要想测定冬至的时刻，有效的方法还是从提高圭表的影长的观测精度来实现。关键在于观测方法的革新。这种革新方法，首先是由南北朝时刘宋的祖冲之发明的。《宋书·律历志》记载了祖冲之创立这一观测方法的过程，今介绍如下：

基本设想是这样的，既然不能用一次直接观测的方法来确定冬至时刻，祖冲之想出了一个利用多组观测法，并经过数学运算来达到这一目的。祖冲之不但是天文学家，同时也是著名的数学家，利用数学知识为天文服务，祖冲之有能力办到这一点。

他作出两条假设：1. 冬至前后表影长度的变化是对称的，即冬至前后时间间隔相同的两个时刻，两者的影长是相等的。2. 影长的变化，在一天之间是均匀的。这两条假设虽然并不严密，但误差不大，对当时实际是可行的。

有了这两个假设之后，如果该年冬至时刻不在正午，而在午正以后，那么，冬至前 23 日的影长 A，一定比冬至后 23 日的影长短，而冬至后 24 日中午的影长则比冬至前 23 日的影长更短。由此便可作出如下假设：在冬至后 23 日中午与 24 日中午的一昼夜之间，必定有一个时刻的影长 A′ 与冬至前 23 日的影长 A 相等。这个假定影

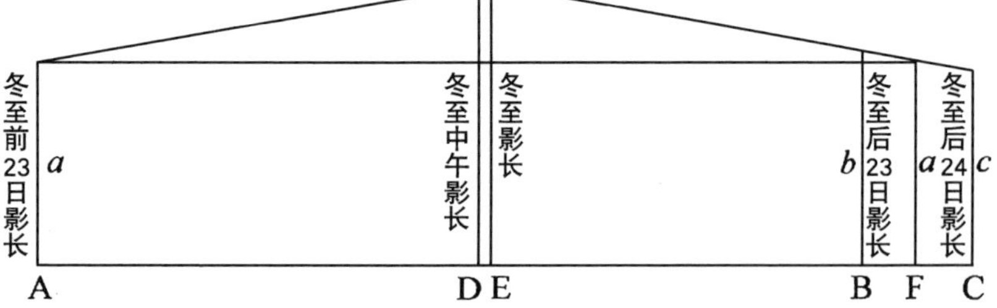

图 4.2 祖冲之测算冬至时刻法示意图

长相等时刻F的晷影，虽然不可能在同一地点观测到，但它一定会发生在该地西部的某个地区的中午。一昼夜等于100刻。设冬至前观测点为A，影长为a；冬至后23日观测点为B，影长为b；24日观测点在C，影长为c。则可通过如下公式求得该时刻与冬至后23日中午B点相距的时刻：

$$BF = \frac{b-a}{b-c} \times 100 \text{ 刻}$$

A与B之间的中点D为冬至日午正，则D一定也是中午。再设A与F之间的中点E，那么，DE便是冬至日中午距冬至点的时刻。

$$DE = \frac{1}{2} BF = \frac{(b-a) \times 100}{(b-c) \times 2}$$

通过以上测算，祖冲之破天荒地在中国历史上，第一次用科学的方法，求出了准确的冬至发生的时刻。这一方法的发现，开创了中国古代利用科学方法准确测定冬至时刻的新纪元。祖冲之创立的观测方法，被以后的中国天文学家一直沿用到明朝末年西方天文学传入为止，对中国天文学的影响巨大。

精确测定一个冬至时刻之后，对于测算回归年长度来说，还只完成了其中的一半，同一个人的观测结果，由于相隔年数太短，不易达到更高的精度，祖冲之还想出了一个更巧妙的方法，借助于前人观测季节的记录，达到了推求历史上另一个冬至时刻的目的。即另一个冬至时刻则是根据历史记录，按祖冲之创立的方法推算出来的。

根据《后汉书·律历志》记载，天文学家曾于熹平三年（174年）测定了二十四节气的晷影长度。祖冲之发现这一年实测的立冬、立春日中的影长之差竟然达到了4分，这在理论上是不合理的。立冬、立春日中的影长应该大致相等。考其不等的原因，正是由于历法后天造成的。因此，这年正确的中午影长应该是立冬减去2分，立春加上2分。相当于历法后天2日12刻。因此，该年冬至的准确时刻当为11月丁丑日50刻减去2日12刻。

祖冲之自己测得的公元461年冬至时刻，与推算出的公元173年冬至时刻相距288年，将其间的总积日数除以288年，便得到当时中国也是世界各国最精密的回

图4.3 郭守敬像（1231—1316）

图 4.4 河南登封元代观星台遗址

归年值 365.2428 日。在中国历法史上，直到南宋末年使用的统天历之前，它一直都是最精密的数值。

3. 郭守敬和邢云路的回归年测量方法

郭守敬是元代著名的天文学家，授时历的制订人之一。为了推求历元的冬至时刻，他在司天监内建立了四丈木制高表，并使用景符，连续进行了两年多的晷影测量工作。自元世祖至元十四年（1277 年）六月到十七年（1280 年）正月，共选取了 98 次有效的实测成果，借助于刘宋祖冲之计算冬至时刻的方法，共得 28 个冬至时刻和 17 个夏至时刻值，最后核定至元十八年辛巳前冬至，在己未日夜半六刻。经验证，与理论值已十分接近。

在实测冬至时刻的基础上，郭守敬又收集自刘宋以来所测冬至时刻的记录 6 条，各求出与自己实测冬至时刻的年距和日距，最后得到 6 个间距的回归年长度的平均值为 365.2425 日。这个数值比祖值更精密。这个数值虽然在他几十年以前的杨忠辅统天历中使用过，但却较前历建立在更为坚实可靠的基础之上。杨忠辅的精密值如何得来，没有留下历史记载。但郭守敬再次创立的增至四丈高表，并

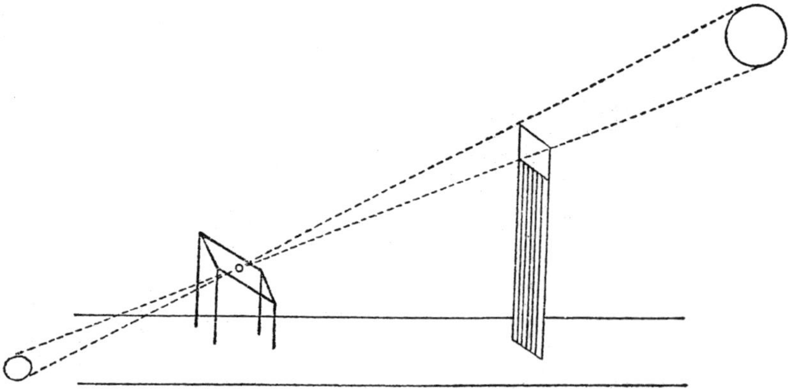

图 4.5 影符测影的原理

郭守敬利用小孔成像的原理，使日光照在影符面板的小孔中，日光通过小孔投影在圭面上，呈现出清晰的太阳像，提高了测影的精度。

创立影符成像的设备，采用一年内多组和多组冬至时刻加平均的方法，均提高了测量精度。

明朝后期，邢云路在兰州做官，他也热心于历法改革，建立了六丈高表，采用影符的设备，实测了明万历丁未年（1607年）冬至时刻为丁未岁十一月初四日癸巳卯正初刻。他将自己实测的冬至时刻，与郭守敬327年前所测冬至时刻相比较，推得回归年值为365.242190日。这个数值，不仅是当时中国，而且也是世界的最高水平。邢云路的创新之处，只是加高了圭表高度，采用了两组最为精密的冬至时刻进行推算，所得结果自然最为精密。

4. 二十四节气和太阳位置的推算

自从有文字记载以来，中国就一直使用阴阳合历，即农历，将一岁分为十二个阴历月，因不正好相等，故仍需设置闰月来调整季节。农历可以使一些主要生产活动的月份大致固定下来，这种固定，对于指导农业生产来说是一个很大的进步。但是由于闰月的关系，使得某一节气有时在该月的中旬，有时又移至下旬，甚至还要移至下月的上旬。这种节气变化，对农业生产的影响很大，有时就是因为播种晚了时节，使得收获大打折扣。因此人们在想，能不能找出一个方法，使得季节的细小变化在月份中显示出来。于是人们终于在战国时找到了这种方法，那就是将太阳在一岁中的行程划分为二十四阶段。地球上气温寒暖的变化，受到太阳南北方位照射的影响。对于北半球来说，太阳在冬至时，受到日光的照射少，气温低；夏至时，太阳升至最高处，地面受到日光的照射多，气温就高。正是人们认识和发现了这个原理，便自冬至起每隔十五日余设立一个节气，一岁共二十四个节气。

正是人们的这一创造，使得节气大致在农历月份中固定了下来。一年四季的气温变化，是随着季节变化的。依据这一原则，与季节变化关系最密切的农时活动，例如春耕春种等，就可以相对于季节固定下来。虽然每年由于寒潮等的特殊影响，使得同一季节的气温也有一些差异，但气温的变动终究不大，对农作物的收成几乎没有多大影响。正是这一重要发现，使得农业对二十四节气的依赖程度变得很高，什么时节耕地，什么时候播种，什么时候插秧，什么时候锄地等，在人们心目中有了一个明确的时间表。人们对于二十四季节的名称和顺序都记得很清楚，直到现在，虽然公历在中国推行已经近一百年，但二十四节气在中国，尤其在农村的影响仍然很深刻。为了方便记忆，人们对二十四节气的名称顺序各取一字编成了四句顺口溜如下：

春雨惊春清谷天；
夏满芒夏暑相连；
秋处露秋寒霜降；
冬雪雪冬小大寒。

记住这四句歌诀，对于进一步了解中国的农历有着重要意义。在这四句歌诀中，各对应于四季中的一季，第一句代表春季，以下三句各代表夏季、秋季和冬季。周代将一季又分为孟仲季三个月，分别代表一季中的第一、二、三月，因此，对任何一个月份又可以孟仲季配四季称之，如五月可称仲夏之月，七月可称孟秋之月。这一习俗一直延续到今天。

节气又分节气和中气两类，从立春开始排列，逢单数称为节气，逢双数称为中气。由于规定以无中气之月为闰月，这就决定了在十二个月中，每个中气固定在一个月中，它可以在初一至三十间变动，但决不会超出这个月的范围。例如，夏至永远只能在五月，秋分只能在八月等。节气在月初，中气在月中，这就决定了节气要横跨两个月，它在上个月的十六到这个月的十五间变动。例如，立春就在十二月十六至正月十五间移动。这便是有的一年中可以没有立春节，而有的一年中有两个立春节的道理所在。

在两汉时代，人们流传有日行 1 度的说法，即太阳在黄道上每天运行 1 度，每 $365\frac{1}{4}$日运行一周，故将圆周划分为 $365\frac{1}{4}$度。黄道与赤道斜交成 23.5 度的夹角，即使太阳在黄道上作匀速运动，它在赤道经度上的速度也有变化。

但实际上，太阳的周年视运动是不等速的。这个现象大约到北齐时代（约 6 世纪）被一个名叫张子信的天文学家所发现。他指出“日行在春分后则迟，秋分后则速”。他的这一观测结果大致是符合实际的。以后的历法家便开始依据这一观测结果，尝试制订日行盈缩数表，统称为日躔表，对太阳不同季节的运动位置作出修正。所谓盈缩数，是太阳在这个节气比平均行度（每天 1 度）多行或少行的分数。

隋代历法家刘焯提出以太阳的黄道位置来划分节气，将黄道一周天均分为24分，太阳每到一个分点便交一个节气，这样确定的节气叫作定气。由于每个定气的时间长度不等，冬至前后太阳移动快，一个节气只有14天多；夏至前后太阳移动慢，一气可达16天。刘焯推算定气的方法虽然对民用历法没有多大影响，但对日食、月食位置的推算精度有重要意义，刘焯为此发明了等间距二次差内插法来推算太阳的真实行度。唐代的历法家一行继承了刘焯的这一创造，但发现各定气间的时间是不等的，所以，不能用等间距内插，又改进使用不等间距二次内插法，将计算方法又向前推进了一步。以后元代的授时历又创用招差法，使用了三次差，这是中国历法计算中的一个重要成就。

二、朔望月长度测定方法的发现

月亮是夜间最为明亮的天体，人们利用肉眼，便可直接发现月亮圆缺的变化，以及月亮在恒星间的位置移动。即使在阳光照耀之下，也可以看到天上的月亮，可以直接看出月亮与太阳的相对位置。

因为中国古代的历法，是以月亮圆缺一周作为纪月单位的，所以，月亮的运动方位，也是中国历法计算中的一个重要内容。不仅如此，传统的中国历法，都将交食预报与历法紧密结合在一起。正是推算交食的需要，人们对于月亮方位的推算精度的要求就更为严密。

由于月亮有显著的圆缺变化，而且变化周期也不太长，正适合人类的记忆和运用，它可能是原始人最为关心的天体和纪日周期了。因此，人类对它的初步认识，将不下于数万年。所谓朔望月，就是月亮自合朔至合朔，或自望日（即日月相望之日，也即月圆之日）至下一次望日之间的时间间隔。这个间隔，介于29天～30天之间。

一个朔望月的平均长度为29.53日有余。也就是说，一个月平均等于29天半稍多一些。所以远古和上古人类安排历日，就很自然地会想到采用大小月相间的办法来纪日序。至于每隔多少个大小月相间之后，再出现一个连大月，可能在整个观象授时时代，都在长期的探索过程之中。

朔望月长度大致有如下两种观测方法：

1. 目视观测法

在一个朔望月中，通常有晦日和朔日两天看不到月光，人们称之为无月日。朔日和晦日，通常也是判断月向变化的一个标准，但在远古和上古时代，人们通常以初见新月和月光正圆时作为两个互相对应的阶段，又以圆月之日作为区分上下半月的标准。人们将太阳月亮会合之日（黄经相等）称为朔日，月圆之日（日月相对）称之为望日。因此，所谓肉眼观测朔望月的长度，就是肉眼观测新月至新月或望日至下一次望日之间相隔的日数。

由于月亮自身的运动速度有变化，而且日月地三者相对纬度的变化也会影响月亮的可见状况，所以，仅通过两次或几次观测，虽然也能得到月亮圆缺一次的日数，但基本上只能得到整数日，甚至可在 29 日至 31 日之间变化。

人们制订历法，只是为了人与人之间交流时日的方便，准确地确定每一个定朔或定望并不是最重要的，更直接的是向人们提供一个便于推算和记忆的月的长度，这便是一个平均月亮圆缺一次的长度，这就是平朔。早期一个朔望月平均值的取得，通常都是计算若干年内两个初见新月之日、朔日或两个望日之间的总日数，再除以这些年内的总月数（平月加闰月），便得到一个朔望月的平均长度。由于殷商时代人们已开始使用连续干支记日，计算若干年内的总积日数已没有多大困难，因此，早在殷商时代，人们已能掌握较为准确的朔望月长度的数值。

2. 交食观测法

既然直接用肉眼观测月亮的圆缺变化来确定朔望月的长度不很精密，那么，人们自然就会想到有无更精密的观测方法？这个方法，早在汉代以前就被人们发现了，它就是利用日食或月食的时刻来作为判断的精密时刻。

早在汉代的时候，人们就已经明白了，所以发生日食，是由于月亮遮蔽日光所致。因此，日食一定在合朔之时，月食一定在合望之时。人们只需记下两次日食、两次月食或一次日食、一次月食之间的日数和时刻，再以总积月数加以平均，便可求得精密的朔望月长度。

每次日食或月食，都有一个发生的过程，月食前后可以达三四小时之久。为了使其尽可能获得准确的合朔、合望时刻，往往都采用食甚时刻来决定。要求得准确的食甚时刻，首先要校准计时器的准确度，当时较准确的计时器就是漏刻计时。观测时同时观测食甚的状态，并记下食甚的时刻，便可求得定朔或定望的发生时刻。

作为推算历法使用的第一个朔望月数据，大约首先出现在公元前6世纪，即四分历的朔望月值29.530850日，与今测值29.530588日相比较，误差为0.000262日。汉代人长期使用四分历，便逐渐发现所使用的朔望月值太大，东汉末年刘洪第一次缩减朔望月值为29.530542日，误差减至0.000046日。祖冲之改进了观测天象的方法，不但提高了回归年数值的精度，同时也提高了朔望月的精度，为29.530600日，误差仅为+0.000012日。古代历法中朔望月数值最精密的历法是北宋姚舜辅的纪元历，为29.530590日，误差在0.000002日以下。西方在十六世纪所使用的最精密的第谷数值29.530593日，也有0.000005日的误差。可见中国古代所使用的朔望月值也长期处于世界领先地位。

3. 定朔、定望算法的发现

给出每一个月的太阳、月亮合朔、合望时刻的方法，是任何一部历法的基本要务。因此，不但回归年、朔望月是历法的基本天文常数，测定和推算任何时刻太阳月亮的位置，也是任何一部历法的基础。为了制订出一部精密的历法，就必须精密测定历法历元时的太阳、月亮、五星的位置，作为往下推算任何时刻位置的起始点。例如，通过很长时间的观测，人们就确定太初元年年前十一月朔旦冬至日月具起牵牛初度，作为太初历的历元。这就是说，在太初元年年前十一月朔日夜半的时刻，人们测得太阳、月亮的位置，都位于牵牛初度。以后任何时刻的太阳、月亮的位置，都是从这个时刻的位置进行推算的。那么，这个时刻的太阳、月亮位置，是被人们看作真实的位置，这就是人们通常所说的定朔时刻和方位。不过，那个时代人们的观测手段尚不精密，有较大误差，但它却是中国古代历法记录中最早的历元之一。

上节我们介绍了人们认识和推算太阳运动的过程，本节再专门介绍人们认识和发现月亮运动的过程。人们认识月亮的运动，最早是从观测月亮的圆缺变化开始的。月亮从合朔到下一次合朔，共需29

天半多一点，但从一次合朔的位置到下次合朔的位置却随着太阳位置的变化而变化。即月亮两次合朔所行经的路程不是一周天，而是一周天再加上一个月内太阳的行程。即若按平均日行一度计，在一个朔望月中，月亮的行程等于周天加上 29.53 度。按照四分历的算法是：

月亮每天的行度

= 月比日每天多行度数 + 日每天行度

$= 365\frac{1}{4} \div 29\frac{499}{940}$度 +1 度 = $12\frac{7}{19}$度 +1 度 ≐ 13.37 度

即月亮每天比太阳多行 12 度多，但月亮每天在恒星间运行了 13 度多。正是这个原因，又产生了另一个观念恒星月。四分历的恒星月算法是：

$365\frac{1}{4} \div 13\frac{7}{19} = 27.32185$ 日。

即恒星月的定义是，月亮相邻两次通过每一恒星的时间间隔。

有了月亮每天的行度，便可推得晦朔弦望的时刻和月亮每天运行的位置。但是，经过长期的观测以后，人们发现月亮的运动速度并不是均匀的。推出的位置与实际观测到的位置常有差别。早在东汉时的李梵、苏统等人，就已经指出月行有快慢的变化，贾逵在论历中也指出：

> 今史官推合朔、弦、望、月食加时，率多不中，在于不知月行迟疾意。
>
> 率，一月移故所疾处三度，九岁九道一复。

贾逵不但指出了月亮在它的周期运动中有运动快和运动慢的地方，而且已经发现月亮运行的最速点或最慢点也在一刻不停地运动，一个月向前移动三度，经过九年之后，最速点又回到原来的地方。

我们知道，月亮绕地球沿着椭圆的轨道运动，地球在椭圆的一个焦点上。月亮最接近地球的那个点叫作近地点，月亮运动到这个地方速度最快。与近地点相对的地方叫远地点，月亮运行到远地点速度最慢。而且远地点或近地点也不固定，贾逵测定每次经过近地点时，它在星空中的位置都要前进三度。月亮这种连续两次经过近地点的时间间隔称为近点月。显然，近点月的周期，要比恒星月长一些。

贾逵虽然指出了月亮近地点运动的约数，但并未给出近点月的具体数值。现今流传下来最早的数据是东汉末年刘洪乾象历近点月的值为 27.554756 日，误差仅为 0.0002 日。历史上对近点月数值观测的精度进步很快，隋大业历的近点月为 27.55455 日，已与真值密近。

中国最早的定朔算法记载在刘洪的乾象历，它的计算分以下四步进行：第一，从历元算起，依朔望月，推出所求年月的平朔望时刻。第二，推算平朔望时刻在一个近点月中的位置，即平朔望离月过近地点的时间间隔。第三，按照月亮近点月周期表，计算平朔望时刻月亮平均运动对真实运动的校正数。第四，将校正数加到平朔望时刻上，就得到真实的朔望时刻。这个经过校正后的朔望时刻，就称为定朔或定望时刻。

月亮近点月周期表通称为月离表。在中国古代每一部历法制订时，都必须经实际测量，制订出月离表。如乾象历，根据实测，求得在一个近点月内，月亮每日实际所走的度数，作为第一项。从月过近地点开始，每日日初月实际位置和平均位置的差数，叫作该日的盈缩积。实际位置在平均位置之前为盈，之后为缩。次日盈缩积减本日盈缩积，为损益率。次日盈缩积大于本日盈缩积的损益率为益，反之为损。

从隋大业历和皇极历开始，在计算定朔时，又考虑到太阳运动不均匀性对月亮运动速度变化的影响。从皇极历开始，又采用内插法来计算月亮和太阳这两项校正数。到元代郭守敬的授时历，更发明招差算法，使推算的位置更为准确和精密。由于计算公式繁杂，这里从略。中国古代历法计算中对太阳月亮不均匀运动的发现和创造，都是中国天文学上的重大成就。

三、闰周及四分历的发现

1. 观象授时末期日序、月序、闰月的表达方式

（1）日序的安排

从殷墟甲骨卜辞可以看出，殷代以干支纪日。经近人研究，殷代纪日有大小月之分，大月 30 日，小月 29 日。因此，殷代的纪日制度为阴阳合历。周灭殷之后，取代了殷人的统治，纪日制度也有了很大的改变。从近代出土的大量载有四要素俱全的青铜器铭文以

及有关西周的文献可以看出，西周历日制度载有初吉、既生霸、既望、既死霸等月相名词。其月首为初见新月之日，称之为朏日。并以干支纪日。在有些文献中，也以朏日、既生霸、既望、既死霸等名词后继以越某日来纪日序。研究表明，西周中晚期有历法变革的迹象，将月首自朏日移至朔日。正因为这样，自西周晚期至春秋时代，一直都有告朔活动的记载。经研究证实，《诗·十月》“朔日辛卯，日有食之”，就是周幽王时代使用朔日的标志。以朏日、既望等为纪日起点，此正是观象授时阶段的标志。而改以朔日代替朏日为月首，又正是天文学在进步的证明。

（2）月序的安排

从殷墟卜辞可以看出，殷人纪月，以一至十三为月序。亦有以正月为一月的卜辞。由此可见，殷人是正月、一月并用的。正为端正、平正之义。由于一回归年设十二个阴历月有余，需设置闰月来调整，闰在岁终。而正月即是调整季节的标志，故称为正月。有人据一岁或两岁中两个或三个月之间的干支纪录无闰月排列不能相合为由，判定某月之后有闰月。因此认定殷代也有年中置闰。由于还只是从间接推得，没有直接的文字依据，我们暂时只能持保留态度。

在殷墟卜辞中，可以判别确有大小月之分，大月 30 天，小月 29 天，故殷历的月就是朔望月。然而，在卜辞中更有多处所谓一月之中有四个癸日的记载。有人据此竟提出一个月有四旬的观念。我们以为作这样的推论是欠考虑的。一月有四旬，就必然不合朔望月的纪月法则。因此，我们赞同温少峰等人的意见，殷历由于观相授时，以初见新月为初一。由于人为的判断会出现较大的误差，所以，一个月的日数不仅有 29 天、30 天，有时也会有 31 天。

（3）闰月及闰周的安排

殷代可以确知的闰月之名为十有三月。有无闰周的规律，没有任何信息可供研究。西周纪日制度中无闰月的名称，但经统计，金文中的十三月纪事可达十余条之多，由此可证西周的闰月都置于岁末。既然已发现的十三月就有十余条之多，故西周绝无岁中置闰的可能。有人仍在孜孜不倦地寻找西周金文中的年中置闰，我们认为那是徒劳的。

秦及汉初使用颛顼历，已为不断出土的秦汉简牍历谱和历日记事所证实。颛顼历是一种有着特殊结构的历法。它以十月为岁首，但月序从农历正月开始。颛顼历的闰月称为后九月，已为很多的文献记录和出土文献所证实，因此，颛顼历所实行的，仍然是岁终置闰。

《左传·文公元年》载有关于周代置闰的原理和法则时说：

> 闰三月非礼也。先王之正时也，履端于始，举正于中，归余于终。履端于始，序则不愆；举正于中，民则不惑；归余于终，事则不悖。

这段文字比较艰涩，虽常见人们引用，但是否真能深入透彻理解就很难说了。今将其译为现代汉语如下：

> 将闰月设置在三月，不符合周代的礼制。先王在设置闰月调整时节的时候，首先将一岁中开头的月份和季节整理好，这样，年中的月份和季节也就正确了，然后将剩余的部分（余分）置于岁末。将开端整理清楚了，月序就不会失误；一岁中中间的月放正了，人们使用起来就不会迷惑；将多余的月份放在岁末，遇到事情就不会发生错乱。

这段记载告诉我们两件事。首先，按照周代的礼制，闰月都是置于岁末的，故曰“归余于终”。《左传》的作者发现鲁文公元年有将闰月置于三月的情况，故说“闰三月非礼也”。即将闰月置于三月不符合周代的礼制。这段记事同时也告诉我们，鲁国的历法在文公元年确实将闰月置于三月。通过这一记事，虽然将闰月置于岁中不合礼制，但周代确实也有岁中置闰的情况发生。尽管它可能是在某些特殊情况之下才出现的。

为了研究中国历法的起源及闰周的起始，我们曾努力寻求周代存在闰周的可能性。结果发现，《左传》中虽然记载了大量的月日干支，但据其所推得的闰月间隔，均不能构成有规律的序列。因此，我们有理由相信，在中国春秋时代，可能还处于观象授时的晚期。

2. 十九年七闰和四分历相互关系的发现

在观象授时时代，为了寻求一个正确的置闰周期，曾经作过漫长的、无数次的尝试。闰月的间隔，一定介于2~3年之间。大致每经过3个3年1闰之后，就需加1个2年1闰来进行调整。但经过长期使用之后，人们发现在十一年中设四个闰月还不够精密，后来才终于发现了十九年七闰法。

笔者原本以为，四分历的产生，决定于十九年七闰规律的发现。因为一个回归年的日数大致等于365 $\frac{1}{4}$日，是比较容易掌握的。而掌握了十九年七闰法则，利用两者之间的关系，就可推算出朔望月的日数，由此便可构成四分历的推算法则。最近我们通过对《左传》两次日南至之间的日数、月数、年数的关系计算，惊讶地发现，这两次日南至记录，对于四分历数学关系的发现是关键。人们正是通过对两次日南至记录的分析和推导，总结出了中国历史上第一部可以长期推算运用的历法——四分历。

《左传》这两条日南至记录如下：

> 僖公五年春王正月辛亥朔日南至。
> 昭公二十年春王二月己丑日南至。

僖公五年为公元前655年，昭公二十年为公元前522年。按照张培瑜《中国先秦史历表》所推定这两年日南至所在月的真朔，僖公五年正月的真朔为壬子，昭公二十年二月的真朔为庚寅，记录“正月辛亥”为定朔前一日，时历将其定为辛亥朔是正常日。记录“二月己丑”为定朔前一日，记录虽未载朔日，该日也当在时历平朔前后。

自僖公五年（前655）至昭公二十年（前522），其间相距133年。在133年的两个日南至之间，正好为133个回归年。自僖公五年正月辛亥朔至昭公二十年二月己丑，其间可以推得相距为48579日整（辛亥至己丑相距39日，809个干支周加39日得二日南至间日数）。僖公五年日南至在正月，说明当时置闰正确，冬至正在周历的正月。昭公二十年日南至在二月，可以发现当时少置了一个闰月。自僖公五年正月辛亥朔，至昭公二十年二月己丑，可以推得其间相距1645个朔望月（可由两日南至积日数除以朔望月长求出）。

由以上分析可以求得以下数据：在133年两次日南至之间，又正逢合朔之日。因此，这期间便可求出回归年值、朔望月值、闰月数和闰周数：

$$48578\text{ 日} \div 133 = 365.24812\text{ 日} \doteq 365\frac{1}{4}\text{日}$$

$$48578\text{ 日} \div 1645 = 29.530699\text{ 日} \doteq 29\frac{499}{940}\text{日}$$

$$1645\text{ 月} - 133 \times 12\text{ 月} = 49\text{ 月}$$

$$133 : 49 = 19 : 7$$

利用这两个日南至记录，便可很容易地推得回归年的值很接近 $365\frac{1}{4}$日，只相差 0.00188 日。为了计算方便，就取为 $365\frac{1}{4}$日。这两条记录并未说明冬至与合朔在同一时刻，只是可以认定为均在同一天。为了计算方便，古代的历法家便假设两次冬至合朔均发生在同一时刻，由此便可求得在 133 年中有 49 个闰月，也就是十九年七闰。因此，十九年七闰法可能就是用这两条记录推出的。由于两者之间相距年数较长，即使当时实际合朔时刻并不与冬至时刻一致，带来的误差也不大。

正是古代历法家假设了这两条冬至合朔时刻发生在同一时刻，便形成了如下的固定关系：

$$365\frac{1}{4}\text{日} \times 19 \div 235 = 29\frac{499}{940}\text{日}$$

这一关系，与以上利用两次日南至间的总日数求得的朔望月值很相近，由此便奠定了四分历的基础：

$$365\frac{1}{4}\text{日} \times 19 = 6939\frac{3}{4}\text{日}$$

$$29\frac{499}{940}\text{日} \times (19 \times 12+7) = 6939\frac{3}{4}\text{日}$$

这就是说，每经过十九年，冬至合朔时刻又回到同一天的同一时刻。但不是原本发生的那个时间，而是向后延长了$\frac{3}{4}$天。即原本冬至合朔时刻如果发生在夜半，则经过十九年之后，冬至合朔又回到同一天的傍晚时刻。这个循环周期不是整数日，若将这个周期再扩大四倍，形成七十六年的更大周期，那么这个循环周期就是整数日了。

$$365\frac{1}{4}\text{日} \times 76 = 27759\text{ 日}$$

$$29\frac{499}{940}\text{日} \times (12 \times 76+28) = 27759\text{ 日}$$

人们将四分历的十九年周期称为一章，将七十六年的周期称为一蔀（bù）。所以，这种四分法也叫七十六年法。

这个七十六年法是一个很理想的循环周期，只需寻找设定一个理想历元，例如十一月朔旦夜半冬至，经过一蔀七十六年之后，所有节气日序朔望时刻循环了一周以后又回到了原处，一切又可重新开始。因此，历法家可以预先推算出一个七十六年合朔节气循环大余、小余表，从表中可以查出以后任何一年任何一月的合朔节气的日期和时刻，使用起来十分方便。

古人以六十干支纪年和纪日，为使日名回归，又设1纪等于20蔀，1纪为1520年，为555180日，可为60整除；为使年名回归，再设1元等于3纪，为4560年，亦可为60整除。这样每经一元，不但朔旦冬至回归，年名、日名的干支也回到了原处。由于古人以为这是一项伟大的发现和创造，既省力又省时，利用这种历法，由此可以一劳永逸地使用下去。

这里我们尚需对《左传》伪作说说几句。说整部《左传》均为刘歆伪作，这是不大可能的，绝大多数学者也都赞同这观点。但是，在《左传》中不能排除可能有刘歆的意见和补充插话。尽管如此，《左传》中这两条日南至记录，却肯定不是刘歆的伪作。理由有二：其一，若是刘歆伪作，在补入昭公二十年己丑日南至时，为了显示其具体和准确，一定会写入己丑的日序。现在不载日序，说明其原本就是漏载。为忠实于原文，刘歆也没有补载。其二，如果是刘歆伪作，按常情只可能顺着周制将日南至安排在正月，而不可能伪造出一个不合周制的二月日南至。正是由于战国西汉的历法家笃信《左传》两条日南为真实的观测记录，故人们在制订历法时，都将其作为判断是非的标准。

3. 古六历和四分历的创始时代

由以上分析可以大致确定，十九年七闰法和四分历的形成时代，不会早于鲁昭公二十年，即公元前522年。因为只有通过两次日南至合朔记录，才能推导出四分历的基本法数。这是中国四分历产生的上限。还可以设定一个下限。又由于有了这两条记录，并不是所有的历法家立即就能推导出四分历的各个法数之间的关系来，只有少数极为聪明又勤于思考的人，才会从偶然的机会中发现这些法则。那么，究竟是什么时代发现了四分历呢？

《孟子·离娄下》引孟子曰：

> 天之高也，星辰之远也，苟求其故，千岁之日至，可以坐而致也。

孟子这句话的意思是说，只要懂得日月星辰的运动法则，即使是一千年以后冬至发生的时刻，日月交会和星辰运行的位置，都可以坐下来推算就能知道。这显然是指人们已经掌握了历法系统的推算方法之后，说出的很有信心预报今后任何年代气朔闰时刻的话。仅仅依靠观象授时的法则，是绝不会发此议论的。由此可见，在《孟子》一书成立之前，人们就已经掌握了四分历的推步法则。《孟子》一书，大约完成于公元前300年。那么，中国四分历的形成时代，大约在公元前6至公元前4世纪。

战国时期，各国可能都在自行推步历法，但流传至今的资料很少。据《汉书·律历志》记载：

> 三代既没，五伯之末，史官丧纪，畴人子弟分散，或在夷狄。故其所记，有黄帝、颛顼、夏、殷、周及鲁历。

《汉书·艺文志》也说：

> 黄帝五家历三十三卷，颛顼历二十一卷，夏殷周鲁历十四卷。

以上记载的，就是西汉太初改历之前所存在的历法文献状况，这就是所谓古六历。经研究，秦及汉初至太初改历以前，行用的是颛顼历，近年来出土的西汉及秦地出土的历谱及纪事朔日干支，越来越证实了这个结论。殷历等其他五种历法，至今只留下一些片断资料。唐《开元占经》中，记载了这六种历法的上元积年。《后汉书》《新唐书》还载有个别历法的历元。

古六历都是四分历。由于各历测定时间不同，测量精度不同，因而各自求得不同的历元。六历中除颛顼历以立春为一岁之始外，其余均以冬至为一岁之始。各历的历元，都选作某年冬至（或立春）合朔均发生在夜半作为历元。从历元这个时刻开始，以四分历推算以后各年气朔时刻都很方便，任何一年的历谱都可以立即安排出来。

刘宋时期历法家祖冲之指出：

> 古之六术，并同四分。四分之法，久则后天，以此推之，古术之作，皆在汉初周末，理不得远。且校《春秋》，朔并先天，此则非三代以前之明征矣。

即早在祖冲之时，他就据《左传》所载朔日，以古六历推步验算，均得到先天的结果。由此证明在春秋时期，尚无古六历的存在，进而推得古六历应是战国至西汉时的作品。这一结论与我们的意见是一致的。四分历的形成，当在战国中期以前。

4. 赵瞰等破除章法闰周的革新措施

自公元前五六世纪创立十九年七闰和四分历法以后，在一个很长时期内，人们都一直以为十九年七闰的方法是一项重大的发现。这一重大发现，伴随着中国第一部推步历法的诞生。自此以后，中国历法才正式走上利用数学方法作出推步的道路。

第一次作出历法改革的是西汉太初年间的太初历。太初历也有一些创造发明，例如将岁星纪年法引入历法、以无中气之月为闰月、将五星推步引入历法等。但是，太初历借以战胜其他历法得以行用的立论依据，却并无科学依据。原来太初历声称万物之间的规律是共通的。历法与音律之间规律也是共通的，故太初历以律起历，它以十二音律中的黄钟九九自乘，作为立论的依据，通称八十一分律历。它以二十九日八十一分之四十三作为一个朔望月的日数。它的依据是，黄钟律管长九寸，围九分，以围乘长，得八十一寸。

这就是说，太初历一日之分母八十一，得自于自然天成，而非人为。它具有神奇的权威性。太初历笃信十九年七闰的周期，故其回归年长度，并非由测量，而是由朔望月长度乘以闰周求出：

$$29\frac{43}{81}\text{日}\times\frac{235}{19}=365\frac{385}{1539}\text{日}$$

将朔望月和回归年值统一换算成小数表示就能看出，太初历这两个值虽然近于四分历，但比四分历更粗放。

有人可能会有疑问，既然太初历的朔望月与回归年比四分历更粗放，而行用不久，政府责成治历使者鲜于妄人、治历大司农中丞等二十余人，杂候上林清台，验算晦、朔、弦、望、八节、二十四气，课诸历疏密，得太初历第一，这又怎么理解呢？这是因为，参与比较的诸历，都是制订日久的四分历，四分历日久渐差，而太初历的近距历元是实测不久的，它比诸历接近实际天象，这是意料中的事情。

两汉天文学取得长足的进步。通过两汉长达二百余年的观测，当时人们发现，无论是四分历还是太初历，它们的气朔都使用日久就后天（即历法推得的天象落后于实际天象）。故历法必须改革。改革历法有两种途径。一是采取老办法，沿用四分历，改用近距历元。这就是三百年斗历改宪，四分历的使用年限不能超过三百年。二是治标首先治本，既然气朔日久后天，就应该减小它们的数值。而要作后者的改革，就必须废除深入人心而又简单易行的四分历。

至东汉末年，著名历法家刘洪终于迈出了第一步，制订出乾象历，乾象历虽然未能在东汉行用，却在其弟子中流传开来，并且直接影响到其后的黄初历、景初历等。四分历自创立以来，先后经历了约六百余年，才被更先进的历法所取代。

刘洪经过二十余年的观测和分析，发现四分历和太初历行用日久后天，“皆由斗分多故也”。古代将一岁的日数等同于一周天度数。东汉以后将周天的余分归在斗宿，其他宿的距度均为整数，仅斗宿取为二十六度四分之一。所谓斗分多，就是回归年的余数取得大了。刘洪取 $365\frac{145}{589}$日，仍以十九年七闰为闰周，由此可推得朔望月值为：

$$365\frac{145}{589}\text{日}\times\frac{19}{235}=29\frac{773}{1457}\text{日。}$$

统一化成小数得回归年为 365.2462 日，朔望月为 29.530542 日。与真值 365.2422 日和 29.530588 日相比，都取得了长足的进步。四分历的回归年、朔望月误差分别为 674 秒和 227 秒，乾象历误差则分别为 343 秒和 4 秒。从以上误差比较可以看出，刘洪乾象历朔望月的误差已经比较小了，而回归年的误差虽然缩小了几近一半，但误差仍然较大。这符合当时的观测手段。因为朔望月值可以通过测量两次交食的时间获得精密的数值。而回归年值，要等稍后祖冲之创立新的冬至时刻的观测计算方法以后才能取得。

当时人们对朔望月长度值已经掌握得比较准确了，由于受到十九年七闰法的制约，也由于回归年测量方法不精，在 3 世纪初至 5

世纪初，长达两百余年间，人们使用的这两个数值大致在这个前后徘徊，再未能取得明显的进步。直至赵𢾺于北凉玄始元年（412 年）制作玄始历时，才明确地认识到如下情况：当时历法所用朔望月值已较精密，无需再作大的改进，而回归年值必须减小，才能避免节气行用年久后天的现象。这就是说，下一步的历法改革已不是简单地更改历元、小补小修的办法，而是要彻底打破自创立八百年以来、被人们长期捧为圭臬的十九年七闰的规律。

赵𢾺具体改革闰周的方法是："更因刘洪纪法（589 年），增十一年，以为章岁，而减闰余十九分之七。"即在 600 年中，若按十九年七闰法，当有 $600 \times \frac{7}{19} = 221\frac{7}{19}$个闰月，但事实是闰多了，当减少$\frac{7}{19}$个闰月。故玄始历的闰周为：

$$600 \times 12+221 = 7421$$

即 600 年间设 221 个闰月。由此可得朔望月值为：

$$\frac{\text{通数（2629759）}}{\text{日法（89052）}} = 29.530600\text{ 日}$$

$$\text{朔望月} \times \frac{\text{章月（7421）}}{\text{章岁（600）}} = 365.2443\text{ 日}$$

从玄始历的回归年误差仅为 174 秒可知，其精度提高了近一倍。这是打破十九年七闰法之后才能达到的成果。

以后祖冲之发明了冬至时刻精密测量的方法，推得了更为精密的回归年长度。进一步改用新的闰周为 391 年有 144 个闰月。这是历史上闰周的最佳值。

事实上，自从太初历创立以无中气之月为闰月之后，就无需特意寻求闰周，直接将无中气之月定为闰月即可。所以，唐以后的诸家历法，都不再设立闰周。

第五篇
交食规律的发现

一、中国古代重视交食的原因

1. 日月对人类的恩惠和日为君月为后的思想观念

大家都知道，地球上之所以有生命、人类能够赖以为生，都离不开太阳光和热的作用。一旦失去了太阳，地球上的一切，包括人类自身也都会立即消亡。首先是太阳的光照，为地球提供了热能，为人类创造了温暖舒适的环境。如果没有太阳提供的热能，地球就将成为一片冰冷寂寞的世界，人类也就无法生存。其次是太阳为人类的活动提供了光明。月光生于日之所照，月亮在夜间为人们提供了光明。它也是为人类服务的一个主要天体。只不过月亮是借助于太阳光的反照而为人类服务。万物生长靠太阳，正是由于太阳提供了光和热，才促成了地球上的万物生长。正是地球上生长着万物，才向人类提供了取之不尽的资源。所以，人类赖以生存的食物，也都是太阳间接提供的。太阳对人类有着养育之恩，远古人类对太阳的恩惠，一直怀有感恩和敬畏的观念。

古代帝王自比天子，即以天帝的儿子自称。是天帝派他下凡到民间治理百姓的，故他有至高无上的权力。黎民百姓又是依赖天子为生的，天子对黎民百姓有恩惠，故天子又自比太阳。普天之下的黎民百姓，包括为天子服务的各级官吏，也都是他的臣民。黎民百姓生存所依据的一切，也都是天子赐予的。皇后同样也施恩于黎民百姓，但皇后的一切恩惠和荣耀都源于天子，故人们又将皇后比作月亮。

中国古代早就注意到日食和月食现象的发生。既然将帝王比作太阳，皇后比作月亮，那么，这种日食和月食的异常天象，就很自然地与帝后相联系。帝后也是人，是人就有个性，有个人的行为。是人就要做事，做事就会有缺点和错误。帝王和圣人也都承认有时帝后是有行政上的失误和个人行为上的失当的。因此，古代的星占家通常将日食或月食的发生，看成是由于帝后行政的失误，或者是个人行为的失当造成的。帝王个人行为的失当，这并不是小事，而是关系到整个国家和黎民百姓安危的大事，故人们把日食和月食的发生，都当作国家社稷危急的政治大事来看待。这是中国自远古直至近代，都十分重视交食的预报和观测的直接原因。帝王政府重视了，为其服务的天文学家和星占家、史官等也就必然重视。日复一日、年复一年、持续不断地加以推算观测、研究和记载，所以中国的日月食记录，也是全世界最丰富的。

2. 交食观念的政治化

对日食的发生对应于政治上的失误，通常有两种解释，一种是行政上的失误，造成天灾人祸，天怒人怨。另一种现象称为阴侵阳。从阴阳观念出发，认为帝王是阳，大臣后妃是阴，阴侵阳就是指大臣专权或后妃干政，帝王权力衰落等。不管是何种直接原因，都可归结为帝王行政失当所致。通常的解决办法是，不管帝王是否真正认识到行政有失误，都要颁布罪己诏以自责，并且更换几个执政大臣以表图新之举，加以塞责。由于日食、月食时日月的光芒受到遮掩，便认为太阳、月亮受到了邪恶力量的侵犯，这是帝后受到侵犯的象征，故当日食和月食发生时，人们就要救助太阳和月亮，以期赶走邪恶势力对日月的侵犯，使其重放光明。救日就是救帝王。这是所有大臣都不敢轻视的大事。现举几个实例加以说明。

罪己诏又作求言诏等。汉文帝是汉代少数几个贤明皇帝之一，他与汉景帝共同创造了文景盛世的和平繁荣局面。汉文帝继位第二年（前178年）十一月癸卯晦发生了一次日食，文帝极为重视，慎重地下达了一份《日食求言诏》，曰：

朕闻之，天生民，为之置君以养治之。人主不德，布政不均，则天示之灾，以戒不治。乃十一月晦，日有食之。适见于天，灾孰大焉。朕获保宗庙，以微眇之身，托于士民君王之上，天下治乱，在予一人，唯二三执政，犹吾股肱也。朕下不能治育群生，上以累三光之明，其不德大矣。令至，其悉思朕之过失，及知见之所不及，匄以启告朕。及举贤良方正，能直言极谏者，以匡朕之不逮。

这次日食发生在文帝继位第二年，他的一些政治措施尚未开展，政治措施中是否有失误或失德之处尚未显现出来，主要是希望人们多提出好的施政措施，故颁布《日食求言诏》是合适的。即使如此，这次日食仍然彰显了“人主不德”，要求人们“悉思朕之过失”，进行“直言极谏”。一个贤明君主，能利用发生日食的机会，思考自己的过失，广泛听取人们好的建议，这不能不认为是一种执行贤明政治的好措施。

第二个例子是王莽称帝时期发生的日食。王莽利用阴谋手段夺取了帝位。《资治通鉴》评价王莽时说：“莽性躁扰，不能无为。每有所兴造，动欲慕古。不度时宜，制度又不定。”他轻率地改革土地所有制，多次改变币制，造成经济上的混乱。兴起无时，劳役繁重，阶级矛盾激化。正逢新莽天凤元年（公元14年）三月壬申晦和天凤三年（公元16年）七月戊子晦日食，按说这是广泛听取批评意见，改革政治上失误的良机，但王莽根本不思悔改，虽表面上也采取大赦天下、接连更换了两个大司马逯并、陈茂，但他的政治作为没有发生丝毫改变。所谓日变修德、月变省刑，改革政治，只是走走形式，所以王莽政权不久也逃脱不了灭亡的命运。

3. 交食发生时的救护措施

历代日食发生时的救日活动，最早可以上推到夏代仲康时期。据《尚书·胤征》记载：时王的政典有规定，天文官预报的日食时刻，无论比天时早了还是晚了，都应当杀头，而且不能赦免。有关《胤征》故事的真伪，自古就有争议。很难想象早在夏代时，人们就能预报日食的发生。它也许是要求天文官必须随时注意日食的发生，并且及时报告给天子加以防范和救护。然而，《胤征》即使是后人伪作，也说明了早在西汉以前，政府对天文官就有这样一种规定和要求。将日月食天象的发生政治化，天文官稍有疏忽是要被杀头的，正是出于这一社会现实。中国古代的天文学家和天文机构，都是官办官养的，由此导致了古代对交食研究和观测十分重视，推动和促进了天文学的发展。

相传仲康的天文官羲和，整天沉湎于酒，不把王家的法典当回事。他不但废时乱日，而且直到日食发生了，人们惊慌失措，主管天文的羲和却一点不知道，这才引起仲康的震怒，派胤侯加以征讨。“瞽奏鼓，啬夫驰，庶人走”，这是史书第一次记载的救日措施。也是救日传统的做法。相传发生日食时，人们击鼓有助阳退阴的作用。主管皮币的官员啬夫，则奔走取皮币以祭祀阴神（社神），大众则奔走各自为救日而出力。

中国古代发生日食时的救日仪式是周代奠定的。按照《谷梁传》文公十五年日食救日活动的记载，周代救日宗教仪式的等级观念很森严。天子伐鼓于朝救日。用币于社请求于上公，是礼敬社神，请求不要侵阳，臣不宜掩君，以示大义。天子救日，置五麾，陈五兵、五鼓；诸侯只能用三麾、三兵、三鼓救日；大夫则用击门、士子敲击木梆的办法来救日。伐鼓、击门救日的道理在于助阳压阴气。扎赤帻、佩利剑的含义，也都是助阳的象征。这一日食发生时的救护传统一直沿用了很久。

随着天文学的发展，人们对交食科学原理的了解也越来越深刻，知道了日食是由于月往蔽之。但是人们传统的救日活动照常进行。只是救日的形式稍有改变。通常是天文官员已经预报了某日某时将发生日食，天子和大臣们都事先作好了救日的准备，聚集在紫禁城中的开阔场地集体救日。在场地上插着五色旌旗和五种兵器，在地面上则架起五面大鼓。天子避正殿，穿着素色服装，与大臣们一起等待日食的发生。天文官员则候在灵台，密切注视着日面的变化，当太史看到日面发生亏缺时，便首先开始击鼓。人们听到鼓声，便立即行动起来，大臣们都头扎赤色头巾，腰佩利剑，守卫在天子周围。紫禁城内外戒严，天子亲自带头，与大臣们轮流击鼓救日。直至被称为天狗食日的黑月，逐渐吐出被食的太阳，使日面恢复正常，大臣们才停止救护活动，并向天子祝贺救日成功。它也象征着天子德行和挚诚感动上天的结果。

二、交食周期的发现

太阳射向地球的光，突然被天空不明物体遮挡称为日食，月光

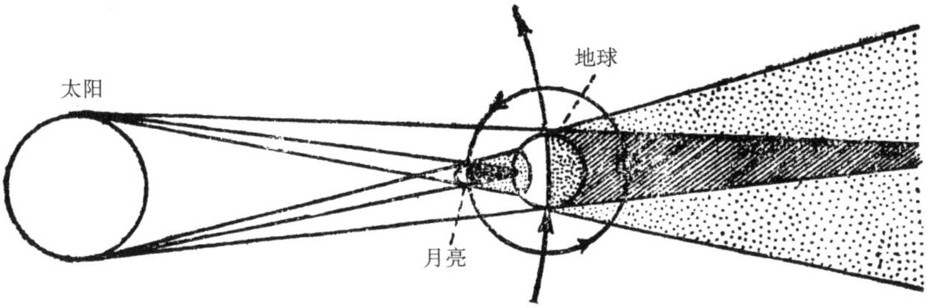

图 5.1 日食和月食成因图

当日月地成一直线时，月在中间，月亮影锥落在地球上某个部位，并发生移动，便形成日食；当地在中间，月亮进入地影中便形成月食。

被遮挡则称为月食。对日食和月食，又通称为交食。原始人类，不明白交食发生的原因，以为日食是太阳被天狗吃了，月食是月亮被蛤蟆吃了。古人将日食或月食均称为蚀，就具有太阳或月亮受到侵犯、腐蚀的含义。汉代的天文学家，已经开始明白，之所以发生月食，是由于月亮行进中进入了地球暗虚的范围。之所以发生日食，是由于月亮掩盖了太阳光。大家都知道，只有在三个物体成一直线时，前面的物体才能被中间的物体所遮挡。发生日月交食，也当是出于这个道理。那么，人们对交食的探索就有如下三个问题被提出来了：第一，既然是地月日三个物体互相掩盖的结果，它们的运动规律就必然与日月运动有关，日月交食有没有规律可求？第二，产生交食，有没有运动范围的限定？第三，日月交食的时刻和食分大小能不能推算？下面就介绍这三个问题。

《诗·小雅》说："十月之交，朔日辛卯。日有食之。""彼月而食，则维其常。"说明早在西周末期，人们就已认识到日食发生在朔，月食发生在望。月食是经常发生的事情，是有规律的。东汉唯物主义哲学家王充就曾说过：

> 在天之变，日月薄食。四十一月，日一食；五、六月，月亦一食。食有常数，不在政治。

王充并不是专职天文学家，只是对科学和社会文献广泛涉猎而已。他所述的交食数据，虽然并不精密，但可以看出当时人们对交食的基本规律已有所知。其中相隔五到六个月，月食可能再次发生，这就是半个交点年的时间间隔；41 个月则相当于 3 个半交点年。他的"食有常数，不在政治"，是对人们将交食现象附会于政治的批判。

图 5.2 黄道与白道

在地球上看，太阳在黄道上运动，月亮在白道上运动，二道斜交成近 6 度的夹角。只有当日月合朔时，日月都在交点附近才能形成日月食。

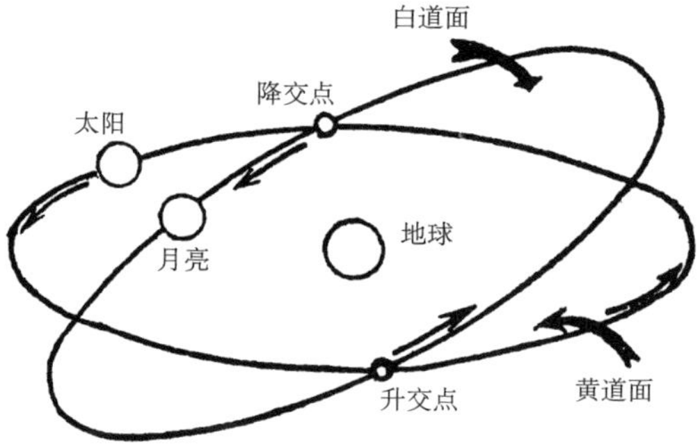

公元前 7 年，刘歆将推算交食周期的方法写入三统历。这是中国历法中首次出现预报月食的方法。它所使用的周期是一百三十五月有二十三交。利用这个周期，自历元之月月食之后，任意年、日月食的情况都可以推算。当然，这里可能只是指推算月全食的方法。从古代文献中尚不能找到懂得这一规律的信息，它很可能是从自春秋以来历次出现的日月食记录的统计分析中得出的。东汉四分历沿用这一周期。从东汉历法家关于月食预报的争议中也可看出，时人也都信守这一周期，只是月份前后稍有出入。

在地球上看，太阳沿着黄道，月亮沿着白道运动。黄道与白道相交成约 6 度的夹角。当太阳与月亮在同一黄道相遇时就称为合朔。由于黄白二道斜交，日月所在纬度不同，日、月、地通常都不会发生遮挡现象。只有当太阳运行到黄白交点附近，而发生朔望时，才会出现交食。太阳自黄白升交点运行一周再回到升交点所需时间称为交点年，月亮两次通过黄白升交点或降交点的时间间隔称为交点月。显然，推求交食周期，就是求朔望月、交点年和交点月三者中任意两个的公倍数。

$29.530588 \times 41 = 1210.754108$ 日

$3.5 \times 346.6200 = 1213.17000$ 日

$29.530588 \times 135 = 3986.629380$ 日

$11.5 \times 346.6200 = 3986.13000$ 日

从以上计算结果可以看出，王充的 41 月有 3.5 个交食年间，有 2 天多的误差，较为粗略。刘歆的 135 月有 11.5 交食年的周期，相合于同一天。二者相差半日表明，发生的交食时间将向后推移。

从交食周期的概念可以看出，经过一个交食周期以后，地、月、日三者，又大致回复到原先的相对位置。于是，一个周期以前出现的日月食，又相继再次出现。按说，这种交食周期对日食和月食都适用。但由于这种交食周期是对全球的，而古代人们只关注一个地方的交食，这种交食周期比较适用于月食。所以，汉代天文学家将其预报月食。

三统历的交食周期，并非世界最早发现，精密性也不是很高，但它却是中国人独立发现的。在古巴比伦，据有人研究，早在公元前 6 世纪就发现了沙罗周期。它的周期是 223 个朔望月有 19 个交点年。这个周期，比三统历的推月食周期还要精密一些。但也有人认为，沙罗周期发现于公元前 6 世纪这一结论不可靠。这些现象说明，早在公元前的世界文明古国的天文学家，就在独自研究、探讨交食周期。最精密的交食周期是 19 世纪美国人纽康提出来的。纽康周期为 358 个朔望月有 30.5 个交点年。

中国古代历法不断改革，从而历法中所提出的交食周期也五花八门。经过研究发现，所谓沙罗周期，在宋代的统天历就曾使用过。而美国人 19 世纪才发现的纽康周期，唐代的五纪历（762 年）就曾使用过。从比较可以发现，所谓纽康周期，实际只是三统历周期与沙罗周期的叠加。

三、食限、食分和交食时刻的计算

要懂得如何计算日食，首先要引入食限的概念。所谓食限，就是能发生交食的界限。懂得了计算食限，这就标志着交食预报进入了第二个阶段，而作为参考值的交食周期，则开始退居次要地位。

东汉末年的刘洪，在他制订的乾象历中，就首次指出，太阳、月亮分别运行于黄道和白道之上，二道形成有 6 度的夹角。只有当太阳、月亮均运行到交点附近时，才可能发生掩食现象。发生交食的范围就是食限。食限可以用角度表示，也可以用月亮走过这段角度所需的时间表示。在唐代之前称为望差，在宋代以后称之为限。如果将乾象历

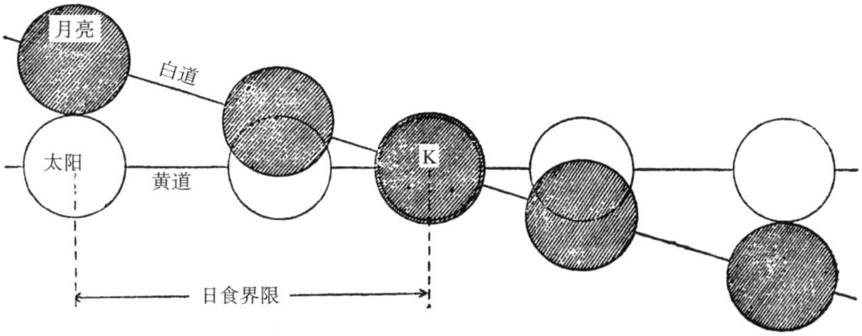

图 5.3　日食食限示意图

此为黄白降交点日月相会示意图。K 为降交点，当太阳在黄道、月亮在白道合朔相遇时，两球边缘正好相切时，该点与交点的距离便是食限，在食限之内都将发生日食。在交点附近则发生日全食。

的食限换算成现代度，约等于15度20分。这个结果与现代值已较为接近。当求得所在之月合朔或合望时月亮去交点的距离，与食限相比较，就可知道是否发生交食。为了作出交食深浅的定量描述，三国时代的景初历第一次出现了（15 − λ）这个量，后世称这个量为食分。λ 是朔望时月亮的去交度。去交度为0时，食分最大，等于15。去交度为15，则食分为0。这时合朔或合望所推得的时刻，就是食甚时刻。

经过观测验算，人们发现所推结果，无论是食分判断标准、食分的大小或者是食甚时刻，与实际结果的误差都比较大。问题究竟发生在哪里？人们都在一代接一代地加以探索。

首先，刘洪发现，月亮的运动就有快慢的变化。要想准确地预报交食，就必须对月亮的实际运动位置作出改正。于是刘洪创立了月行三道术，测定了月亮在一个近点月内的迟速数表，并设有月亮近地点向前进动的数据。南北朝时代，张子信又发现了不但月行有快慢，太阳的运动也有盈缩。这时人们才懂得不但对月亮的运动位置需要作不均匀的改正，对太阳位置同样需要改正。而且月亮的运动，又受到太阳不均匀运动影响，必须将二者统一计算在内。为此，隋代的皇极历创立了入交定日的推算方法，它是定朔望时，月亮到交点的距离，以示区别和纠正以往用平朔望推算的误差。自此以后，人们在推算交食时，才计入了因太阳月亮的不均匀运动对交食的影响，使得预报交食的精度向前提高了一大步。

四、月亮视差的发现和在推算交食时的应用

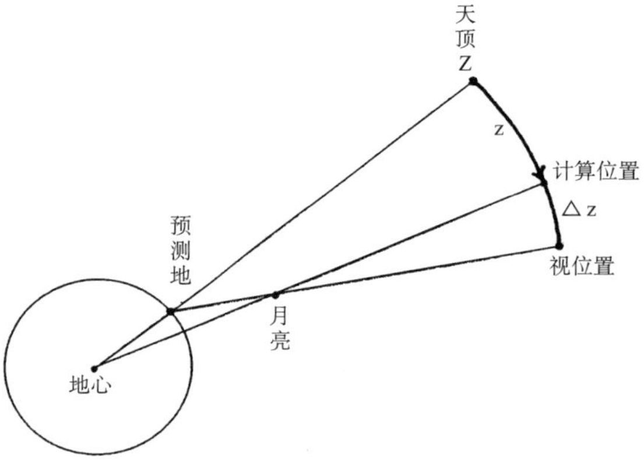

图5.4 视差的原理

天体的位置，通常是从地心推算的，人实际都在地面不同部位观测，与地心方向将发生偏差。视差都是朝向天顶方向的。图中△z就是月亮视差。月亮因距地近而产生视差，其背景为天球。

自从在交食中引入月亮的定朔算法之后，人们预报交食的精度便有了大幅度的提高。在人们十分高兴和满足了这一重大发现和创新之后，又经过多次反复观测后发现，用以上方法推算出的食分和交食时间仍有很大误差。甚至发现这一误差还存在普遍规律，即月亮的位置被计算高了，需要作出改正。经过反复研究和探讨之后，才认识到这一误差是由于视差原因造成的。（见图5.4）

月亮的视差，是从地心和地面两个不同部位观测它的位置所产生的差异。前述所得太阳、月亮的运动位置，都是对地心而言的。人们在地面上对交食进行观测时，与推算所得日月位置就存在着差异。由于月亮距离地球近，视差影响大，中国古代推算交食时，主要考虑月亮视差的影响。由于太阳视差小，中国古代并未发现和使用太阳视差这个改正量。

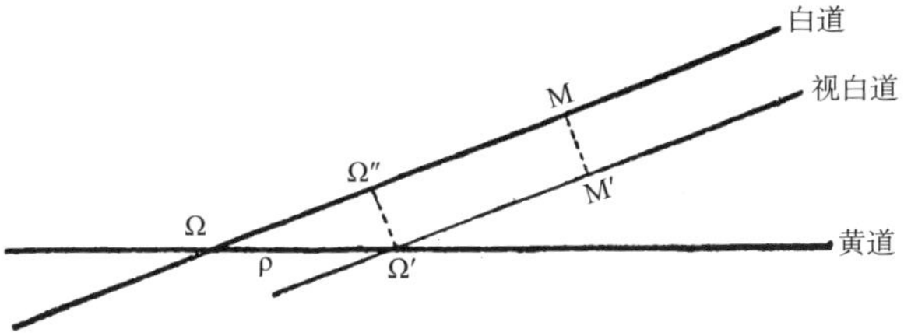

图 5.5 视差对月亮位置影响示意图

隋代的皇极历，在推算日食食分时，给出了类似于如下的算式：

$$食分=\frac{望差-去交日分}{望差}\times 15+\frac{M}{96}$$

其中望差为朔望月长度与交点月长度之差的一半。去交日分即月亮距黄白交点的日分。M 为日食发生时所在节气及距午正辰刻。月亮视差的大小，是与月亮天顶距的大小成正比的。所以，这项计算是包含了月亮的视差对食分大小的影响在内。

如图 5.5 所示，Ω 为黄道与白道的升交点，M 是月亮的真位置，M′ 是月亮的视位置。从 M′ 作白道的平行线交黄道于 Ω′，则 ΩΩ′ 就是食差 P。由于黄白交角很小，故 M″ M=ΩM±Ω″ Ω=ΩM±ΩΩ′，也即视去交等于真去交加减食差 P。在黄道北为减，黄道南为加。

自唐宣明历开始，便引进了交食三差的算法，即由于月亮视差的关系，导致推算日食时需进行气差、刻差、时差改正。前二差对日食食分的深浅，大小及有无产生影响，而时差则是由合朔时刻到食甚时刻的改正。

如图 5.6 所示，月亮在白道上处于 M 的位置。视差使白道降低，

图 5.6 月亮在黄道北和南对视差影响示意图

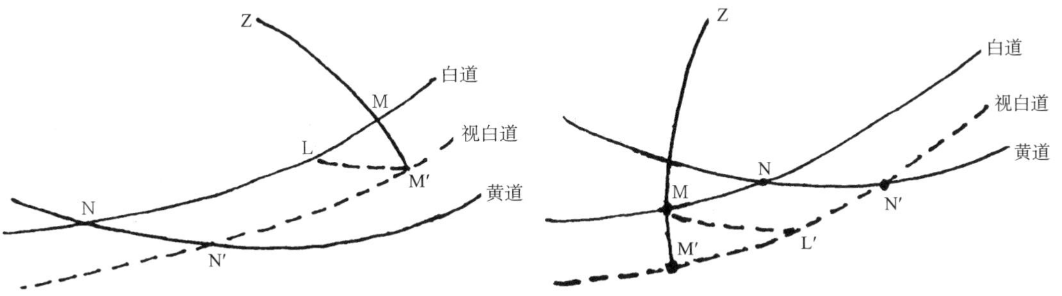

月亮在黄道北时视差影响　　月亮在黄道南时视差影响

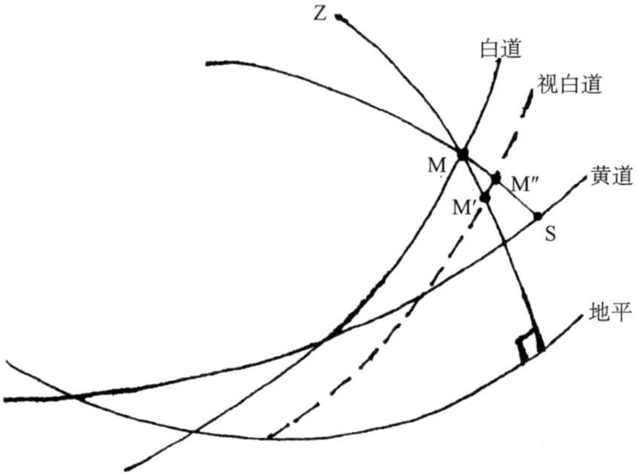

图 5.7 视差对食甚时刻和食分的影响

合朔时推算的日月位置在 S 和 M，视差使月亮位置降于视白道上的 M′，由此产生对食甚时间的影响为 M′M″。而 M′M″ 则影响到食分的大小。

月亮的视位置在视白道 M′。N 和 N′ 分别代表白道和视白道与黄道的交点。当白道在黄道北时，视差使月亮更靠近黄道，故视去交 M′ N′，小于计算去交 MN 且 M′ N′ = MN−ML。白道在黄道以南则相反，且有 M′ N′ = MN+M′ L′。这里的 ML 和 M′ L′，是月亮视差在白道方向的投影。

视差不仅影响到日食去交的距离，从而影响到交食的深浅和食分的大小，同时也影响到交食时刻。如图 5.7 所示，MZ 为交食发生时的天顶方向，计算所得 M 为月亮的位置，S 为太阳的位置，MM″ S 为食甚时的黄经。视差使月亮自 M 移至 M′。显然，只有当视月亮从 M′ 运动到 M″ 时，日月视黄经才会相等，即只有作出 M′ M″ 的时间改正，才是食甚的视定朔时刻。

事实上，时差改正还应该包括另外一项内容，即定义上的合朔时刻，与食甚时刻，并不是同一个概念。日月同黄经为合朔，这时日月连线垂直于黄道。但交食最深即食甚时刻却是日月同白经，即日月连线垂直于白道之时刻。所以还需作出食甚距定朔时刻的改正。

有了食甚时刻，就可以利用初亏复圆时的两影径相切关系，推求初亏复圆时间。从而交食的基本要素也就全都可以得到。(见图 5.8)

图 5.8 日食三限图

月亮位于 M 时为食甚，M_1M_2 分别为初亏和复圆时刻。

何时交节气？何时合朔？对于一般人的生活而言，只需知道一个大概就可以了。若要进一步，严格测算，却很难找到一个严格的、直观的测算、判断标准。但对于交食来说，则是很清楚的、直观的标准，所以，中国古代有一句名言说：“历法疏密，验在交食。”何时初亏？何时食甚？何时复圆？交食发生在什么星座？经度纬度几何？是全食还是偏食？食分多少？它们的标准却是客观的，无论任何人来观测，都可得到大致相同的结果。因此，古代的历法家要想自己的历法取得优胜并得到颁行，就必须十

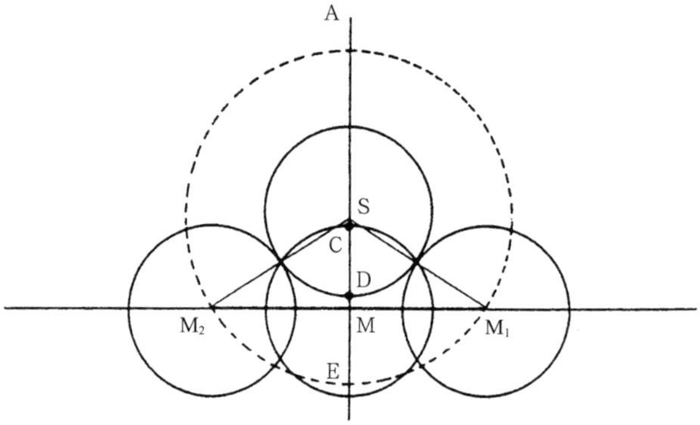

分注重交食的推算和预报。

从以上介绍可以看出，中国古代先民为了探索交食发生的规律，已经经过了三四千年持续不断的努力。中间经过了多次重大的科学发现：从天帝示警到发现是月亮、地球的掩盖；从发现交食的交食周期进入到推算交食食限的时代；又进一步认识到月亮和太阳的运动均有快慢的变化，制定出推算月亮、太阳运动因变速运动而引起的迟速数表和计算方法；在这些计算方法的改进中又进一步发现了视差原理；视差的发现又引起交食推算中的交食三差的改正。将交食预报和计算一步步推向进步。

交食预报是中国古代历法计算中最为困难、也是最为复杂的课题之一。很多人为此望而却步。中国古代的历法家，在其编写历法的制作理论和计算过程时，大多只记载推算的过程和步骤，很少述及推算的科学原理，这又进一步突出了它的神秘感和艰深程度。

揭开推算交食的神秘面纱，其实推算起来并不算复杂。归结起来，也就只是太阳位置的推算，月亮位置的推算（其中当然包括迟速运动的修正），在此基础上推定合朔时刻和距离黄道白道交点的距离，判断是否入食限。进入食限时，就可以三差改正推算食甚、初亏、复圆时刻，同时也可推出食分。

由于本书的科普性质，为了能使大多数读者易于理解和有兴趣阅读，我们尽可能将这一篇写得简短一些。尽量少用数字和计算公式来表达，只是从科学原理上交代了影响交食计算中的几个方面。至于具体的算式和数据，想要进一步了解的读者，可以参考有关专业著作。

第六篇
五星运动规律的发现

一、五星恒星周期的发现

1. 谜团样的五星运动状态

天上的发光体，除日月以外，就是星星。经过长期观测，人们发现，天上的星体虽然众多，亮度有别，但大体可以分为两类：一类是所有的星体都固定在天球上，随着天球的自转和公转而一起运动，它们之间的相对位置是不变的；另一类星体，它们在天球上的相对位置是会移动的，而且这类星体各自的移动方式和速度均不相同。这类星体数目虽然不多，只有五个，称为五星，但它们的亮度，在众星体间却是很显著的。其中的金星、火星、木星三个星体，比恒星中的最亮星体天狼星还要亮，其余的两个星体土星和水星，虽然比天狼星要暗一些，但即使是在最不利的情况下，也达到 1 等星的亮度。况且随着它们相对位置的改变，其亮度还在变化，最亮时也可达到 0 等甚至接近天狼星的亮度。

五星的位置变化，即五星运动，是所有天体运动中最为复杂的。人们在认识五星运动的过程中，在一个很长的历史阶段，都摸不清它们的规律。《诗·女曰鸡鸣》曰“明星有烂”，《诗·大东》曰“东有启明，西有长庚”。说明早在西周时，人们就已经注意到金星在早晚的出没，并且已经注意到它比其他星体都要明亮，在其他星体已经消失在黎明日光的晨曦中时，金星的光芒仍然灿烂可见。不过，当时的诗人将早晨的金星称为启明星，傍晚的金星叫作长庚星。有可能诗人尚未认识到它们其实是一颗星，只是有时出现在早晨，有时又出现在傍晚而已。人们将这种星称之为晨星，它是黎明时的标志，可以用作判断黎明的时刻。

通过长期仔细的观察之后，人们终于发现，晨星原来不只是一颗，而是两颗。较亮的一颗在上面，较暗的一颗在下面。较暗的星可见的时间不多，而且距离太阳的角度都不超过 30°。亮星距离太阳的角度可达 45° 以上。故人们又将暗星称为辰星，含有该星总在太阳左右一辰之内运动之意。亮星则称为太白，含有又亮又白之意。太白星也只能在太阳左右运动，只是比辰星左右运动的范围要大一些。

另一类行星的运动并不受太阳运动范围的限制，如木星、火星和土星。它们不但可以在黄道附近绕天球旋转，与太阳相距的角度也没有任何限制，其运行的速度也时时不相同。

人们在注意到行星运动和亮度的差异及其变化的同时，还注意到它们颜色的不同。甚至明确地指出，木星为苍青色，火星为红色，土星为黄色，金星为白色，水星为黑色即灰暗色。经过现代天文学家的研究和分析，古人对五星星光颜色的分辨，大致是符合实际情况的。在望远镜的观测下，在浓密的大气笼罩下，看不到金星表面的状况，不过尚可模糊地观察到金星圆面类似于月亮的位相变化。除太阳、月亮以外，金星是全天最亮的星体，呈明亮的白色，故人们称其为太白。经现代火星探测，火星的沙漠部分被红色的硅酸盐和赤铁矿氧化物所覆盖，因而呈现出明亮的橙红色。木星上存在浓密的大气，大气中白色、橙色、褐色和棕色的云在剧烈地运动着，形成了木星表面绚丽多彩的颜色，所以古人把木星描述成苍青色。经现代观测，土星表面被色彩斑斓的云带所缭绕，以金黄色为主，其余是橘黄色、淡黄色。土星表面有时会出现白斑。土星光环则是它的最大特色，故古人称土星的颜色为黄色。古人不但发现五星具有五色的区别，同时还观测到每个行星表面的颜色也经常发生变化。古人不理解其颜色变化的科学道理，星占家则用其颜色变化来进行占卜。例如，他们就经常利用木星颜色的变化，来预言年成的好坏。

2. 五星恒星周期的测定

从以上介绍可以看出，五星的出没和变化可以说是十分诡秘的。但是，任何诡秘的事物，都经不住人们认真、勤勉的研究和探测。

首先，人们试图从它们在天球上，即黄道上与恒星相对位置的变化，来寻找它们的运动规律。

为了表明地面的方位，总是要先选定一个中心目标，然后往东西、往南北距离的大小来表明各自的方位，进而发展到以经度和纬度来表示。天体在天球上的方位与此类似。

这就是说，决定任意天体的位置，可通过地平坐标，赤道坐标和黄道坐标来实现。地平坐标即以地平方位为地平经度、上下高度为地平纬度。中国古代以太阳在黄道上行经一周天为一岁。一岁为 $365\frac{1}{4}$日，天球大圆就以 $365\frac{1}{4}$度为一周。又将地平或黄道分为十二等份，以对应于一岁中的十二个月，亦对应于十二辰、十二星次。每个辰次约相当于 30 度。人们又以天顶和赤道北极分别作为地平坐标和赤道坐标的极，为经线的聚会点。经线大圆，亦分为 $365\frac{1}{4}$度。以地平经圈或赤道为界，上下各占一半，自地平经圈或赤道至极各为 91 度有余。并各自组成地平、赤道、黄道坐标系。

人们对行星运动的认识，首先是从它相对于恒星的位置移动开始的。也就是说，古人最早探索行星的运动周期，是从恒星周期开始的。中国古代的天文学家从什么时候开始懂得行星的运动周期，没有文献记载。《史记·天官书》："故甘、石历五星法，惟独荧惑有反逆行。"《汉书·天文志》："故历五星之推，亡逆行者，至甘氏、石氏经，以荧惑、太白为有逆行。"这段记载的意思是说，推算五星运动的方法，不知道是从什么时代开始的。但是，在甘德、石申夫的五星历出现之前，还没有推算逆行的方法。

这句话常见人引用，但很少见有从逆向思维深入考虑的。我们的意思是说，在石申夫、甘德之前的五星历法是什么样子呢？甘德、石申夫的五星逆行之推，又是什么状态的五星法呢？我们认为，要推五星会合周期，懂得逆行是关键。不懂得行星有逆行，就不可能懂得推算行星的会合运动。那么，甘德、石申夫的生活时代，是出现五星会合周期及其推算会合运动的时代。在此之前，人们虽然有推算五星运动的方法，但人们还只懂得依据五星的恒星周期推算行星在星空的位置。但这个推得的行星位置，与太阳的位置无关。

按照通常的理解，系统记载五星运动的文献，以甘石经为最早。据研究，甘德、石申夫的活动时代约当公元前 4 世纪中期。这可能是他们的上限，按照已故天文史家薄树人先生的意见，在秦汉时期，可能还存在一个漫长的石申夫和甘德学派的流传时代，其学说统称“甘石星经”。故《开元占经》引载的甘石文献，可以长达数百年的误差。不过有关甘石以前的五星无逆行之推的说法，已可确定在战国时代。因为近年出土的长沙马王堆帛书《五星占》有明确的历史记载，其下葬年代为公元前168年。在《五星占》中，载有一份自秦始皇继位（前246年）至汉文帝元年（前179年）间的金星见伏状态表。它清楚地表明了战国末期已开始有了推算五星会合运动的算法。这与甘石有逆行之推始自战国的结论是一致的。因此，说战国时已有用五星恒星周期推算五星方位的方法，这是没有问题的。另外，在记载春秋时代史事的《国语》《左传》中记载有大量的岁星纪年的资料。说明岁星纪年的方法创立于春秋时代。而岁星纪年的方法是建立在五星恒星周期基础之上的，由此可知，利用恒星周期推算五星方位的方法，至少起自春秋时代。

在甘石生活的时代，即战国中期以前，除了由春秋战国时的岁星纪年资料可推知木星的恒星周期以外，并不掌握其他行星的恒星周期。因此，中国古代最早的五星恒星周期纪录，仍当出自战国时代。

席泽宗院士在他撰写的《中国天文学史上的一个重要发现——马王堆汉墓帛书中的〈五星占〉》一文中，曾经列载甘石、帛书、太初历、今测值的五星恒星周期。今引载如下：

西汉以前行星恒星周期表

星名	甘石	帛书	太初历	今测值
水	1年	1年	1年	88日
金	1年	1年	1年	255日
火	1.88年		1.88年	1.88年
木	12年	12年	11.92年	11.86年
土	28年	30年	29.79年	29.46年

表中甘石火星，土星的恒星周期，依据《开元占经》所载五星甘石行度记录作了修订和补充。从上表所载数值可以看出当时天文学家所认识的行星恒星周期，主要有以下四个特点：

（1）表中三家均将水星和金星的恒星周期当作一年。而且人们都通常认为，后世所有历法，均将金星和水星恒星周期取为一年。这是因为金星与水星的运动幅度，总离开太阳不远，在不同时段内，此二星每日的运行速度，时而大于太阳，时而小于太阳，而其平均速度与太阳相同，所以古人产生了金星、水星的恒星周期与太阳同为一年的误解。

如果说金星的会合运动因顺逆幅度较大而难以判断，那么一年四季观测到的水星方位，则坚定了人们对水星恒星周期为一年的认识。例如，甘氏辰星占曰："辰星是正四时，春分效娄，夏至效舆鬼，秋分效亢，冬至效牵牛。""正"的含义为确定，"四时"就是春夏秋冬四季。春分、夏至、秋分、冬至为春夏秋冬四时的中点，是四时的代表。而娄宿、舆鬼、亢宿、牛宿正是这四个节气时的太阳的位置。效是见的意思，说明辰星四时的出现方位都与太阳四时的方位一致，故合于一周为一岁的假象。事实上，水星的恒星周期为 88 日，金星的恒星周期为 225 日。我们从《五星占》所载金星"晨出东方，五出，为日八岁，复与营室晨出东方"的记载中，就可以分析出它的恒星周期为 224.77 日。8 年中在天球上运行了 13 周。这个周期与今测值 225 日已十分接近。

（2）土星在恒星背景上的运动比较缓慢，比较容易观测和测量。甘石称土星为填星。甘石无论述土星行度的记录，但从填星的含义，就可推知其恒星周期。《淮南子・天文训》说："填星……日行二十八分度之一，岁行十二度百一十二分度之五，二十八岁而周天。"《荆州占》《五行传》等说法均与此一致。可知春秋战国直至西汉时，当时流行的观念是土星的恒星周期为 28 岁。填星之名，正是出于《荆州占》"岁填一宿"的说法。巫咸占还进一步解释说："填星所宿者，其国安，大人有喜，增土。"意思是说，正是由于土星一岁镇守一宿，而按恒星分野理论，一个星宿对应于一个国家或地区，土星是福星，它所对应的分野国家安宁，国王有喜事，国家将增加国土面积。这当然是迷信的说法。

当然，行星的恒星周期一般都不可能正好对应于整数岁，当有误差。正是出于这一考虑，《五星占》所载土星的恒星期周为 30 年。它第一次打破了"岁镇一宿"的流行观念，按真实的行度进行推算。太初历经过实测定为 29.79 年，与今测值 29.46 年已十分接近。

(3) 火星是一颗较易观测的外行星。它的恒星周期也不难测定，故甘德五星法已经测定为1.88年。太初历所用数值与此相合，这一结果也与今测值一致。令人感到迷惑的是西汉初期的天文文献不载火星出没动态的情状。与此相对应，马王堆《五星占》同样也缺载火星行度。看来这一反常现象不是偶然的，而是与时人的星占观念有关。现择有关火星的占语如下：

《荆州占》曰：荧惑，“其行无常，司无道之国”。

《洪范五行传》曰：“荧惑为旱灾、为饥、为疾、为乱、为死丧、为贼、为妖言大怪也。”

韩杨曰：“荧惑入列宿，其国有殃。”“荧惑所止，为其国君死。”

由以上占语可知，春秋战国时的星占家认为，火星是主管贼乱、死丧的凶星，它的出没行止无常，是专司无道之国行为的灾星。也就是说，星占家认为，火星是出没无常的星，哪个国君做了无道之事，火星就出现在该国所对应的星宿上。也许正是这个原因，西汉前期的天文历法家可能故意不推算火星的行度。当时人们也许认为，既然其行无常，即使推算了也不会按推算的行度出没。故火星称为荧惑，即惑乱之星。不过，人们很快也就发现，火星的行止还是有规律的。所以，在西汉末年的三统历中，就将火星列入正常的推算之中。

(4) 木星以十二年为恒星周期。当时人们发现，这是一个天然的纪年周期，由此发明了岁星纪年方法。由于它关系重大，特作专门阐述。

二、岁星纪年方法的发现和应用

大约从夏代开始，中国就产生了以帝王在位年数纪年的历史，通称为帝王纪年。这种纪年方法虽然可行，但同时存在两个缺陷，一是接位纪元是从当年起还是第二年起。按传统规定，帝王之位父子兄弟相传，这是政权的延续，宗庙香火相传，当从第二年纪元；改朝换代，当从当年纪元。但有时只是夺取政权，帝王并未换姓，纪元如何算？就容易发生矛盾。第二是天下大乱，群雄并起各自称王之时，如何纪年？两三个帝王并列，尚可各自为元，如春秋十二诸侯，战国七雄并峙，虽也可用各自纪元，但作为时代通史及各国相互交流起来，这时的纪元顺序就十分混乱了。正是春秋诸侯并峙、纪元混乱之时，人们就自然地产生了统一纪元的要求。对统一纪元的要求，在名义上周天子尚存在的阶段，可继续使用周王纪元，但秦灭周以后，这个统一的名义也没有了，纪年也就更为混乱。正因为这种要求的出现，就促进了人们去寻求一种只凭借自然规律、与社会政权的更替无关的纪年方法，这种方法终于发现了，并且在中国历史上，自春秋中期一直流传到改用后汉四分历之时，前后行用了8个世纪。后汉四分历以后的历史纪年，虽然与岁星纪年法脱离了关系，却仍然保持了岁星纪年法所使用的干支纪年，并且一直沿用至今。对于中国的纪年历史来说，发现和创立岁星纪年法的功绩，是与历史永存的。干支纪年的优点十分明显，它避免了因帝王更替造成的纪元混乱。中国历史虽然久远，但历史的发展年代从不混乱，其主要功劳就应属于岁星纪年和干支纪年的应用。

岁星纪年方法共分以下四个阶段：

1. 岁星纪年法的创始

大约行用于春秋中期至战国中期。在这个时期，二十八宿与十二星次已经形成。它们之间的关系是：东方七宿角亢氐房心尾箕，对应的十二星次为寿星、大火、析木，对应的十二月建为酉戌亥；北方玄武七宿斗牛女虚危室壁，对应的星次为星纪、玄枵、娵訾，对应的月建为子丑寅；西方白虎七宿为奎娄胃昴毕觜参，对应的星次为降娄、大梁、实沈，月建为卯辰巳；南方朱雀七宿为井鬼柳星张翼轸，对应的星次为鹑首、鹑尾、鹑火，月建为午未申。由于人们发现木星十二年在黄道上运行一周，那么，它将每年行经一个星次，于是人们就直接以岁星所在星次纪年。这种纪年法主要载于《国语》和《左传》。

《国语·晋语四》载晋文公出奔过五鹿，乞食于野人之年为“岁在寿星”（前644年）；又说，秦伯纳公子，董因迎公于河，其年“岁在大梁”，“元年始受，实沈之星也”。（前637年和前636年）。这就是说，文公乞食于野人以岁星在寿星之年纪岁，文公继位及元年以岁星在大梁和实沈纪岁。又《左传》昭公八年（前534年）楚灭陈之年“岁在鹑火”等，所有这些纪年，都以岁星所在星次纪年。

2. 以太岁、太阴地支纪年

以上已经介绍了岁星纪年与十二地支表示的月建的对应关系，在以十二星次星名纪年的同时，人们就将想到，若以十二地支来纪年，就当更为简明。只是可惜十二月建的排列顺序，与岁星的运行方向正好相反，这就不能简单地用十二月建来纪年。于是人们便想到一种改革的措施。假设有一个假想的天体名叫太岁，或叫岁阴等，其运动速度与岁星相同，方向相反。它们从一个固定运动起点之后，就各自沿着速度相同但方向相反的方向运动，这样，就可以用十二月建的顺序来纪年。人们还给出了与十二月建相对应的太岁纪年的专名。例如，《史记·天官书》曰："以摄提格岁，岁阴左行在寅，岁星右转居丑。正月与斗、牵牛晨出东方，名曰监德。""单阏岁，岁阴在卯，星居子，以二月与婺女、虚、危晨出，曰降入。""执徐岁，岁阴在辰，星居亥，以三月与营室、东壁晨出、曰青章。"如此等等，直至十二月为一周。

《汉书·天文志》所载与此类似，只是《天官书》将岁阴称为太岁。这里所载摄提格岁、单阏岁等，为太岁纪年的异名，它与十二月建完全相对应。由于这些纪年异名十分怪异难记，使用了不长时间以后就专以十二辰纪年了。

3. 在太岁纪年基础上配以岁阳纪年

除以上所载太岁以十二年为周期的纪年以外，在《尔雅·释天》中，还载有以十个天干及太岁异名相配的方法："太岁在甲曰阏逢，在乙曰旃蒙，在丙曰柔兆……"它以天干为序，与上述以十二地支为序的完全不同。《史记·历书》中，也有太岁在甲曰阏逢，在乙曰端蒙、在丙曰游兆等的记载，只是名称的写法略有出入。对于这两个纪年序列，可以用岁阳和岁阴来区分。在《史记·历书》中，更载有"阏逢摄提格（甲寅）太初元年""端逢单阏（乙卯）太初二年"等记载，由此可知，这便是太岁纪年法借助于天干地支相配用干支纪年的开始。当然，在这个太岁纪年法中，只有十二地支与岁星相对应。

由于《淮南子·天文训》载有"淮南元年（前164）太一在丙子"，这个太一就是太岁的异名。这是史籍用干支纪年最早的开始。经研究证实，这里的子岁，与颛顼历纪年法一致，而丙岁，就是以上所述的岁阳了。由此可知，将太岁纪年法发展到以干支纪年，这是汉人的创造。

4. 岁星超辰和干支纪年法

由于岁星并不是正好以十二年为一个恒星周期，而是 11.86 年为一周，这就导致岁星纪年法存在行用日久渐差的弊端。事实上，人们在创立颛顼历和太初历时，对岁星纪年法都重新作过调整。这就无形中每隔数十年就将多出一年。这对于历史纪年是很不利的。

为了解决与岁星所在的真实位置有关的纪年调整的随意性，刘歆曾在三统历中提出岁星 144 年起辰一次的计算方法。并以汉武帝太始二年（前 92 年）为岁星超辰之年，试图规范以后的纪年方法。但是时人实际并未应用。

在重新制订颁行的东汉四分历中，明确地使用了推算岁名的方法，即以积年除以 60，余得干支岁名。这就完全摆脱了岁星的约束，这便是一直连续使用至今的干支纪年法的始末。

由此可以推知，中华书局《史记・十二诸侯年表》中，在西周共和元年上注明为公元前 841 年，系近人所加自不待言，即使其上所注为庚申年，自然也不是司马迁原作，更不是周代所原有，而是后世好事者依干支纪年法所加。

三、五星逆行和会合运动的推算

1. 甘石五星法对金水逆行的描述

如前所述，《汉书・天文志》等均说："五星之推，亡逆行者。至甘氏、石氏经，以荧惑太白为有逆行。"这种说法可能是有依据的，因为在甘石之前，未见有人论说过行星有逆行的推算方法。其他文献的说法，也与此大同小异，均说从甘石开始，中国才有了行星的推算方法。行星的运动，在恒星背景上的自西向东运动称为顺行，自东向西称为逆行。

但是，核对历史文献，《汉书・天文志》与《史记・天官书》关于甘石五星逆行的说法，均有不准确的地方。前者说："荧惑、太白为有逆行。"后者说："惟独荧惑有反逆行。"我们所见到的甘石关于五星的行度，均只有太白和辰星，而无荧惑。近年出土的帛书《五星占》也没有荧惑行度。早期没有荧惑行度的推算，看来并不是偶然现象，而是受到星占思想支配的。实际上，甘氏石氏所述的逆行，只有金星和辰星，现将他们对二星逆行的行状描述如下：

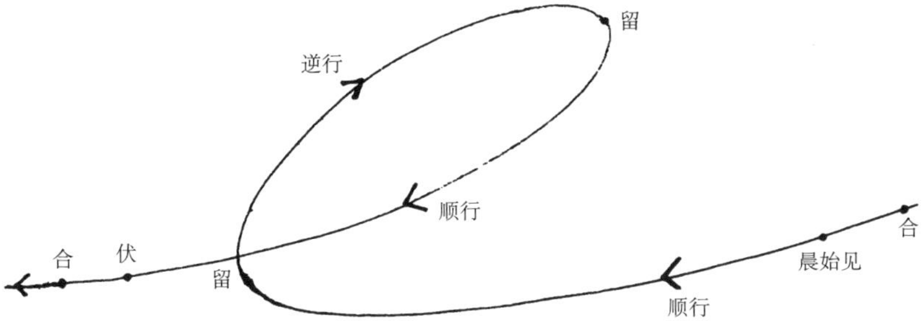

图 6.1　行星视运动示意图

甘德和石申夫所描述的行星运动，主要是围绕太阳而言的。故将行星的运动称为会合运动或会合周期。这是因为，行星相对于太阳的出没方位，比行星在天球上的相对位置更重要，更有实际意义。

甘石对于水星动态的描述是：首先从黎明时水星见东方开始，水星向西逆行四个星宿，用时 48 日。然后水星又开始顺行，经过 20 日而隐没于日光之中。从水星初昏时见于西方开始，向东顺行四个星宿，用时 48 日。然后水星又开始逆行，经过 20 日而隐没于日光之中。这样反复循环运动。那么，水星的一个会合周期为 136 日。与实际值 115 日尚有很大误差。尚需注意的是，以上水星动态时段中没有涉及隐于日光中的时间，可能均包括在晨出和夕出之中了。事实上，在一个会合周期中，水星可见的日数是很少的。

石申夫对金星会合周期的描述为：黎明金星出东方，向西逆行 9 个星宿，用时 123 日，然后顺行 9 个星宿，用时 120 日。金星隐于日光中，伏行 123 日，行 12 个星宿。然后初昏时见于西方地平线之上，开始顺行 9 个星宿，用时 123 日。然后开始逆行，经过 9 个星宿，用时 120 日，金星又隐没于日光之中，伏行 2 个星宿，用时 15 日，然后又晨出东方。合计用时 624 日，这便是金星的会合周期。

从以上介绍的甘石行星动态中可以看出，已经有了顺行、逆行、伏行的阶段和周期，

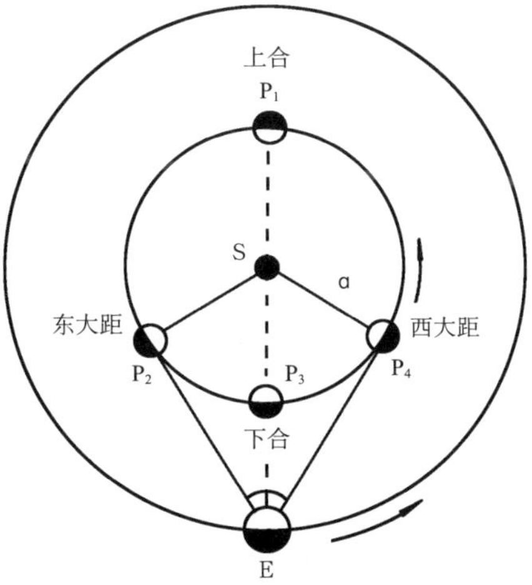

图 6.2　内行星视运动的示意图

其中 S 为太阳、E 为地球、P 为内行星。内行星有上合和下合两种合日的状态。东西大距为内行星距日最远的行程。

但是所用数据尚不够准确。

2. 帛书《五星占》的发现及其历史地位

1973年，长沙马王堆三号汉墓出土了一部古帛书，约8000字，共分9章，几乎全部是记载五星运动和五星星占的，故人们将其定名为帛书《五星占》。由于其明载入葬年代为汉文帝十二年（前168年），文中又连续记载了自秦王政元年（前246年）至汉文帝三年（前177年）计70年间木土金三星的位置，并描述了这三颗行星在一个会合周期内的动态。如果说甘石对五星的会合周期还只是作了个别的试探性的描述，很不准确，那么，帛书《五星占》就成了后代历法中“步五星”工作的先声。以往人们曾将《史记·天官书》和《淮南子·天文训》看作中国天文学上的最早著作，但帛书《五星占》要比前者早90年，比后者也早30年。而且从三者记载的天文数据来说，《五星占》所载天文数据远比另二书准确。因此，帛书《五星占》的发现和出土，不但证明了它是中国现存最早的一部天文典籍，具有划时代的意义，而且在天文史的研究上，也具有特别重要的研究价值。

席泽宗院士在《发现》一文中，同样也列载有西汉以前主要文献的五星会合周期，今引载如下：

西汉以前五星会合周期表

星名	甘石	帛书《五星占》	太初历	今测值
水星	136日		115.91日	115.88日
金星	628.8日	584.4日	584.13日	583.92日
火星			780.53日	779.94日
木星	400日	395.44日	398.71日	398.88日
土星		377日	377.94日	378.09日

表中甘石的水星、金星数据，已按陈美东先生的意见作了订正。从上表可以看出，帛书《五星占》会合周期的数据，与甘石的数据相比，已经取得划时代的进步，与三统历的数据很接近，其误差不到1日。但其中木星的会合周期，因受到传统的岁星纪年十二年一周观念的影响，误差达3日以上。这一误差，要到三统历用岁星超辰的观念才能得到改正。上表未载火星和水星的会合周期。由于甘石的水星会

合周期和动态与实际误差实在太大，帛书不载水星周期和动态是可以理解的。这也符合时人认为水星的周期为1岁的传统观念，其偶然出现，只是用一个特殊名词“效”来表示。每年实际看到水星的机会实在是太少了。前已述及，西汉前期以前不载火星动态和周期，是通常认为火星“其行无常”的影响，也可能是出于星占和政治上的考虑。

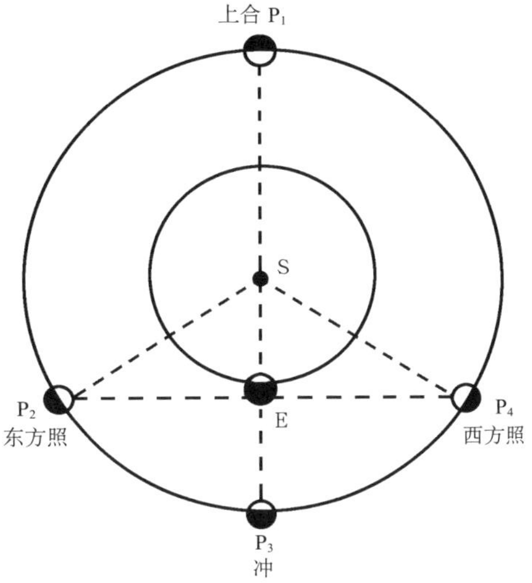

图6.3 外行星视运动的示意图

S为太阳，E为地球，P为外行星，外行星只有上合，没有下合，但有冲日。

帛书《五星占》不但会合周期取得划时代的进步，而且在其出没动态中更有行、疾行、徐行三种不同的运动速度。现以较易为常人理解的语言，以金星一周动态，描述如下：

金星有一个八年共会合五次的周期。它以历元之年秦王政元年（前246年）正月与营室晨出东方开始，其一个会合周期内与太阳相对位置的变化如下：金星初见东方以后，首先每日以$\frac{120}{240}$度的速度，顺行100日，故经过100天以后，金星更在初见离太阳的距离以西50度。（金星距太阳最大视角不大于48度，故这一数据误差较大）然后金星顺行的速度有所增加，它以与太阳相同的速度运行，经过60日。在这60天内，金星与太阳的距离实际没有改变。以后金星顺行再次加速，以每日$1\frac{187}{240}$度的速度运动，运行了64日，金星又回到了黎明时初见东方的状态。从此以后，金星开始隐没不见，隐伏中继续顺行，经120日，金星在黄昏时开始出现在西方。与晨出的状态类似，太阳以每日顺行$1\frac{128}{240}$度的速度，经100天，又运行到距太初初见时相距约50度的距离。然后以与太阳相同的速度运行60天，与太阳的距离没有改变。以后金星顺行变慢，以每日$\frac{40}{240}$度的速度，经过64日，又使金星回到黄昏初见的状态。自此之后，再次隐没不见，经$16\frac{96}{240}$日，金星再次晨见东方。由此可见，会合运动中的顺行和逆行，都是相对于太阳而言的，与恒星背景上的顺行、逆行不同。

《五星占》对外行星和内行星的动态特征有了明显的区别，外行星只有晨出东方和夕入西方一种动态，内行星则有晨出东方、入东方，和夕出西方、入西方的两种动态。也有两次没日。它们显然要比甘石的认识前进了一步。特别是金星不但分辨出几个大阶段，而且还给出了先徐后疾、先疾后徐的三个不同速度。

前已述及，西汉天文学发展迅速，自汉初的帛书《五星占》以后，人们对五星运动的认识也取得较大进步。西汉末年刘歆在编撰三统历时，将五星会合周期作了系统整理，不但改进了行星周期的精度，第一次收入了火星会合运动知识，同时也打破了十二年整的木星运动周期，提出了更精密的数据。所以，自三统历以后，中国历法中的行星知识已大致齐备，以后主要的进步在于数值上的精度提高。当然，五星运动也有不均匀的改正方法，这里也就从略了。

四、甘德发现木星有卫星

1981 年春季中的某一天，席泽宗正在查阅中国古代木星的记录，突然有一行小字跃入他的眼睛："岁星……其状甚大有光，若有小赤星附于其侧，是谓同盟。"木星周围有小赤星与其结为同盟？这几个词深深地触动了他的思路。它们会不会是木星的卫星呢？这是很自然的联想。当近代望远镜发明之后，人们利用望远镜，很快地就在木星周围发现了四颗卫星，以后随着望远镜分辨本领的增大，发现木星的卫星竟达 16 颗之多。以往人们都一致认为发现木星有卫星，那只是近代发明望远镜以后的事，说早在两千年以前，中国人就发现了木星的卫星，那不是如天方夜谭似的荒唐么？

意大利科学家伽利略，于 1610 年 1 月 7 日晚上用望远镜看到了木星的三颗卫星，又在 1 月 13 日晚上发现了第四颗卫星，这个记载

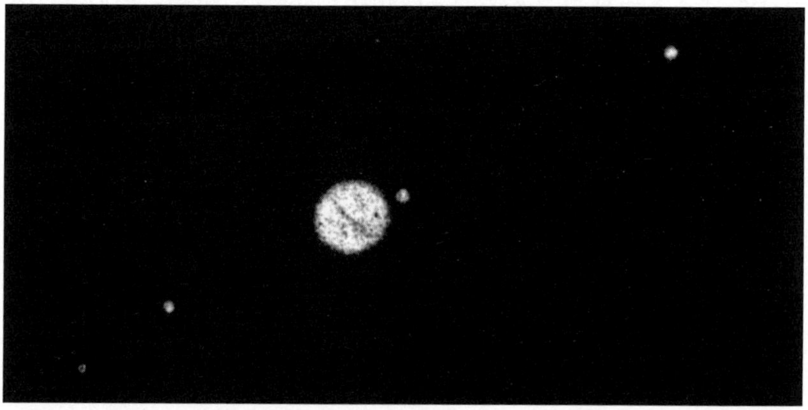

图 6.4 木星和它的伽利略卫星

请注意这幅照相图中的木星与它的四颗卫星本卫一、二、三、四几乎成一直线。

是很明确的。这一发现，当时曾经轰动了整个世界。随后不久，这一发现通过耶稣会士传入中国，也引起中国知识分子的极大关注。对这一发现事后还有争议，经过详细考证，认定在伽利略发现之前十天，麦依耳就发现了木星的四颗卫星。所以，有人认为木星的前四颗卫星的发现权是属于麦依耳的。

席院士认定中国的这条记事不是毫无根据，很可能早在麦依耳之前两千年的中国甘德，就已经发现了木星的卫星。但证明这一点，首先就得证明甘德所说的是否是木星的卫星，所载情况，是否与木卫一致，同时还要证明，以肉眼究竟能否看到木星的卫星？现就这些问题介绍如下：

1. 文献的出处和有关内容

据文献记载和科学考证，甘德是战国齐国中期人。他曾著《天文星占》八卷，但后来已经散失了。我们现今所能见到的有关甘氏的论述，大都出自《开元占经》的引述。有关木星附近小赤星的记述，出自甘德岁星纪年法。《开元占经》卷二十三“岁星行度二”有关原文如下：

> 甘氏曰：“单阏之岁，摄提格在卯，岁星在子，与虚危晨出夕入，其状甚大，有光，若有小赤星，附于其侧，是谓同盟。两国或昌或亡，死者不在其乡。其失次，见于张。其名曰降入，周王受其殃，国斯反服，甲兵恻恻，其岁大水。”

这段话记载的事与先秦有关，不易理解，就其文字和内容需稍作解释。“单阏之岁，摄提格在卯”，是说按岁星纪年，单阏这一年就是卯年。这一年岁星的位置在虚宿和危宿。岁星将与虚危晨出夕入。这时的木星，不但巨大，而且有光影投射于地面。同时还可看到其周围有小赤星在依附，它们之间，如同盟关系。在这种情况下，占语说，它们所对应的两个国家或者昌盛，或者死亡，而如果是死亡，就不是死在他们的故乡（死于在外战斗或逃亡他乡）。如果岁星因盈缩而离开应有的星次，就应出于张宿，它的名字就叫作降入。周的分野对应于张宿，故这时周王就将受到灾殃。例如，周国将有兵灾或大水。

其他文字，只要知道大概就可以了，关键在于与木星为同盟的小赤星等，尚需专门作出论证和研究。

2. 同盟的含义

这段原文是说，木星非常明亮，甚至还有光影投向地面。同时其周围还有小赤星依附环绕在它的周围，称为同盟。在天文学上，星与星之间的关系，用同盟来比喻的，还只是仅有的一次。是形容二者之间生死与共的密切关系。春秋时代，大国争霸，相互间战争频繁。大国为了壮大自己的势力，或吞并周围的小国作为自己的领土，或征服他们，使其臣服，结成依附关系。《春秋左传》《春秋公羊传》正是记载春秋时代史事的书。仅《左传》一书中，就记载同盟十九处。《公羊传·庄公十六年》（前678年）说："同盟者何？同欲也。"《春秋属辞比事记》解释说："同盟者，众共为之。虽一国为政，而众所共成。"即盟主主政，发号施令，众同盟国共同去执行。这里用同盟比喻木星附近的小赤星，是说木星与这些小赤星组成了一个系统，小星则从属依附于木星。

3. 关于小赤星与今测木卫的颜色

甘德所记载的木星同盟星为小赤星。按通常的理解，赤星就是红星。但是，古人对红色的范围也有界定，例如，唐代学者孔颖达在解释《礼记·月令》"驾赤骝"这个名词时说："色浅曰赤，色深曰朱。"原来，红色在古代分为两个等级，赤色是红色中属浅红的一类。所以，甘德所说的小赤星，明确地是指浅红色的小星。

据前人观测，木卫一和三呈黄色，木卫二和四呈红黄色。又据刘步林等《简明天文学手册》的描述，火山喷发在木卫一表面形成的火山流，使二氧化硫不断得到补充，"使木卫一成为太阳系里表面呈最红颜色的天体之一"。近代天文观测木卫二、四的红黄色，与甘德所说的小赤星颜色是一致的，即使是木卫一、三的黄色，也与赤色相去不远。可见甘德对小赤星颜色的描述，正与木星的几颗大卫星一致。

4. 目力测见木星卫星的可能性分析

人的目力有限，通常都认为木星和土星等卫星的发现，都是依靠望远镜的威力。凭眼力，真能观测到木星卫星吗？尚需进行常识性的可行性分析。

首要的问题是，木星的几个大卫星一到四的视亮度，也即目视星等，是否落在目力可见的范围之内？据今人精密测定，木卫一到四的星等如下：

木卫一	4.9m	木卫二	5.3m
木卫三	4.6m	木卫四	5.6m

据通常的意见，眼睛可以看到的最暗的星为 6 等。上古时大气透明度可能更好一些，目力特别好，并且十分勤奋的天文学家还可能看得更暗一些。因此，就目视星等而言，目力能够看到这四颗星都不成问题。

问题在于，由于木星卫星距离木星很近，木星强烈的光，会掩盖其卫星的光，使二者重叠在一起，分辨不清。通常目视的分辨本领为 60″，木星本身的光芒，将大大影响到木星卫星的分辨度。因此，一般人都认为用目力，很难看到木星的卫星。例如，刘步林就在《简明天文学手册》中说："伽利略卫星（指木卫一—六）的星等都为 5 等或 6 等，因与明亮的木星靠得很近，所以用肉眼很难看到。"

对于这一问题，席泽宗是这样解答的：

> 在正常情况下，看这四颗卫星并不困难，问题在于木星太亮（从 -1.4^m 到 -2.5^m）了，耀眼的光辉把这些卫星淹没了。但也不是绝对看不到。特别是在两颗以上的卫星运行到同一侧时，彼此叠加的光亮更使得有察觉的可能。杰出的德国地理学家洪堡（1769—1859）曾记载过，他认识一位裁缝，名叫邵恩（Schön），是布劳斯累城（今波兰弗罗茨瓦夫）人，在无月的晴朗夜晚，能够相当精确地指出四颗主要木卫的位置。这位裁缝年老以后，就再也不能把木卫分辨出来了。我们委托北京天文馆的同志，在天象厅进行模拟观测，取木星为 -2.0^m，卫星为 5.0^m，将光度用面积比表示。所得结果是，卫星离木星 5′ 时，目力好的人开始可以看见。根据这一实验，我们断定甘德所见者，为木卫三或四，而木卫三的可能性最大，因它最亮也最大。

最后席泽宗总结说：

（甘德的这一发现），几乎比伽利略和麦依耳早了2000年。甘德虽然没有留下系统的记录，但在2300多年前能有这一发现，就足够我们称道了。

木卫一至四离开木星的角距离如下：

木卫一	2′18″	木卫二	3′40″
木卫三	5′51″	木卫四	10′18″

可见木卫三和木卫四都已达到了北京天文馆模拟观测的可见范围，因此，肉眼见到木卫的可能性是很大的。席泽宗还引用了德国裁缝能见到四颗木卫的事例，借以证明甘德发现木卫之可信性。我们认为，根据古代文献的记载和描述，甘德当时确实看到了木星的卫星。他不但见到一颗，而且是多颗。因为按通常的理解，所谓同盟当指三个以上国家间的联合协议，如果只是两个国家间的军事协议就不叫同盟了。

席泽宗的甘德发现木星卫星的研究成果公布以后，在社会上曾引起广泛的反响，不但中国的报刊作了报道，在美国、英国和罗马尼亚等国的书刊上，也都作了译载和报道。

第七篇
中国古代对岁差和海潮规律的发现

一、岁差的发现和改进

1. 虞喜发现岁差

地球的自转，导致昼夜的变化，人们借此建立赤道坐标系。地球受太阳的吸引而绕太阳公转，公转的平面称为黄道。黄道与赤道斜交成 23.5° 的夹角。在月球等天体引力作用下，地球的自转轴在空间并不保持在固定的方向，而是不断发生变化。地轴指向的南北极，绕黄极以 26000 年的周期运行。这项运动，导致春分点和北极在天球上的位置发生缓慢的移动。春分点或冬至点每年沿黄道向西

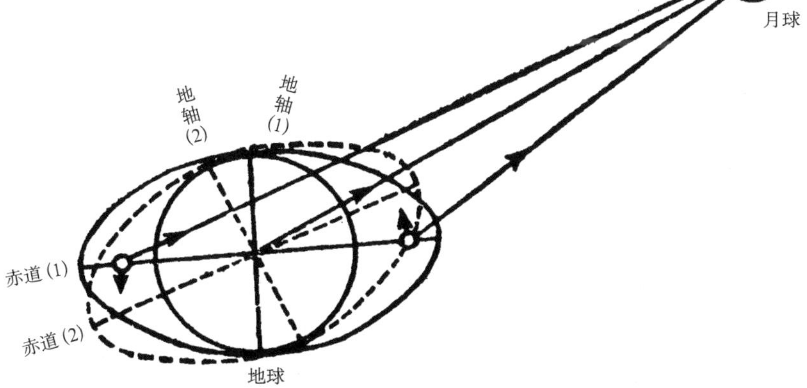

图 7.1　月球对地球的摄引力

移动约 50.2″，称为岁差或黄道岁差。这个移动量在赤道上的投影就叫作赤道岁差。赤道岁差每年约移动 45.98″。

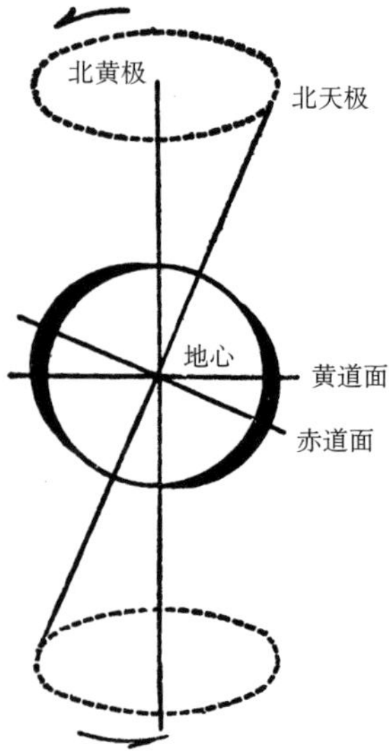

中国的观测仪器和坐标系统，与西方有很大的差别。西方是黄道式的。黄经的计算，自春分点开始，总以 360°，或以十二宫每宫分为 30° 进行计算。中国对天体赤经方面的坐标，则习惯以入宿度来表示。入宿度的概念是，凡是天体的赤道坐标的赤经，均沿赤经方向距离二十八宿的距星角度来表示。二十八宿中每一宿都规定有一颗距星，距星间的相互角距也是事先经过精密测定的。因此，二十八宿就是中国的天文坐标系。中国天文坐标中的经度部分，是用赤经差的方式来表示的。由于时间推移而导致的岁差变化值，大部分都在赤经差中消除掉了，故中国古代的天文学家，不易发现岁差。这是中国古代发现岁差比较晚的主要原因。

欧洲古代发现岁差，是一件很容易的事。公元前 2 世纪，希腊天文学家喜帕恰斯测制了一份包含有 1022 颗星的星表。当他把自己的星表与在他之前 150 年测定的星表相比较时，发现自己所测的天体黄经，普遍地比以往增加了约 1.5°，而在黄纬方面则没有多大变化。经过认真分析以后，喜帕恰斯终于明白了，这不是人为的观测误差，而是一种天文现象。这是春分点每年沿黄道西退造成的，从而他把这个变化称之为岁差，并且规定每 100 年春分点西退 1°。

图 7.2 岁差引起的北天极在恒星间缓慢移动

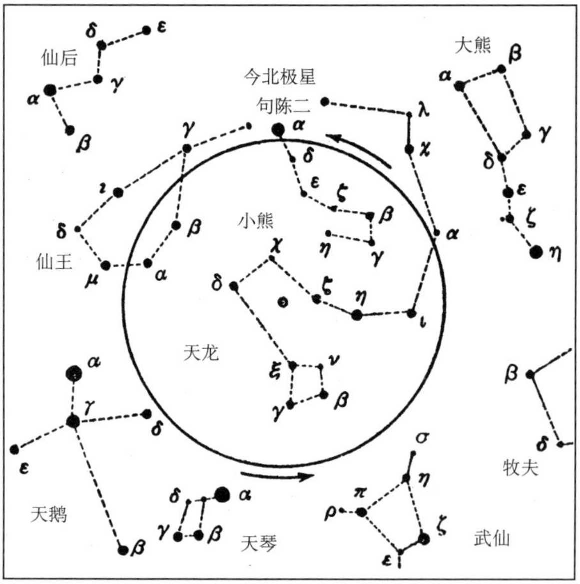

图 7.3 图中大圆为北天极的移动轨迹，约 26000 年一周，现今北极在大圆的正北方句陈二方向

中国的岁差发现就没有西方那么幸运。虽然中国的甘石星表的制订时代比古希腊还要早，但由于中国坐标系方面的缺陷，导致在一个很长的时间内没有发现岁差。直至公元 330 年前后，东晋的天文学家虞喜，才发现岁差的存在。

这一重要发现，在《晋书·虞喜传》中竟然没有记载。可见当时人们并不了解他这一发现的重要意义。虞喜是如何发现岁差的呢？当时的文献已经完全湮没无闻，仅从后人的追记和回忆中略知一二。

《新唐书·历志三》“日度议”说：

> 古历日有常度，天周为岁终，故系星度于节气。其说似是而非，故久而益差。虞喜觉之，使天为天，岁为岁。乃立差以追其变，使五十年退一度。

这是现今仅存的古籍中记载虞喜发现岁差的最早记录。是说虞喜发现岁差之后，便将周岁和周天区分开来，并且设立了五十年退一度的岁差值。虞喜发现的是节气西退，喜帕恰斯发现的是恒星东移。他们均是从恒星与节气交叉关系发现有岁差的，只是切入角度不同而已。

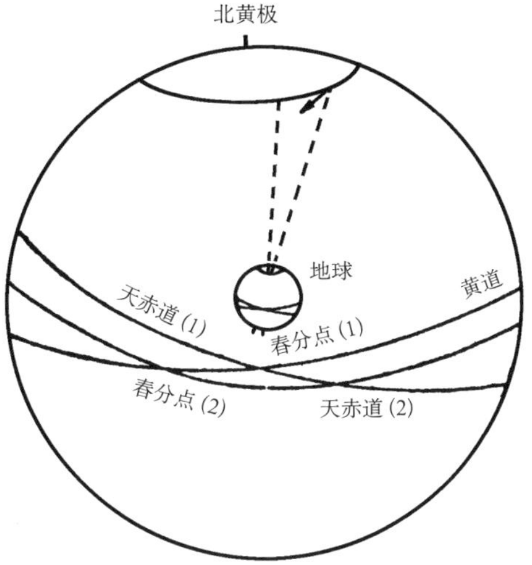

图 7.4 地轴进动和分点岁差

由于地轴绕黄极的进动，而导致天赤道的改变，赤道与黄道的交点也逐渐西移。

虞喜是如何发现岁差的呢?《宋史·律历志》载周琮论“日度岁差”曰：

> 虞喜云："尧时冬至，日短星昴，今二千七百余年，乃东壁中，则知每岁渐差之所至。"

这段记事的意思是说，帝尧时代的冬至昏中星为昴宿，而虞喜时代的冬至昏中星为壁宿。帝尧时代距东晋有二千七百余年，而昴宿距星距壁宿距星，之间相隔壁宿 9 度、奎宿 16 度、娄宿 12 度、胃宿 14 度，合计 51 度。当为 53 年差 1 度。虞喜取其约数，以 50 年退一度。

虞喜所提出的岁差值，虽然误差较大，但比喜帕恰斯提出的每百年差 1 度还要精密一些。黄道岁差实际每 71 年 8 个月差 1 度，按中国古度计，当为每 70.64 年差 1 度。换算成赤道岁差，约为 77.3 年差 1 度。

2. 认识岁差的漫长历史过程

由于以昏旦中星判断季节本身存在较大的误差，有关中星观测的历史资料尚存在争议，故人们对虞喜所述岁差的客观存在将信将疑。只有少数大胆创新的科学家才能接受，虞喜以后一百多年，在何承天创制的元嘉历中，就曾论及过岁差，并且计算出了另一个数据。他说：

> 《尧典》云："日永星火，以正仲夏。"今季夏则火中。又："宵中星虚，以殷仲秋。"今季秋则虚中。尔来二千七百余年，

以中星检之，所差二十七八度。

何承天注意到虞喜用《尧典》中四仲中星的冬至昏中星昴宿推得的岁差值，与以《尧典》仲夏、仲秋昏中星大火星和虚宿推得的岁差值是不一致的。何承天注意到，在他们那个时代，大火星昏中不在农历五月而在六月。虚宿昏中不在八月而在九月。即经过了二千七百余年之后，仲夏中星和仲秋中星分别推迟了一个月，太阳月移一辰，即相差30度。为方便起见，按相差27.28度计，由此可推得岁差值为一百年退一度。

何承天对虞喜推得的岁差值的精度表示怀疑是有道理的，即使再考虑仲春昏中星鸟星，所得结果也与仲夏大火星，仲秋虚星的结果差不多。因此，何承天相信，岁差以百年差1度，比虞喜的五十年差1度更精密。可惜的是，何承天所推得的岁差值，还只停留在研究和议论阶段，并没有在历法推算中加以应用。这个任务，正留待祖冲之来完成。

刘宋大明六年（462年），祖冲之年仅33岁时，就已经完成了他的杰作大明历。他在“上大明历表”文中指出：

> 以《尧典》云：“日短星昴，以正仲冬。”以此推之，唐世冬至日，在今宿之左五十许度。汉代之初，即用秦历，冬至日在牵牛六度。汉武改立《太初历》，冬至日在牛初。后汉四分法，冬至日在斗二十二。晋世姜岌，以月蚀检日，知冬至在斗十七。今参以中星，课以蚀望，冬至之日，在斗十一。通而计之，未盈百载，所差二度……今令冬至所在，岁岁微差，却检汉注，并皆审密。

准确地说，大明历所用的岁差值为45年11月差1度。应该说，这个岁差值是比较粗疏的。按理说，中国天文学发展到南北朝时，比汉晋又取得了更大的进步。祖冲之在推算自己的岁差值时，所用的思想方法也是正确的，只是具体推算中出了差错，导致求得的岁差值粗疏。

按“上大明历表”文所言，祖冲之在推算自己的岁差值时，也使用了昏中星的记录。但为了追求与自己所推冬至日度岁差相合，他舍弃了何承天的结果，而沿用了虞喜的结论。这就是文中所说“唐世冬至，在今宿之左五十许度”。

除此以外，祖冲之还特别创新，利用历史上冬至日度记录的比较，来证明自己的岁差值合理。他的思考方法和研究原则都是正确的，他所犯的关键错误，在于误解了太初历冬至日在牵牛初度这条记录。在这个问题上，不只他一个人感到迷惑。陈美东在《中国科学技术史·天文学卷》中，曾断言祖冲之所说的秦历冬至在牵牛六度为春秋时的天象，太初历冬至在牵牛初度为战国时的天象。其实中国历史上最早的冬至点就是牵牛初度。还有另一种说法是冬至日在建星。建星与牵牛星是一致的。历史上并无冬至在牵牛六度的记载。所谓秦历在牵牛六度，是祖冲之误用了二十八宿今度的标准于秦历出现的错误。秦历就是颛顼历，颛顼历的历元，是立春日在营室五度。立春距冬至 46 天，日行 46 度，用古度即可推得秦历冬至就在牵牛初度。关于这一点，日本新城新藏早在《东洋天文学史研究》中就已经作了论述。西汉以前的天文学家都以为节气与日度的关系不会改变，故太初历沿用了颛顼历的冬至日在牵牛初度。这个数据确实测自战国，而祖冲之又误认为是太初改历时所测，出现两百余年的误差。

按理说，利用日食或月食的机会，可以直接观测到当时的太阳位置。用其换算出来的冬至日度，应该是很准确的。但据最新研究，晋代姜岌所推冬至日在斗 17 度，有 3 度的误差，即使祖冲之自己所推冬至日度，也有 1.7 度的误差。

由此看来，祖冲之所用历史上冬至点的记录，大部分都不可靠，误差太大，最终导致他所推得的岁差值偏大。但即使如此，祖冲之在发现岁差问题上的贡献仍然很大。他不但创造了用冬至日度来推算岁差的方法，这一计算方法比昏中星法精密，而且开创了将岁差现象引入历法计算之中的先例。由于推算月亮和五星的位置，均要以太阳所在为基点，将岁差引入历法，也就理所当然地提高了日月五星位置的推算精度。这也是一项具有划时代意义的发现。

祖冲之将岁差引入历法的计算之中，为后世历法开创了一个积极的先例。后世历法家纷纷效仿。例如，北齐刘孝孙在历法中使用的赤道岁差为 51 年差 1 度。于隋大业五年（609 年）颁行的大业历以赤道岁差 84.77 年差 1 度。皇极历则以黄道岁差 75 年差 1 度。但是，在一个很长的历史时期内，仍然还有一些坚持守旧的历法家不用岁差推算，例如，隋初颁行的开皇历就不用岁差，受到历家的一致批评。进入唐代以后，唐代的第一部历法戊寅历取赤道岁差55.51年差1度。但是，取代它的李淳风的麟德历则不用岁差。

李淳风是唐代著名的天文学家，曾任太史令多年，曾制造黄道浑仪，并著《法象志》《乙巳占》等。他所编制的麟德历也是一代名历，还有许多创造发明。李淳风不用岁差，并不是他不懂得岁差。正好相反，在他没有得到颁行的己巳元历中，都曾讨论和使用过岁差。麟德历不用岁差，说明当时人们对岁差的认识还不十分坚定，也可能是他对准确的岁差数值尚缺乏信心。不过，中国历法中所使用过的数值，除祖冲之的数值外，都比西方长期使用的每百年差1度精密。

3.《日度议》——中国古代对岁差研究的总结

唐代和尚一行，在他编撰的《大衍历议·日度议》中，发表了他自己经过多年研究的长达万言的有关岁差的专论。在他的这篇论文中，对各个历史时期的冬至日度的精度都作出了考察，论定其正误；公布了自己精密测定的冬至日度值；批判了李淳风等人否定有岁差的错误观念。现仅就以下几个切中要害的问题介绍如下：

（1）论定各历史时期的冬至日度

主要通过各种类似的历史文献记录，包括中星推算和直接测量的结果，再加以科学分析，用以确定正确的数值，并且纠正以往被前人歪曲了的数值。数从上古开始，当然避不开帝尧《尧典》中星，下及夏商周各种星象。现择几个关键数据加以说明。

a. 关于冬至日在牵牛初度

直接文献记录出自太初历，但其数据的来源和准确性则尚需分析。一行首先论定颛顼历，即祖冲之所说的秦历冬至日度。他指出："按《洪范》古今星距，仅差四分之三，皆起牵牛一度。劆等所说，亦非是。"本书以上所述新城新藏推得颛顼历冬至在牵牛初度，可能就是受到《日度议》的启发。《洪范》是指刘向的《洪范五行传》，其中引载有相对于太初历以后所使用的二十八宿今度而言的古度。很明显，所谓古度，实即太初历以前古历所用二十八宿分度，具体应是颛顼历所用二十八宿的距度。关于颛顼历用古度，即使今人也很少注意。一行据颛顼历立春日在营室五度，依古度推得冬至日在牵牛一度，一度就是初度。故证明太初历沿用了颛顼历的冬至日度。这在当时来说是很正常的。祖冲之依今度推得秦历冬至在牵牛六度，其错误不言自明。一行所说的劆，即梁代天文家虞劆。他曾于大同九年（543 年）以月食推得冬至太阳的位置在斗宿十三四度。他论岁差时沿用祖冲之秦历冬至在牵牛六度的错误结果，故遭到一行的批评。

一行论定冬至日在牵牛初度，是颛顼历的实测结果之后，也就自然解开了被人们认定冬至日在牵牛初度测于太初年间的死扣。颛顼历创制于战国时代，所测冬至日度，自然是战国时代的天象。一行又进一步分析说，在太初年间，其冬至日度约当在斗二十三度。汉末刘歆编制三统历时说，三统历冬至日度，当在牛前四度五分。斗宿的分度为二十六，其结果也大致相合。

b. 关于姜岌和何承天所测冬至日度

一行对于姜岌利用月食时日月的对冲关系求得的冬至日度的方法，还是充分肯定的。他说："岌以月食冲知日度，由是躔次遂正，为后代治历者宗。"姜岌在东晋太元九年（384 年）测得的冬至日度为斗十七度。而何承天元嘉历（443 年）所用冬至日度在斗十三四度。两者之间不及六十年，所测冬至日度差至三四度，一行是借虞劆的话这样解答的："承天虽移岌三度，然其冬至亦上岌三日。承天在斗十三四度，而岌在斗十七度，其实非移。"非移即何承天的冬至日度与姜岌比较，实际并没有移动，即实际二者均在同一位置。即姜岌与何承天所测冬至日度，当在十六七度左右。

c. 关于祖冲之、虞劆所测冬至日度

祖冲之于刘宋大明六年（462 年）编定大明历，其所测冬至日度在斗十一度。而虞劆于大同九年（543 年）则测得冬至日度为十四至十度之间。虞劆所定冬至日度的范围过大，他强调了不管使用什么方法，测量太阳的位置都是困难的。不过一行总结说："自姜岌、何承天所测，下及大同，日已却差二度。"即一行基本认可了虞劆的冬至日度为斗十四度。由此也可看出，祖冲之所定冬至日度，也太过了一些。

d. 一行自测冬至日度斗十度

一行利用了麟德元年（664 年）九月庚申和开元四年（716 年）六月庚申两次月食的机会，测得前者月食在娄宿十度，后者在牛宿六度。由此推得月食对太阳的位置，并间接推得冬至日度。由于日期和方位都记得十分具体，一行对自己所推冬至日度在斗宿十度充满信心。

(2) 批判李淳风否定岁差的错误观念

按照一行的意见，李淳风否定岁差存在的错误观念主要有两条，一行对此作了介绍和批判：

a. 批判李淳风认为自黄帝以来至今三千余年春分均在奎宿的错误

《日度议》曰：

> 淳风以为古术疏舛，虽弦、望、昏、明，差天十五度而犹不知。又引《吕氏春秋》，黄帝以仲春乙卯日在奎，始奏十二钟，命之曰咸池。至今三千余年，而春分亦在奎，反谓秦历与今不异。按不韦所记，以其《月令》孟（仲）春在奎，谓黄帝之时亦在奎，犹淳风历冬至斗十三度，因谓黄帝时亦在建星耳。

李淳风的这段议论，关键是要证明黄帝时仲春春分日在奎宿，而今世所测，日仍在奎宿，故可证明自黄帝以来，三千余年日度不移。李淳风这一论证似乎很有力，但《吕氏春秋》所谓黄帝以仲春日在奎奏十二钟，均系后人伪托，根本不可以用作历史史实作为例证的，由此可知，所谓自黄帝以来三千余年云云，均系虚妄。严肃的史学家均不足凭信的，没想到李淳风也会犯这种错误。李淳风用“古术疏舛”、“差天十五度而犹不知”作为借口，想以此全部否定颛顼、太初、后汉四分历所载冬至日度的可靠性，而这些冬至日度的记录，事实证明它们是可信的，而且是基本正确的。如果这些天文专著的记录都不可信，那么《吕氏春秋》中作为政论性的言论，李淳风怎么又可当作证据来引用呢?

引文中所述“孟春在奎”，疑当“仲春”之误。文中所述的建星，是牛宿、斗宿以北的一个星宿，古代也曾将其作为二十八宿来应用。

b. 批判李淳风“晋宋以来三百余岁日固在斗十三四度”的错误

《日度议》说：

> 而淳风以为，晋、宋以来三百余岁，以月蚀冲考之，固在斗十三四度间，非矣。

李淳风以古历疏舛，否定了颛顼、太初历冬至日在牛宿初度的可靠性，又否定了东汉四分历日在斗宿二十一度的众家论述。也否定了姜岌、祖冲之的观测纪录，仅信何承天、虞劆的日在斗十三四度，这是一种只信自己、不信他人的顽固态度。其实他本人也未经过认真观测和论定。一行所引麟德元年月食记录即可推得当时冬至日度在斗宿十度。此时正是他制订的麟德历得以颁行之时。

自一行《日度议》公布以后，有无岁差的争议渐渐沉寂下来，再也没有人怀疑岁差的存在了。自虞喜创立岁差之说，以后经过多次争议和修改岁差数值，至一行大衍历颁行（727 年），前后经过四百年的考验，终于被大众所认同。

4. 对岁差认识缺陷的改进

由于中国古代习惯于使用赤道坐标，所使用的观测仪器也是赤道式的，如浑仪、简仪和赤道日晷等。李淳风制造的黄道浑仪，也只是将黄道环附着在赤道环上。对于天体的方位，也都习惯于以赤道坐标来表示，偶尔也以黄道坐标表示天体的方位，那也是不完善的。其黄道坐标的表示方法，黄道入宿度和黄道去极度，也存在概念上的缺陷。故人们将天体的黄纬称为似黄纬或伪黄纬，是从黄道向赤极度量的。

中国古代的天文学家，虽然早就认识到北极也存在缓慢地移动，但他们始终没有从科学上与岁差联系在一起。因此，古人认为所谓岁差，只是季节，也就是冬至点等在赤道上的移动。中国古代没有黄极的观念。从而更不可能产生北极绕北黄极旋转的观念。

中国古代对岁差认识上的这一缺陷，一直到明代初年回族天文学的天文知识系统传入中国以后才能得到根本的改变。在明译《回回历法》和贝琳的《七政推步》中，载有恒星黄道的岁差改正值，“各项经度，每五年加四分”。可知到那时人们已经懂得黄道星表随着年代的推移的改正办法。可惜《七政推步》中虽然载有一份 277 颗恒星的黄道坐标，可翻译时漏译了每五年加四分的改进办法。不过，当时人们对这种黄经改正的办法是了解的，因为不仅另一本明译《天文书》中明确载有黄经改正办法，即使朝鲜学者通过《回回历法》改写的《李朝实录 · 七政算外篇》，也载有这一改正办法。

二、古人对海潮规律的认识和发现

1. 王充对子胥驱水为涛神话的批判

生活在海边的人都知道，海水存在每天涨潮、落潮的现象。即每天都能看到在一定时候潮水汹涌而来，又在一定时间下降退落。海潮的涨退，有一定的科学规律，是大自然按变化规律自然形成的，与人类的生存活动没有任何关系。但是，海潮的起落受多种因素的影响，并不是任何人一眼就能看得明白，从而发现它的生成规律和科学原理的。其中尤其是在浙江钱塘江出海口这个地方的海潮涨落，由于特殊的地理环境，导致海潮现象汹涌澎湃，成为浙江地区著名的自然景观。

在对自然现象的科学道理尚不清楚的古代，人们面对涨潮时排山倒海扑来的海浪，自然就会产生各种神话般的联想，其中“伍子胥恚恨，驱水为涛”，就是有关钱塘江大潮最典型的神话故事。

伍子胥的父亲伍奢，原为春秋时楚平王大夫，因受谗言而被杀。伍子胥逃亡吴国，成为吴国大夫。他曾帮助吴王阖闾夺取政权，建立起强大的吴国，称霸中原，攻破楚国和越国。当他劝说吴王拒绝越王求和时，被谗身亡。后来越国君臣发奋图强复国，终于灭亡了吴国。因吴王不听忠言导致吴国败亡，相传伍子胥被谗怨气无法发泄，所以后人称他的神灵驱动海水为涛，用以警示后人。

王充是东汉唯物主义哲学家，字仲任，今浙江上虞人。出身于“细族孤门”，年轻时曾游学都城洛阳，师从当时著名的学者班彪。后归乡里，曾担任过郡功曹等小官，但不乐仕进，后弃官归隐，潜心著述。因不满当时盛行的图谶邪说，以为那些书都是“伪书俗文，多不实诚”，所以撰写了《论衡》这本书。因此，疾虚妄、扬真美是《论衡》一书立意的出发点。书中充满了对以往虚佞、失实之类盛极一时的图谶之学的批判，应用自然、逻辑，推理的方法，涉足于自然科学的广阔领域，对一系列科学问题提出了自己的见解。

王充在《论衡·书虚》中，面对伍子胥驱水为涛的神话，提出了他关于海潮生成的新见解：“夫地之有百川，犹人之有血脉也。血脉流行泛扬动静自有节度，百川亦然。其朝夕往来，犹人之呼吸，气出入也。”王充由人的脉搏作有节奏的跳动，与有节奏的呼吸运动，推论到河川潮汐往来的现象，也是由气出入推动的结果。这一看法，与欧洲中世纪风行的宇宙呼吸说有相同之处。欧洲的呼吸说，直至17世纪达·芬奇也深信不疑，他甚至计算出了宇宙肺的大小。其实，王充此说的关键之处在于“气出入”，人的呼吸仅仅是一种比喻，潮汐的产生，是由自然之气的运动而产生的。

关于潮汐产生的原因和周期，王充进一步指出：“涛之起也，随月盛衰，大小满损不齐同。”他明确地指出，潮汐的大小变化，与月亮盈亏的周期性变化密切相关。并且将月貌的变化作为潮汐大小变化的动因。这是一种卓越的创见，实是开启了后世海潮理论进一步发展的先河。

2. 封演对海潮每日推迟时间的发现和论定

如果说，王充的海潮论还只是对海潮发生原因的初步简单而又笼统的描述，并未涉及海潮具体是如何变化的。那么，封演《闻见记·说潮》一文，便对此作了深入的阐述。封演，唐代中期人，生于河北景县。唐代宗、德宗时，曾先后担任邢州刺史、吏部郎中兼御史中丞等职。其《闻见记》，记载了唐代的典章制度，风俗习惯，古迹传说，以及当时士大夫的轶事等。

其《海潮》篇关于潮汐的记载说：

> 余少居淮海，日夕观潮。大抵每日两潮，昼夜各一。假如月潮以平明、二日三日渐晚，至月半则月初早潮翻为晚潮，夜潮翻为早潮矣。如是渐转，至月半之早潮复为夜潮，月半之夜潮复为早潮。凡一月旋转一匝，周而复始。

这段话记载了封演儿时生活在海边观察海潮出没早晚的变化状况，如果在月初黎明时看到了早潮，那么以后初二、初三便逐渐向后推迟。封演虽然没有载明每天推迟多少时间，但他却说明了至月半早潮变晚潮、晚潮变早潮的规律。这个月初即是朔

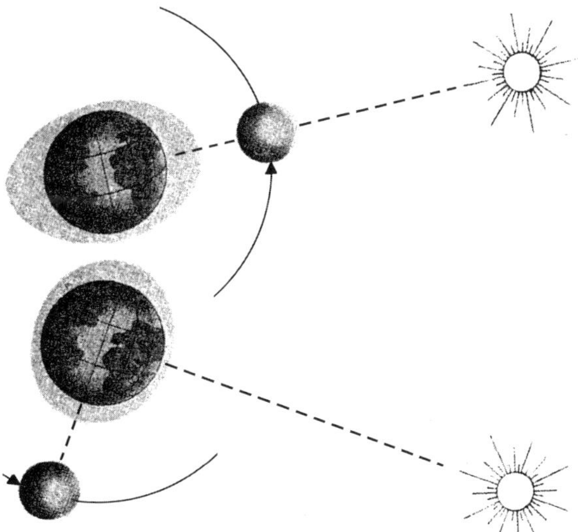

图7.5 大潮（上）和小潮（下）示意图

当太阳月亮和地球位于同一方向时发生大潮，三者处于垂直方向时为小潮。

日，月半即是望日。一日有早晚两潮。由此不难推得每日推迟的时间。即每经一个朔望月的时间，海潮要推迟一昼夜，每个朔望月为29.53059日，由下式便可求得每天推迟的时间为

$24\times 60\div 29.53059=48.8$ 分钟

这个数值，已与现代测定的结果每天推迟50分钟很接近。

封演接着指出："虽月有大小，魄有盈亏，而潮常应之，无毫厘之失……潜相感致，体于盈缩也。"是说即使月亮的行度有大小月的变化，但海潮的变化周期始终与月相的日期相对应，没有丝毫的差异。月亮与海潮之所以有这种严格的对应关系，正是由于两者之间存在着相互感应的作用。封演使用了感和致来表达二者的感生关系。这就是后世所说的万有引力的作用。

3. 窦叔蒙对海潮三种周期的发现

窦叔蒙，唐代大历年间（766—779年）处士，浙东人。浙东，就是指浙江东部沿海一带。他所撰《海涛志》，对于中国的潮汐理论及其周期，作了极其重要的阐述。

他指出，潮汐的涨落，同月亮盈亏间的关系是，朔望时潮大，朔望后约三日潮次大。朔望后约七八日潮小，朔望前约三日潮次大。如此周而复始，循环往复。这种关系，如同烟火相生，形影相随一般不可分。两者之间的消长，是自然而然地生成的，不到其时，无论任何力量也不能强制。到了其时，无论什么力量也不能阻挡。正像昼夜晦明，是因太阳而生一样，潮汐因月亮而生成。

这些论述，是对王充"海涛随月盛衰"之说的肯定和补充。不但如此，窦叔蒙还提出了"月与海推"的新概念。含有月亮给了海水一种推力，而促使它生成潮汐的意思。也就是说，潮汐与月亮之间的密切关系，是通过这种推力表现出来的。这种推力的大小，与月亮的盈亏有关。所以，月亮有盈亏，而潮汐有涨落。这是一种很了不起的认识，与现今关于潮汐生成力学原理的认识已基本一致。

窦叔蒙对于海潮每日推迟的原因，也给出了科学的解释，他说：

> 甲之日，乙之夜，日月差互。月差十三度，日差迟月，故涛不及期。

也就是说，月亮每天比太阳要东行13度，当太阳运行一昼夜之时，月亮已位于太阳以东13度的地方。必须再经过：$(13 \times 100 \times 14.4) \div 365.2435 = 51$ 分钟，月亮才能回到原来的位置上，才能引起大潮。这是符合科学原理的正确解释。它为潮汐系于月的理论提供了强有力的科学证明。谁都知道，这里所说“月差十三度”，仅是指约数，实际并非正好13度，而且月亮的运动也有快有慢。正因为这种实际情况，他才说“虽谬小准，不违大信”。

窦叔蒙更进一步指出潮汐有如下三种不同的周期：

一晦一明，再潮再汐；
一朔一望，载盈载虚；
一春一秋，再涨再缩。

这就是说，就一日而言，有两次潮汐的循环；就一月而言，有两次大潮，两次小潮；就一年而言，有两次特大潮和两次特小潮。这是中国古代对海潮三种循环周期第一次明确的记述，是中国研究潮汐历史上的又一重大发现。他的观测是十分准确和细致的。

窦叔蒙还进一步指出：“月周之期极朔望，潮汐之期极朏魄。”朏日就是初见新月之日，为中国农历的初三前后。即他又明确指出，每月的大潮日期，并非正与朔望相应，而是在初见新月的初三和初见月亏的农历十八日前后。他还用最冷最热的日期落后于冬夏至为例，作出类比性的解释。

事实上，这三种周期的形成，不但与月亮对海水的吸引有关，同时也与太阳的吸引有关。如果没有太阳的吸引，就不可能每月的大潮出现在朔、望，每岁的大潮出现在 二、八月。这是日月对海水吸引力聚集于同一方向所致。但是，窦叔蒙由于时代的限制而没有认识到这一点。

中国古代对海潮的引力出自日月的明确认识，要到北宋张君房的《潮说》和燕肃的《海潮论》才认识到。张君房指出：“潮之为体也，父天母地，依阴附阳，其本则系属于月焉。”而燕肃则说：“日者，众阳之母，阴生于阳，故潮之附于日也。月者，太阴之精，水乃阴类，故潮依之月也。是故随日而应月，依阴而附阳。”只有海潮同时被日月吸引，才能对海潮三种周期产生的原因作出合理的解释，至此，中国古代的海潮理论终于得以完善。

第八篇
异常天象的发现

一、中国古代对恒星不同颜色的发现及其意义

1. 中国古代的星座星表星图与异常天象

天上的星名与地上的地名、人名一样，只是为了区分和认识而起的符号。大约在数万年以前，人们就已开始给主要星座命名。刚开始起名时，只是根据星座的形状和特征命名，例如大火星，表示它特别明亮，而且色红如火。北斗星位于北极附近，形状如枓。为殷周时盛酒的用具，又简写作斗。它有斗柄有斗魁。魁也称作斗衡。斗魁四星如方形，具有将酒盛出倒入酒杯的功能。

殷周的帝王就以天子自比，言其是受天神或天帝的指派，到人间治理百姓的。天子代表天帝的意志。故中国的星占家便创造出一套天人感应的星占理论，言星空世界，与地上人间是对应的。天帝位于天球的中心，其所住宫殿称为紫微垣，地上的帝王则住在国家的中心紫禁城。帝王通过百官治理百姓。天帝也通过星空中的百官来治理百神。星空中的百官分布，与地上的机构分布也是对应的。星空世界除紫微垣外，还有最高行政机构太微垣和与各国、各地贸易的机构天市垣。各种类型的天官，可以在相应的星空世界中找到。在三垣中，都可找到天帝或象征天帝权力的帝座；后妃和宫女，一定分布在紫微垣中；朝中办事大臣可在太微垣中找到；天市垣中分布着专门从事贸易的官员；武将、兵器和战车，一定出现在星空的战场之上。而帝王统治下的黎民百姓，则分布在黄道带的四方。所

谓四象或四神二十八宿，正是天帝统治下的四方臣民。四神象征着东夷西羌南蛮北狄的图腾，二十八宿则对应于各个地区的方国和著名的民族领袖等。中国的天文学家，正是按照这样的思路，创造出中国的星座系统。

中国星座系统的建立，经历了漫长的发展道路。中国传统的星占思想，大约在春秋时代开始形成。天文学家就按照这一思路，开始系统构建中国的星座体系。战国时，开始出现甘氏星表、石氏星表和巫咸星表。这些星表在两汉时代曾长期分别流传，并获得进一步发展，人们曾将他们称之为三家星占学派。

《史记·天官书》记载了91个星座计500余颗星。可见当时中国天文学家对星空的认识已经初步建立起一个系统。三国时代陈卓把当时最重要的甘石巫三家星占学派的星表组合在一起，并同存异，综合编成了一个具有283个星座、1464个恒星的星表，并为之绘制星图。可惜这个星表和星图也都散失了。虽然如此，陈卓所综合的星表，经《晋书·天文志》和《步天歌》等的采纳，便成为中国星象观测的基础，一直沿用了一千多年。

熟悉星空，是从事异常天象观测的基础。这也是天文学家能发现异常天象而他人不能的道理所在。编制星表和星图，是从事异常天象观测的目的之一。正是这种天地对应的观念，星占学家才能从自己熟悉的星空中发现异常天象的出现，用异常天象的出现来显示天帝的意志。说得明白一点，在某种程度上来说，星占学家是可以借助于星占参与政治的。这是因为，异常天象出现的解释权在星占师手中。正是由于中国星占思想的特殊需要，中国的历代帝王都一代接一代地牢牢地控制着中国的天文事业，将它办成一个皇家的官办机构，所有天文官员，都对帝王和政权的巩固负责。也正是出于中国星占的特殊需要，中国天文学家才日复一日、年复一年持续不断地观察星空中的每一个细节，尤其要关注星空中哪怕细小的异常天象的出现。因为只有这些异常天象的出现，才关系到国家安危、政治变化的大事。所谓占变不占常，正是中国星占的特点。正因为这个原因，中国古代的天文学家，对星空的观察是十分精勤的，不会放过星空异常天象的每一个细节。留下了十分详尽的异常天象纪录，这是一笔十分珍贵的世界文化遗产。当代许多科学前沿的科学研究，都从这些记录中发掘珍贵的历史记录，从事不同的研究，获取重大的科研成果。当然，在某些特殊情况下，出于政治需要，也可能有意隐瞒观测到的某种记录，或根据政治需要主观改变记录的时间，这当然是一种不可弥补的科学损失了。

2. 中国古代对恒星颜色的分类和记录

中国古代对恒星颜色也很注意观测。对恒星颜色观测的目的，仍然在于恒星颜色的变化。首先对某颗恒星而言，它有一种基本的颜色，如果发生变化，就以颜色的吉凶特征来作出星占预报。例如黄色为吉，白为旱为丧，赤为兵，青为忧为水，黑为疫为死等。

中国古代恒星颜色的记录，大多出自星占文献。前人尚未作过有关中国恒星颜色记录的统计，本文所引，大多出自《开元占经·恒星占》。古人记载恒星颜色，大致有两种不同的方式，一是直接记载其颜色或本色；二是占语上述说其变色导致的社会变乱，由变色可反推其本色。此处所引恒星的颜色，大都出自直接的记载。

前人介绍中国古代对恒星颜色的认识，通常都以《史记·天官书》为例。《天官书》说："白比狼，赤比心，黄比参左肩，苍比参右肩，黑比奎大星。"它的意思是说，其他众星的颜色，都以这几颗星的颜色为参照。这几颗星的颜色参照为：天狼星（大犬 α）为白色星；心宿二即大火星（天蝎 α 星）为浅红色星；参左肩即参宿四（猎户 α 星）为黄色星；奎大星（仙女 β）为暗红色的星。

古人凭肉眼对恒星所确定的颜色，自然不能与现代通过分光观察的准确度相比。但是，既然将这五颗星作为判断其他星体颜色的标志，对它们所作观测相对来说要更认真仔细一些。但就这五颗星所定的颜色，却有两颗发生了分歧。一颗是参宿四，用现代天文学的手段所确定的为红星，关于这一差异，留待下一节介绍。另一颗星为奎大星，郗萌所确定的却是黄星。《开元占经》卷六十二引郗萌占是这样说的："奎头大星，色黄。忽然不明者，将军叛王也。"

现将我们整理的中国恒星颜色纪录表引述如图：

对此图尚需作些分析。经初步统计，中国古代恒星颜色记录计有 17 条，涉及青色、白色、黄色、红色、黑色。青色就是蓝色，黄色大致可以包含黄色和橙色，黑色就是深红色和暗红色。为了给读者提供分析、观察和研究方便，表中附有中西对照星名和现代观测颜色。当然大多是借助于分光观测的结果。

中国星名	西方星名	颜色	今测颜色	文献
天狼星	大犬 α	白色	白色	《天官书》："白比狼。"
心宿二	天蝎 α	赤色	红超巨星	《天官书》："赤比心。"石氏曰："心者木中火，故其色赤。"
参宿四	猎户 α	黄色	红超巨星	《天官书》："黄比参左肩。"
参宿五	猎户 γ	青色	蓝白色超巨星	《天官书》："苍比参右肩。"
奎宿九	仙女 β	暗红色	红巨星	《天官书》："黑比奎大星。"
		黄色		郗萌曰："奎头大星，色黄。"
角宿二	室女 ζ	青色		《黄帝占》曰："角星左苍右黄正色也。"
角宿一	室女 α	黄色	蓝白色星	《黄帝占》："角星左苍右黄。"
河鼓星	天鹰 α	黄色	白色星	石氏曰："河鼓欲正直而明大，黄润泽，则无兵，大将吉。"
轩辕十四	狮子 α	黄色	蓝白星	石氏曰："轩辕星如其故，色黄而润泽，则天下和年大丰。"
招摇星		黄色		《荆州占》曰："黄白光泽，天下安静。"
文昌星	大熊 δ	黄色		《黄帝占》曰："文昌星，黄润泽光，万民安。"
天权星	大熊 δ	青色	白色	《荆州占》曰："北斗第四星，色青。"
天枢星	大熊 α	浅红色	橙色巨星	《荆州占》曰："北斗魁第一星。""正星色赤。"
鬼宿中央星	巨蟹 ε	白色	青白色	石氏曰：鬼宿"中央色白，如粉絮者，所谓积尸气也"。
大角星	牧夫 α	浅红色	橙色巨星	《纪历枢》曰："一曰大角为火，以其赤明也。"
土司空	鲸鱼 β	黄色	橙色星	石氏曰："星黄润则吉。"

从表中恒星颜色古今对比可以看出，其中大多数是一致的。但也有不小的差异。古今颜色观测纪录的不同并非完全是坏事。正是可以从古今差异中探寻到新的研究资料和信息。

在古今恒星颜色有差异的情况中，大致可以分为两种，一种是古今差了一个等级，如白星记为黄星、白星记为青星、橙星记为红星、橙星记为黄星等。这是可以理解的，比较正常的情况，视觉上的误差总是存在的。尤其是中国古代没有橙色这个等级，几乎就可以理解为没有差异了。

尤其引人注目的，有四颗星的颜色，古今差异达到了一级半以上，这就是参宿四的古黄今红、奎宿九的另一种纪录古黄今红，角宿一的古黄今蓝白、轩辕十四的古黄今蓝白。对于这种较大的误差，大致有如下四种情况，其一可能就是客观存在，其二不排除有资料判断上的失误，其三是古人对颜色的判断各人有差别，其四是古人以为黄色是吉利、社会和平的颜色，所以附会为黄色的星可能较多。

上表 17 颗星中，判为黄色的就达 8 颗，几近半数。

3．恒星颜色在现代天文研究上的意义

（1）颜色是恒星表面温度的标志

对天文学不大熟悉的人可能会感到奇怪，本书用很多篇幅介绍中国古代对恒星颜色的观测记录有什么意义？实际上，正是近代天文学家对恒星颜色的研究，才开创了天体物理学这门学科，导致天文学家用科学手段研究恒星并进一步深入到宇宙的发展和演化过程。

18 世纪中期，人们利用分光观测发现了地球上的物质具有两条特性，每个化学元素都能够发出自己特有的光谱；每个化学元素也都能够吸收它能够发射的谱线。炽热的固体或液体发射连续光谱，气体则发射不连续的明线光谱。人们通过太阳光谱分析，已经辨认出太阳上有地球上常见的元素，如钠、铁、钙、镍等。

19 世纪中叶，在太阳物理的刺激下，恒星物理学发展起来，人们用摄谱仪观测恒星的光谱，分析恒星的化学组成。意大利神父于 1868 年公布了一份包括四千颗恒星的星表，他按照恒星的光谱分为四类：第一类为白星，其特征在光谱中只有少数几条谱线；第二类为黄星，其光谱与太阳光谱相似；第三类是橙红星，光谱中出现明暗相间的宽阔光谱带，并向着红端逐渐减弱；第四类是深红色星，其光谱特征与三类恰好相反，在红端出现宽阔的光谱带，紫端逐渐减弱。由此开始认识到，这种光谱分类与恒星的表面温度有关。

英国天文爱好者哈根斯，于 1859 年作恒星分光观测。他在报告中指出，天球上的亮星具有与太阳相同的化学组成，是由氢、钠、铁、钙、镁、铋等多种元素组成。它们的光线来自下层，穿过高层具有吸收能力的大气层而向外辐射。

照相技术在天文学上应用之后，美国哈佛大学天文台在皮克林领导下，做了大量的恒星分光照相工作，用物端棱镜拍下了二十多万个恒星光谱，在大量资料的基础上，提出了恒星光谱分类法，这就是现在通称的哈佛分类法，其主要特征如下：

O 型：蓝色星。在连续光谱背景上，有氢、氦、电离氦、多次电离碳、硅、氧、氮所生谱线，紫外辐射强，没有金属线。如猎户座 τ 星，中名伐三。

B 型：蓝白色星。氢线强，中性氦线明显，电离钙的 HK 线微弱。如大熊座 η 星，中名摇光，北斗的最后一颗星。

A 型：白色星。氢线极强，氦线消失，出现电离镁和电离钙线。如织女星。

F 型：黄白色星。氢线比 A 型弱，电离钙线大大增强、变宽，出现许多金属线。如仙后座 β 星，中名王良一。

G 型：黄色星。氢线变弱，金属线增强，电离钙线很强很宽。如太阳、天龙座 β 星。

K 型：橙色星。氢线弱，金属线比 G 型强得多。如金牛座 α，中名毕宿五。

M 型：红色星。氧化钛分子带最突出，金属线仍很强，氢线很弱。如猎户座 α，中名参宿四。

哈佛光谱分类系列，可以用字母符号按顺序排列如下：

R、N 型与 G 型相似，但有很强的碳和氰的分子带，故称碳星。如双鱼座 19 星。S 型为与 M 型相似的红星。但常有氢发射线，有强的氧化铁线，如双子座 R。这个分光类型系列中的每一型，还可以细分为十个次型，分别以阿拉伯数字表示，如 β_0 至 β_9 等。

```
                          ┌ R — N
O — B — A — F — G — K — M
                              └ S
```

就连续光谱而言，一个因为高温而发光的物体，它发出的光强度，沿波长有不同的分布。对于不同的温度，波长曲线的极大值在不同的波长处。温度越高，极大值越向短波方向位移。所以，温度高的星，发出的紫光、蓝光很强，呈蓝白色。温度稍低，黄光最强。再低，红光最强。吸收光谱的变化，也是温度不同造成的。温度高，恒星大气中的原子都电离了，中性原子减少，电离谱线增强增多。温度再高，便出现二次电离、多次电离，故 O、B 型星光谱中电离谱线多。A 型星的温度稍低些，中性原子产生的谱线最多。在温度更低的 M、K 型星中，原子处于基态的多，激发态少，故出现从基能级开始的吸收线，出现分子吸收带，电离谱线则很弱很少。

（2）由颜色差异研究恒星演化的一个实例

已故戴文赛教授曾经指出："要想办法把古代天文学用到天体物理学研究中来。看来，古代记录中的恒星光色变化，和恒星亮度变化，是通向这一桥梁的阶梯。”戴文赛教授不但指明了开展这一研究方向的重要意义，而且在以后的具体研究中还亲自指导了这一研究。当中国的第一批应用变星纪录研究论文发表出来以后，英国天文学家江涛曾热情地著文介绍说：“近期中国学者，有三篇论文是使天体物理学家最感兴趣的，一是参宿四的颜色变化，一是超新星再爆发的历史记载，一是木星可能增亮的分析。”现在就将对参宿四颜色变化的研究论文作一简要介绍。

首先需要确定的是文献记载的可靠性。《史记·天官书》说：“白比狼，赤比心，黄比参左肩，苍比参右肩，黑比奎大星。”这五种颜色的星，是作为比较的标志星提出来的。它们既然可以作为比较的标志星，则它们就一定各自具有五种颜色的特性，并且经过认真仔细的观测以后才确定的，因此，几乎就不可能存在误判和颜色确定不明确之类的似是而非不确定的意见。实际上，当时被认定为黄色大星的已经不少，例如，在我们编制的星表中就有角宿一、河鼓二、轩辕十四、土司空等。很难想象司马迁不用已被当时人们判为黄星的这些星，而偏偏选用一颗与大火星颜色极为相似的红色星参宿四作为黄星的标准星。因此，几乎可以肯定地说，参宿四当时确是黄色星。

其次是文献观测年代的论定。《史记》的写作年代在公元前1世纪。司马迁虽然当过太史令，有亲自进行观测的可能性，但他撰写《史记》的大部分资料，包括天文资料和观测记录在内，都是从前人那里收集到的。关于天体颜色的判断标准，应该不是司马迁本人的创造。因此，关于参宿四颜色的记录，一定比司马迁时代还要早，可以上推到春秋战国时代。

再次是参宿四为西方哪颗星的证认。文献仅是说“黄比参左肩”，左是主体位置的东面还是西面呢？这一问题看似简单，其实关系重大，又由于《汉书·天文志》又把方向记反了，更引起判断上的困难。《汉书·天文志》说：“白比狼，赤比心，黄比参右肩，青比参左肩，黑比奎大星。”经对比可以看出，《汉书·天文志》照抄了《天官书》的这句话，但是作了关键性的改动，即将左右肩作了对调，并将苍色改为青色。苍与青原本就是一个颜色，改变一下用辞似乎并无不可，但左右肩发生了对调，这就需认真加以分析了。

我们认为，《汉书·天文志》，只是照录了《天官书》的天文内容而稍加改编，同时增加了司马迁以后的天变记录，其天文学的知识和水平，远非司马迁可比。这种文献，不可能是对《天官书》错误纪录的纠正。这种差异，或者是对天象左右方位认识的不一致，或者是传抄过程中发生的错误。

《史记》正义曰：参，“其中三星横列者，三将军；东北曰左肩，主左将；西北曰右肩，主右将；东南曰左足，主后将；西南曰右足，主偏将。故轩辕氏占，参应七将也”。所以正义说得很清楚，“黄比参左肩”的这颗星，就是参宿七星中的东北星，也就是猎户座 α 星。

中国古代对星空中左右方向的辨别是不会弄错的。左东右西，是历代传统的习惯。张衡《灵宪》说：“苍龙连蜷于左，白虎猛据于右，朱雀奋翼于前，灵龟圈首于后，黄神轩辕于中。”这说明东方苍龙属于左，西方白虎属于右。在中国星图上，凡左右同名的星或星组，都是左东右西，如大角星旁的左右摄提等，无一例外。

再从参右肩这颗星来说，《天官书》载为青色，也正好与其对应星猎户座 γ 星的蓝白色相一致。如果按《汉书·天文志》颠倒的记载，参宿四、五这两颗星的颜色与现代观测的结果就都不合了。

由以上分析可知，中国上古时对于参宿四观测到的颜色为黄色星，至近现代则演化成红星。二者之间的时间间隔为2000—2500年。现在的问题是，在这两千多年间，从参宿四本身所具备的条件来看，是否存在从黄星演化到红星的可能性?

从现今人们对参宿四的研究和了解来看，它是一颗十分需要进一步作出研究的恒星。它距离我们约有 200 秒差距（652 光年）。它属于极端星族 I 的一个红色超巨星，光谱型为 M_2I_{ab}。它既是一个目视双星的主星，伴星为 10 等的小星，又是一颗分光双星，光变周期约 5.8 年，又是一个脉动变星。

参宿四的质量，目前尚未能测定得很准确。早年曾有人估计为太阳质量的 40 倍。近年来有人认为晚型超巨星的质量不会大于太阳的 20 倍。总之，参宿四是一个大质量的红超巨星，质量估计为太阳的 15 ~ 20 倍。

按照现代恒星演化理论，质量越大，演化的速度就越快，从主星序顶部越过“赫兹普龙空隙”，过渡到红巨星或红超巨星区域的时间也越快。近年来，对大质量恒星主星序后演化的若干理论概念型计算的结果，有一个共同的结论，即在某些情况下，大质量恒星（15 ~ $20M_{\odot}$以上）可以很迅速地从主星序顶部，跨越过赫兹普龙空隙，到达红超巨星区域，所需时间为数千年到数万年的数量级。由于这一演化过程是加速进行的，所以其中最后阶段，从黄到红的时间也只有几千年，甚至1000—2000年。

我们特别注意到1970年楚斯（C.Chiosi）和苏玛（C.Summa）的意见，作为一个特例，含氢量低、重元素含量高的模型，正符合极端星族I的化学组成情况。计算表明，这种模型的演化较快，对于20$M_\odot$在第一种情况下，恒星的有效温度，从5470°K（黄色）到3948°K（橙红色）只用了1800年，而从18600°K到3710°K，即从蓝星演化到红超巨星顶端，只用了8400年。由此推断，从黄演化到红星的时间，也只有两千年左右。这与中国古代对参宿四颜色观测的纪录正相吻合。因此，参宿四在两千年前为黄星至现代为红星的差异，恒星的演化可能正是其变化的原因之一。

从参宿四这颗恒星的特殊性来说，更值得我们考虑的是它存在大量的物质抛射。同时还发现它的红外辐射也有强度变化，这种超红外辐射和大质量的损失，也可能是促使参宿四迅速由黄变红的又一个因素。

二、中国古代对恒星亮度变化的发现

1. 各类变星的科学机制及其在恒星演化中的意义

我们所说的变星，主要是指亮度发生起伏变化的恒星。中国古代所作的变星观测，大致在战国秦汉时就已奠定了基础。欧洲文艺复兴以后，天文学获得了飞速的发展。人们也开始把天文学研究的目光投入到变星的研究上来。对变星进行系统观测，并加以分类，编成了变星星表。

1881年，E.C. 皮克林把变星分为新星、长周期变星、造父变星、不规则变星和食变星五类。这是第一个依据物理起因的变星分类法。近百年来，对变星物理成因的认识取得了很大的进展，又根据光变本源，把变星重新划分为脉动变星、爆发变星和几何变星三大类。在三个大类的下面，还可按照光变型态和物理原因，细分为若干次型。

脉动变星大多是有规则的，周期性的亮度变化。脉动变星主要有天琴座RR型变星、造父变星和刍藁增二型变星。由于前两种变星的光变周期比较短，一般在一天左右至数十天，而且光变幅度也不大，中国古代对这两种变星没有留下具体记录，较为明显的记录着重在对刍藁增二型变星的观测上。

爆发型变星大多是不规则变星，例如有金牛座T型变星、新星和超新星。这类变星大多由于发生激烈的向外抛射物质而发生光度变化。只是由于抛射物质的激烈程度有所不同。金牛座T型变星是处于向主星序演化的一种“原恒的星”，这是20世纪40年代才发现的一类变星，一般只有在星系中或年轻星团中才能找到它。但是，在爆发变星中，也有长周期变星和再发新星。长周期变星、新星和超新星，都被中国古代天文学家观测到了。由于新星和超新星的特殊性和重要性，我们将在下节中专门介绍。

由于正常恒星的时间变化尺度非常缓慢，而人的一生又很短暂。即使科研成果一代接一代向下传递，但与宇宙演化的时间段相比，仍然太短暂了，所以用现有观测资料很难作恒星演化的研究。但变星的演变时间尺度却相对地快，所以，对物理变星的研究，有助于阐明恒星从量变到质变的演化环节。其中，食变星为研究恒星的质量、大小和光度等基本参量提供了可靠的方法。

现代恒星演化理论，能够定量地说明主序星和主星序阶段之后的红巨星的形成及赫罗图上造父变星区的一些现象，但早期和晚期的恒星演化过程，由于物理条件十分复杂，人们至今还了解得极不甚完善。然而某些变星，配以恒星颜色的分类研究之后，例如主星序前的金牛T型变星、主星序上，或主星序附近的脉动变星、主星序后的北冕座R型变星，却能为这些演化阶段提供重要的演化信息。变星种类繁多，从超巨星到红矮星都有。变星为研究银河系结构和银河系动力学提供了重要的线索，同时也为恒星或星系的距离提供了测量的标准。

中国古代的变星观测记录，虽然不如近现代人们所作的观测和研究精确和科学，但这些记录比今人的观测早了约三千年。在19世纪前后，人们逐渐将中国古代的变星记录整理出来，并且介绍给西方世界，成为世界共同的财富。近人所作变星的观测和研究，都不同程度地受到中国古代记录的启发和影响。

2. 中国古代大陵星光度变化记录与食变星的发现

关于大陵型变星，中国古代的星占家用两句话描述了对它的观测。石氏曰：“大陵，一名积京。”“大陵中有积尸星，明则有大丧，死人如丘山。”又郗萌曰：“积京中星众，则粟聚；星少，则粟散。”

石申夫的注意力集中在大陵八星包围之中的一颗小星上，把它

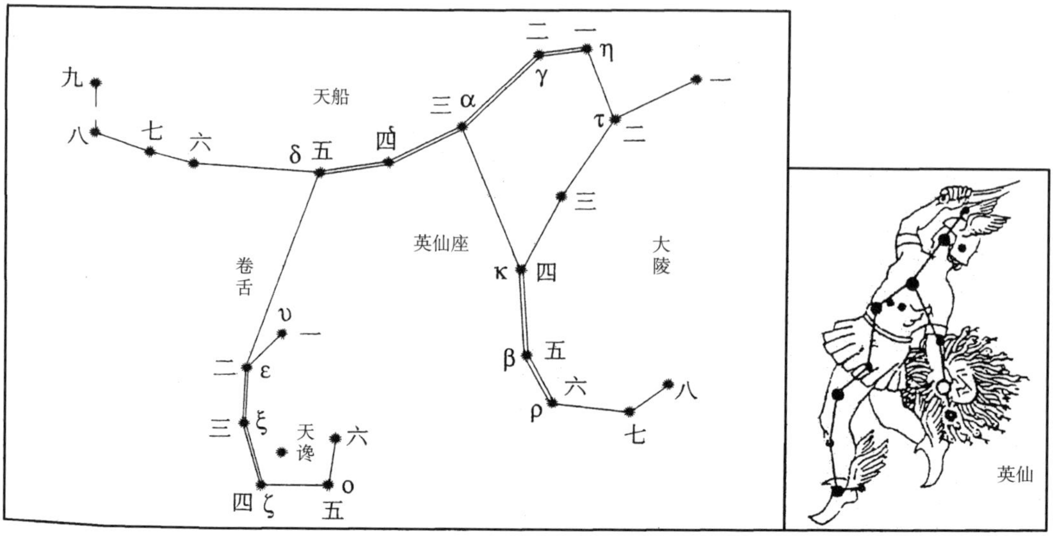

图 8.1　大陵五、六与英仙 β、ρ 对应位置图

称之为积尸星。认为它如果明亮时，则就有贵人死亡，并且死人众多。这当然是一种假设虚拟的说法。其实这个被称为积尸星的星，仅是一颗不足 5 等的暗星，西方称为英仙 π 星，它本身并没有什么特别之处，只是由于它的特殊地位，才被引以为占。大陵既然被称为大的陵墓，星占家就自然联想到鬼魂和积尸气。

郗萌对大陵星座的观察则是另一番景象，他看到了星众和星少的变化。我们不知道郗萌是否另外还看到了不定期变星的出现。但今人的多次观测和研究已经证实，大陵五（英仙 β ）和大陵六（英仙 ρ ）都是典型的著名变星。早在 1782 年，英国天文学家古得利克就首先发现大陵五有近 3 日的亮度周期性的变化。1888 年，德国天文学家沃格耳用光谱分析的方法，测出了大陵五是一明一暗组成的一对双星，其光度变化的周期，正是这两颗伴星互相绕行掩盖的结果。其最亮时为 2.12 等，最暗时则下降到 3.39 等。这种光度变化，对肉眼观测来说，也是容易发现的。由于大陵五变星是首先发现并且被研究证实的食变星，人们便把这类变星通称为大陵型变星。

大陵六是稍后发现的红巨星变星。它是一颗半规则变星。在 50 天的时间内，其亮度可由 3.30 等降低到 4.0 等。

可能正是由于这两颗变星的作用，才促使郗萌作出大陵星座内有星众、星少的判断。如果这两颗星都变得较为明亮时，其周围就显得星光灿烂，产生星多的感觉。当这两颗星都变得较暗时，就显得星空暗淡星少。

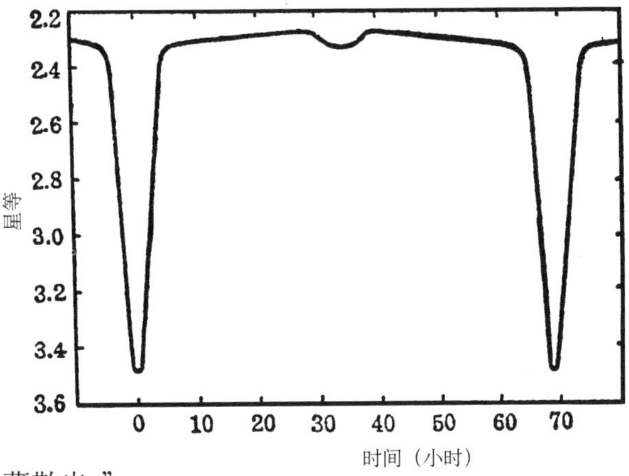

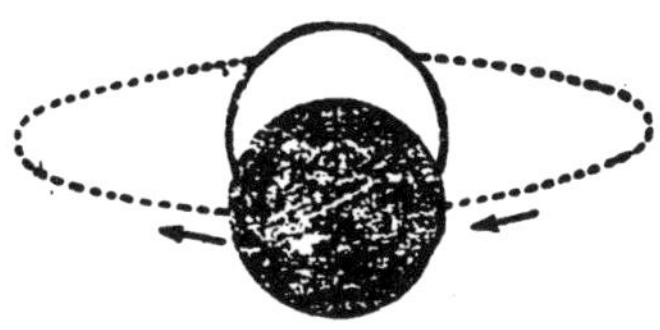

图 8.2　大陵五变星的光谱曲线（上）和食变星光度变化的解释（下）

3. 中国古代刍藁星光度变化记录与刍藁变星的发现

郗萌曰：“刍藁，一曰天积。”“刍藁星见，刍藁贱；不即刍藁贵。”又曰：“天积中星繁，则岁丰穰，民乃安宁；星希，则货财散出。”黄帝占曰：“天积中星盛，则百库之藏存；中星无，百库之藏散出。”《开元占经》解释说：“生草曰刍，禾稗曰藁。”是指喂军马用的青草和干草。刍藁星旁有天仓、天廪、天星，都是指天帝的仓库，故刍藁星也是指马饲料库。当时的天文学家看到，除正常的刍藁六星以外，还有出没不定的变星存在，故有星繁、星希、星盛、星无的记载。

经过辨认，这颗出没无常的星就是刍藁增二，西名鲸鱼座O星。西方古代并不知道有这颗星，直到1598年8月，德国天文学家法布利修斯，首先观测到它是一颗2等大星。不过后来就逐渐变暗，几个月后就消失不见了。直到1619年2月，人们又再次看到它。几个月后又再次消失在茫茫星空之中。60年以后，人们才确定出它的亮度变化周期为332天。亮度在2等至10等之间变化。它是一颗红超巨星。这类天体的体积是不固定的。正是由于其体积的膨胀和缩小，才发现亮度的周期变化。由于变化周期长，故称长周期变星。正是由于它的亮度作有规律的变化，人们又将其称为长周期脉动变星。西方将这颗变星的最早发现时间定在1598年，但没有想到，早在战国时郗萌等人就发现了它，并作出了以上记载。

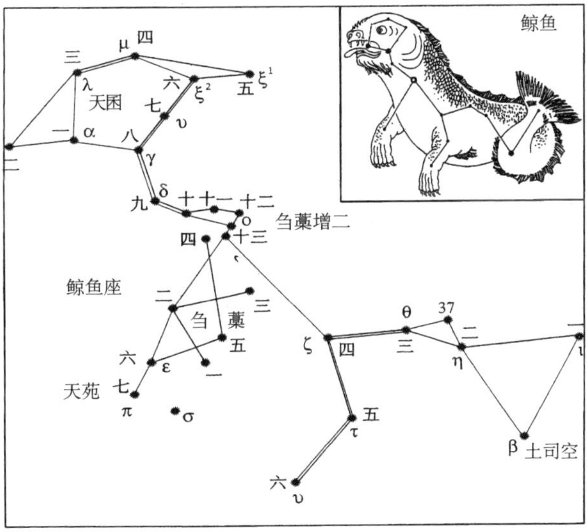

图 8.3　刍藁增二与鲸鱼O星对应位置图

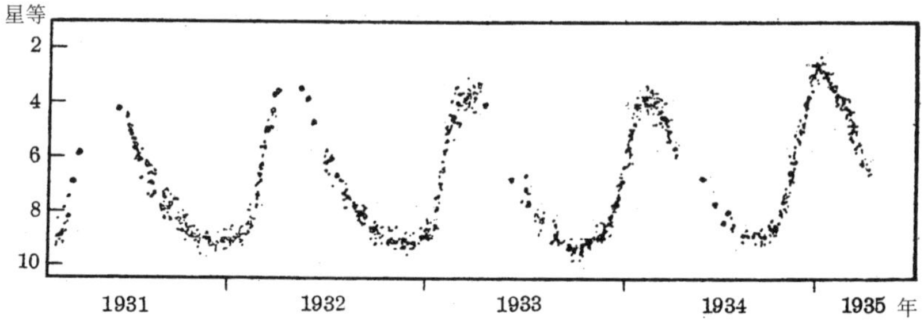

图 8.4 刍藁增二（鲸鱼 O）星的光变曲线

4. 中国古代贯索星光度变化记录与再发新星的发现

中国古代关于贯索变星的记载就要更详细一些，现择其概要介绍如下：

> 《春秋纬》："贯索，贼人之牢，中星实，则囚多；虚则开出。"
>
> 黄帝曰："天牢中星不欲众，众则囚多。其中星稀，则囚少。其中无星，天下无罪人，其国安。"
>
> 《黄帝占》曰："天牢中央大星，牢监也。在右徙倚，不居其处，若不见，大赦，期十八日。天牢中常有系星三，以甲子、丙子、戊子、庚子、壬子暮视之，其一星去，有善事；其二星去，有赐令爵禄之事；三星尽去，人主德，令赦天下。甲子，期八十一日；丙子，期七十二日；戊子，期六十日；庚子，期八十日；壬子，期六十二日而赦。"

中国古代天文学家将贯索称之为贼人之牢，也即星空中普通罪人的牢狱。他们将贯索中央的星比喻为囚徒。所以认为星多囚多，星少则囚徒少，无星就没有犯罪之人，那么天下就安定了。正是这些记载，表明了中国上古天文学家早就观察到贯索中有变星。

根据近现代研究，在贯索中有两颗著名而又典型的变星。其一是贯索中央大星，这颗被《黄帝占》称之为牢监的星，西方称之为北冕座 R 星。虽曰中央大星，其实并不明亮，实际只是一颗 5.8 等的暗星。它之所以这样称呼，只是因为在这个牢中别无比这颗更为固定明亮的星了。根据近代天文研究，这是一颗十分奇特的变星，它在持续十余年光度不变的情况下，在一个月内光度会下降到 14.8

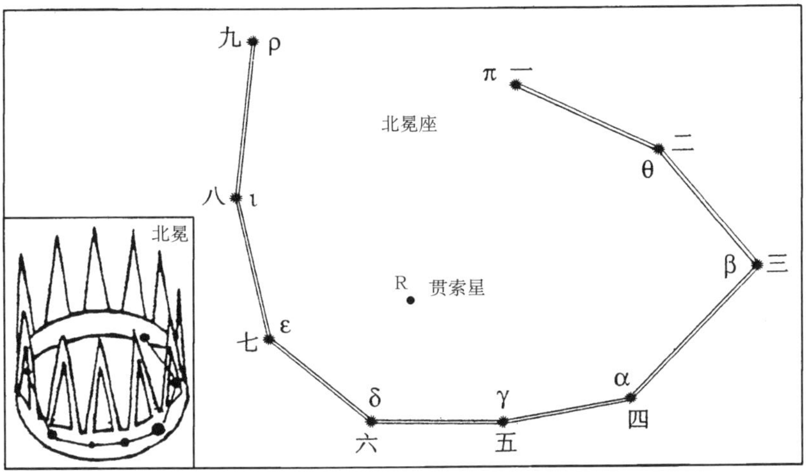

图 8.5 贯索变星与北冕 R 星对应位置图

等。然后又恢复到正常的光度。通常的解释是这类星体的气体中含有大量的碳，当其爆发后，恒星自身抛射出大量的碳气，在外层空间冷却后形成烟尘状气体，能吸收大量内部发出的光使星体变暗。当含碳气壳消散以后，恒星又恢复到正常的亮度。由于这类变星首先是在贯索中发现的，故称北冕座 R 型变星。

贯索中另一颗著名的变星是北冕座 T 型星。这种是由于在星空中可见的时间并不多，故在一般的星图上都不标明它的位置。但由于其亮度变化较大，故容易发现和观测。在西方，第一次发现并观测到北冕座 T 星的时间为 1866 年 5 月 12 日，位置在北冕座 ε（贯索七）附近，星等为 2 等，连续 8 个晚上都可以看到它。不过以后又消失不见了，直到 1964 年 2 月 9 日，人们才再次见到它，星等为 3 等。人们称这类变星为再发新星。不过，其爆发强度显然没有新星和超新星大。

中国上古的星占家是否也看到了北冕 T 星的爆发，文献记载得不明确。但据《黄帝占》等的记载，显然不只是指贯索中央大星（即北冕 R 星）。首先，星实、星虚、星众、星希，通常不是一颗星的变化所能代表的。其次，在《黄帝占》中，明确地载有“天牢中常有系星三”。即那时人们看到了在天牢中被拘押的象征囚徒的星有三颗。这三颗星将会不定期出没。

在以上所引《黄帝占》的文献中，载有“期十八日”“期八十一日”“期七十二日”“期六十日”“期八十日”的周期数。这个周期日数，当然与

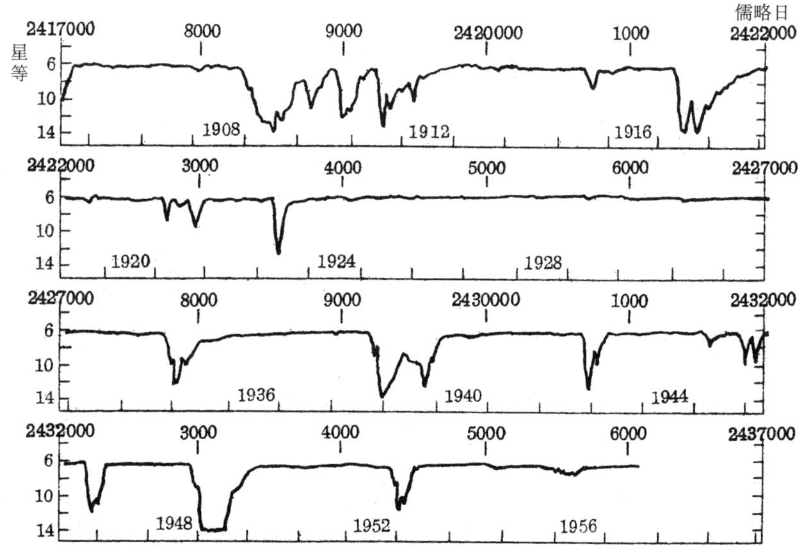

图8.6 北冕座R星光变曲线（1905～1956年）

以上所引“系星三”有关。以往人们通常认为这些数字只是星占家的唯心判语，没有多大科学价值。从而没有引起人们的注意。但是，据近人研究，北冕座R型变星的光变持续时间为几十天至几百天不等。“存在为期数十天，变辐半个星等左右的半规则光变。”同时，人们还发现北冕座α星（贯索四）和北冕座β星（贯索三）还都是变星。虽然光变幅度不是很大，但据近人测量，北冕α的光变周期为17.36日，北冕β为18.49日，均与《黄帝占》所载“期十八日”相近，这说明当时的天文学家确实观测到北冕α星的为期18天左右的周期。这些有关周期的日数的相近，也许不是偶然的，还值得进一步探讨。

三、新星和超新星的发现和研究

1. 中国古代的客星纪录和古新星表的编制

（1）中国古代的客星观测

上节已经述及，新星是属于爆发变星的一个类型，由于其在天文学上的特殊地位，本书才单独设立一节予以介绍。新星是西方使用的名字，意思是新看到的星或新发现的星。这就是说，以前在这个星空中没有这颗星，在星图上也找不到这颗星。

新星这一名称和概念，在西方古代是没有的。欧洲第一次观测到并且给它命名的是丹麦天文学家第谷。他于1572年发现在仙后座内的一颗新的恒星，后人称之为第谷超新星。李约瑟在他的《中国科学技术史·天文卷》中曾引用萨顿（Sarton）的话说："中世纪的欧洲人和阿拉伯人，认不出新见星，不是因为看到这些星有什么困难，而是因为无根据地相信天穹完美的偏见和宗教惰性。"可见，在欧洲文艺复兴以前，亚里士多德关于天穹完美不变的观念是根深蒂固的。

中国古代的天文学则正好相反。中国历代的天文机构都是官办的，钦天监的官员都是政府任命的。圣人制历，一般的天文官员的日常工作只有两条，一是编印每年的历书，二是密切注视星空五星凌犯的状态和异常天象的出现，以便及时秘密报告给皇上，随时作出政治上的应对措施。李约瑟书中曾引述传教士李明（Lecomte）在1696年关于清朝钦天监工作人员夜间例行巡视星空的分工时说：

> 他们一直不断地进行观测，五位术数家，每夜在台上守候，仔细观察着经过头上的一切。他们每人注意一个方向，一人注视天顶，其余四人分别注视东西南北四方。这样，世界上每一个角落所发生的事，都逃不过他们辛勤的观测。他们注意……一切可能有用的特殊现象。他们作成详细记录，每天清晨送交监察官员，在他的办公室中登记下来。

所以，在16世纪以前，中国新星的纪录是最详尽最丰富的。

新星在中国古代称为客星。客星的含义，是到星空来做客的星。它不定期出现在不固定的星空是很明确的。对它们无法作出预测，只能密切监视。到星空来做客的星，可以是固定出现在某一个方位，也可能在星空中移动。因此，中国古代的客星，主要是指新星，但有时也可能包括彗星，还可能有少量的流星和其他天象。

中国古代的天文学家大多明白，彗星有三类，无尾称为孛星，一般有尾的才称为彗星、扫帚星或长星。而无论孛星还是彗星，都是在星空中移动的。尽管如此，人们在纪录中仍然不断地产生混淆，分辨不清。当时产生新星与彗星分辨不清的一个客观原因是，一旦发现这类异常天象，钦天监官员必须及时上奏朝廷。而刚刚发现时很可能尚未发现它是否会移动。

中国历代统治者为什么特别关注重视客星的观测呢？读者只需阅读一下如下《黄帝占》的占语就明白了：

> 客星者，周伯、老子、王蓬絮、国皇、温星，凡五星，皆客星也。行诸列舍，十二国分野，各在其所临之邦，所守之宿，以占吉凶。
>
> 客星大而色黄，煌煌然，名曰周伯。见其国兵起，若有丧，天下大饥，人民流亡，去其乡。
>
> 客星明大白淳然，名曰老子。所出之国，为饥、为凶、为善、为恶、为喜、为怒。常出见，则兵大起，人主有忧。王者以赦除咎，则灾消。
>
> 客星状如粉絮，拂拂然，名曰王蓬絮，见则其国兵起，若有丧，白衣会，其邦饥亡。
>
> 客星出而大，其色黄白，望之上有芒角，名曰国皇，见则兵大起，国多变，若有水饥，人主恶之，人多疾。
>
> 客星色白而大，状如风动摇，名曰温星。常出四隅。出东南，天下有兵，将军出于野；出东北，有千里暴兵；出西北，亦如之；出西南，其国兵丧并起，若大水，人饥。

由以上介绍可以看出，《黄帝占》将客星主要按颜色和星光闪动状态分为五类，当然也有其他分法。不过，所谓客星，包括以上所述五类星在内，都是凶星，只是另有所谓景星为德星的说法。但所谓景星，仅传说中的黄帝、帝尧时代出现过。所以皇室关心客星的出没，完全是出于关心皇室和国家的安危和统治权的巩固与否。正因为出于这类星占目的，中国古代对新星的观测，经常要注意记载观测的时间、出现的方位、亮度、颜色等，所有这些纪录，对于开展现代天体演化的研究都是十分珍贵的。

(2) 1006 年超新星记录及其分析

公元 1006 年为中国宋代真宗景德三年。这次超新星的爆发，在中国和日本都留下了丰富的文献记录。前人对此也已发掘整理得比较清楚。据王德昌等编译的英国 D.H. 克拉克等《历史超新星》统计，中国的纪录有六次，日本的有七次。不过，还是中国的记录更为详尽。阿拉伯古代文献记载中，人们似乎也看到了这颗新星，但年份和星的位置都不很明确。现选择较为典型的中国2条、日本1条记录为例，并略作说明和剖析。

《宋史·天文志》曰："景德三年四月戊寅（1006年5月6日），周伯星见，出氐南，骑官西一度。状如半月，有芒角，煌煌然，可以鉴物。历库楼东。八月，随天轮入浊。十一月，复见在氐。自是，常以十一月辰见东方，八月西南入浊。"

历代正史中的天文志，是系统全面反映各个朝代天文大事的综合文献，具有一定的代表性和权威性。不过，由于其大多为下一代人编写，都是后人依据当时留下的历史档案文献，经过重新整理改写的东西。文中记载了见到这个新星的时间为景德四月初七，观测的时间为初更即初昏。新星出现的位置在氐宿的南方，具体在骑官星以西一度。骑官的正西方就是库楼星。故下文曰"历库楼东"，其实这颗星并未移动。"历库楼东"，就是在库楼东，也就是在骑官西。

《天文志》对这颗新星的亮度也有具体的描述，"状如半月"，即它的亮度可与半个月亮的亮度相比。人们对此作过比算，满月时的月光相当于－12.5等星，半个月亮相当于－10等星，保守的估计为－9.5等。这个估计与下文的"有芒角，煌煌然，可以鉴物"相一致。有芒角，为星的光芒四射。古时将镜子称为鉴。可以鉴物，意为它的光亮可以照见物体。"八月随天轮入浊。十一月复见在氐。自是，常以十一月辰见东方，八月西南入浊。"这段话的意思是说，农历的九月十月，正逢太阳经过氐宿附近，掩盖了附近星体的光芒，使得新星处于隐没状态。到十一月才又重新于黎明时出现在东方。常以"八月入浊""十一月辰见东方"，是指太阳沿天球视运动隐现的常规，实际这个超新星的隐现，可能只是第二年重复了一次。

《宋会要辑稿·庆历会要》说："景德三年五月一日（1006年5月30日），司天监言：'先四月二日夜（5月1日），初更，见大星色黄，出库楼东、骑官西。渐渐光明。测在氐三度。郑之分野。寿星之次。后益润泽。按《星经》，瑞星有四，其一曰周伯，色黄。煌煌然。所见之国大昌。'"

《宋会要》记载了司天监于景德三年五月一日提交的一个补充报告中讲了三件事，一是指出了新星的精确位置在骑官西、库楼东，它的赤经为氐三度。二是指出了这颗新星自四月二日第一次看到以后，还在“渐渐光明”，“后益润泽”。说明它的亮度是在增加的。第三，依据《宋史·周克明传》记载：

> 三年，有大星出氐西，众莫能辨，或言国皇妖星，为兵凶之兆。克明时使岭表，及还，亟请对，言：“臣按《天文录》《荆州占》，其星名曰周伯，其色黄，其光煌煌然，所见之国大昌，是德星也。臣在途闻中外之人颇惑其事，愿许文武称庆，以安天下心。”上嘉之，即从其请，拜太子洗马，殿中丞，皆兼翰林天文，又权判监事。

可以看出，时人大都按照传统说法，将这次新星的出现看作妖星，按照星占的说法将对皇帝或国家不利。所以让人感到迷惑和慌乱。这时正逢春官正周克明出使岭南返还。他力排众议，指出按色黄光煌煌然的状态，此星当为周伯星。据前引《黄帝占》所述，客星有五类，皆为妖星，于国于民都不利。其五类中就有周伯星。但周克明却引祖暅《天文录》和《荆州占》，以周伯星为德星。查《开元占经》没有引用《荆州占》周伯为德星的说法。《天文录》今也不存。不过，周克明的说法得到了真宗皇帝的赞赏和嘉奖，由此众口一词，称这颗新星为周伯星。而司天监于五月一日的报告中也称其为周伯星，并引用《星经》周伯为四瑞星之一的说法为据。

日本13世纪诗人、大臣滕原定家日记《明月记》曰：“宽宏三年四月二日癸酉夜以降，骑官中有大客星，如荧惑，光明动摇，连夜正见南方。或云，骑阵将军星变本体增光欤。”日本的这条新星记录观测到的时间与中国是同一天。记载其光亮如荧惑。也就是说，如五星中的中等亮度。然而，日本宫廷事件记录《一代要记》则说：“去三月廿八日戊子，客星入骑，色白青，天文博士安倍吉昌奏之。”甘氏曰：“骑阵将军一星，在骑官中。”骑官在氐宿之南诸所言位置一致。据日本朔闰表，当月却没有戊子这个干支日。由此不免引起人们对这个记录可靠性的怀疑。不过，三月二十八日比以上两个观测日期只早三天。比他人提前三天看到新星的可能性是存在的。如果这个记录是确实的，那么安倍吉昌当是第一个观测到这个新星的人。然而，按照安倍吉昌的观测报告，这颗新星并不是黄星，而是一颗青白色的星。这又使人产生周克明是否为讨好皇帝而附会其星为黄色的嫌疑。

以上记录只谈到发现新星的时间，却没有说明何时消失。薄树人等在《公元1006年超新星及其遗迹》一文中发现了《宋史·礼志》中也有关于这颗星的记载：

> 诸星祠，有寿星、周伯、灵星之祭。大中祥符二年（1009年），翰林天文邢中和言，景德中（1004—1007年），周伯星出亢宿下。按《天文志》，角、亢为泰山之根，果符上封之应。望于亲郊日，特置周伯星位于亢宿间。诏礼官与司天监定议。且言，周伯星出氐宿三度，然亢、氐相去不远，并郑分。兖州，寿星之次。宜如中和奏，设位氐宿间，以为永式。

根据这条记事，可知这颗周伯星的爆发期为景德中。我们已知它的初见日期为1006年4月28日或5月1日。由于《天文志》有“自是常以十一月辰见东方”的说法，那么，它最迟的可见时间不会早于1007年底。由此推之，它的消失时间当在1008年上半年，肉眼可见时间，大约2年整。

薄树人等还对这颗超新星的光度变化状态作了分析。如果日本安倍吉昌的观测记录可信，他首次发现的日期为4月28日。他只说是客星，未说亮度。由于是初次发现，估计亮度在3等左右。其次是第四天中国和日本同时出现的记录，中国记为“大星”，日本记为“大客星如荧惑”。按中国传统的观念，大星为1～0等。荧惑的亮度当介于1～－1等之间，两国记载的亮度也是大致相符的。第三是第九天《天文志》所载四月戊寅（5月6日）的记录，其亮度是状如半月。人们将其判为－9.5等。第四是《宋会要》五月一日（5月30日）的记录。先有“渐渐光明”，言其光度在增加，而“后益润泽”，并不是继续光度增加的意思。润泽当滋润解，意义是它的光度更加温顺适宜，而不是光度增加后光芒四射更加刺眼的状态。因此，当司天监于五月一日再次报告时，已明确地表明这颗客星的光度已经减弱，其星等约在0等左右。第五次是《宋史·本纪》载“十一月壬寅（11月26日）周伯星再见”。薄树人等指出，它虽没有直接记载亮度，但再见的日期却表明了太阳的位置，需日出前半小时，才能见到这颗超新星。即该星需在地平线以上6度才能见到。根据这一情况判断，当时的亮度不会比3等星更亮，否则将早于几天前就可见到了。

图 8.7　席泽宗院士和他的同事们（自左至右为薄树人、席泽宗、陈美东、陈久金　摄于 1993 年）

（3）《古新星表》的编制

19 世纪时，天体物理学开始发展和建立起来。人们把研究的目光深入到天体的结构、能源和演化等方面。为了适应各方面的需要，人们开始注意到历史上异常天象出没记录的研究价值。早在 1846 年，法国汉学家毕约（Biot.E.）就注意到中国在新星记录方面的丰富资料，他从《文献通考》和《续文献通考》中，把到 1640 年为止中国观测到的奇星（包括新星、彗星甚至流星）整理出来，翻译成西文，发表在法国天文年历上，引起了欧洲天文学家的注意。以后有多名天文学家根据这些资料，及其他一些零星资料，编制过古新星表。其中较有代表性的，有瑞典伦德马克（Lundmark）于 1921 年发表的 60 颗新星和超新星表，以及日本神田茂于 1935 年发表的彗星和新星表。

按照克拉克的说法，新星和超新星的第一个现代的星表，有可能是席泽宗院士于 1955 年编制的。这个表主要包括从中国和日本史料中得到的记录共 90 条。它对每一颗星都有完整的说明和参考文献，还有估计的坐标及在银河系内的分布。席泽宗对伦德马克将许多彗星混入新星表中提出了批评。但他自己的选择也存在不少问题。其中仍然混入有一些本应属于彗星的资料。

针对这些缺点，在薄树人的协助下，席泽宗于 1965 年又重新修订了自己的星表。不仅包括以往中国、日本、阿拉伯的记录，还进一步补充了中国、朝鲜和越南的记录，删除了经过审阅确定不是新星的记录，最迟到1690年，总共还是90颗星。席泽宗的古新星表发表以后，在国内外受到广泛的欢迎，曾多次被译成外文发表，引用的学者不计其数。席泽宗在说明编制古新星表的理由时说：

> 新星的研究，在天体演化学上和射电天文学上，都有着重大意义。新星和超新星的爆发，是否形成射电源？超新星或慢新星，是否和行星状星云有演化上的联系？新星是否能多次爆发？新星或超新星的爆发是否表示普通星向白矮星过渡？银河系内超新星的爆发频率如何？这一系列问题的解决，都需要大量的新星和超新星的观测资料，不仅需要现在的，而且需要过去的。关于古代的新星观测资料，伦德马克曾经搜集起来编成一个表，现在全世界的天文学家们应用的古代新星资料，几乎全取自这个表中。但是，正如伏龙佐夫－威廉明诺夫所批评："伦德马克的表，有许多可以怀疑的漏洞，用这些材料来充实我们感到贫乏的观测资料，至少是冒险的。"伦德马克的表中，包括了19世纪及以前观测到的60颗新星。他的材料主要来自马端临《文献通考》的客星栏。但中国古代客星常常和彗星相混，而且《文献通考》中所搜集的材料也不够完全，因而伦德马克的表，在正确性和完整性方面都是有缺陷的。最近我们查了二十四史（主要是其中的天文志）、各代会要、《文献通考》和《通志》，并参考了一些杂史和日本的天文史料，详细地复核了伦德马克的表……我们将伦德马克表中的错误去掉，并将我们新搜集的材料加进去，制成现在这份古新星表，至公元1700年止，共90颗新星。

席泽宗的古新星表始终是使用望远镜观测以前最具权威性的星表。但由于要从客星中客观准确地区分出新星和彗星是困难的，各人见解也不统一，故以后还有何丙郁、克拉克等人也编订过古新星表，他们也各有自己的区分方法并互有批评。

克拉克在《历史超新星》一书中，对古代新星记录的价值评价时说："现有的少量的超新星历史观测资料，是非常重要的。虽然用今天的标准来看是粗糙的。如果某个天体被确认为某年记录到的一颗新星纪录，那么这个遗迹发展的时间就会准确地知道……因此，

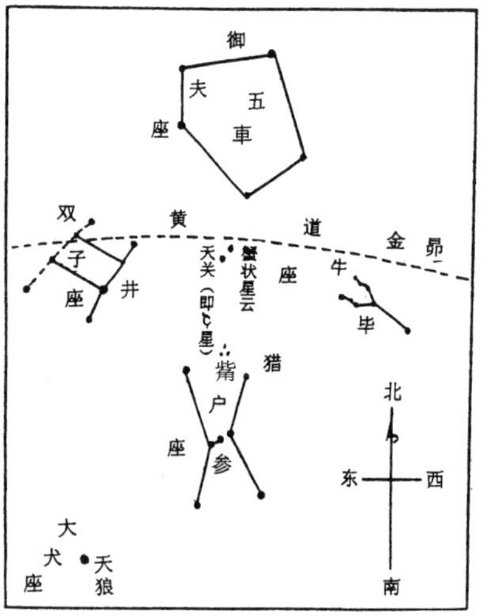

图 8.8　天关附近主要星宿示意图

现在很少有人怀疑这点：历史上的天文记录，应该看作是古代留传给现代科学的最宝贵的遗产之一。”

克拉克在书后再次强调：“天文学从中国的文字传统，和丰富的历史记载中，获得了巨大的益处。远东的天文纪录，代表着整个两千年以来珍贵无比的天文资料的集成，观测的基本可靠性（不管是政治的、社会的和占星学的压力）是毋庸置疑的。”

2. 天关客星记录和天关客星遗迹的发现

(1) 天关客星的史籍记载及分析

有关天关客星的历史文献，已经过多人整理和研究，已较完善，现引述薄树人等《蟹状星云是 1054 年天关客星的遗迹》一文中的“天关客星的史籍记载表”如下：

序号	史籍	记　事	编纂者	成书年代
1	宋会要	至和元年七月二十二日，守将作监致仕杨惟德言：“伏睹客星出见，其星上微有光彩，黄色。谨案《皇帝掌握占》云：‘客星不犯毕，明盛者，主国有大贤。’乞付史馆，容百官称贺。”诏：“送史馆。”	王存等	北宋元丰四年（1081）
2	宋会要	嘉祐元年三月，司天监言：“客星没，客去之兆也。”初，至和元年五月晨出东方，守天关。昼见如太白，芒角四出，色赤白。凡见二十三日。	王存等	北宋元丰四年（1081）
3	续资治通鉴长编（四库本）	至和元年五月己丑，客星出天关之东南，可数寸。嘉祐元年三月乃没。	李焘	南宋乾道四年(1168 年)
4	续资治通鉴长编（四库本）	嘉祐元年三月辛未，司天监言：“自至和元年五月客星东出东方，守天关，至是没。”	李焘	南宋乾道四年(1168 年)
5	续资治通鉴长编（清抄本）	嘉祐元年三月辛未，司天监言：“自至和元年五月客星晨出辰东方，守天关，至是没。”	李焘	南宋乾道四年(1168 年)
6	文献通考	仁宗至和元年五月己丑，客星出天关东南，可数寸。岁余消没。	马端临	元延六年（1319 年）
7	《宋史·仁宗本纪》	嘉祐元年三月辛未，司天监言：“自至和元年五月，客星晨出东方，守天关，至是没。”	脱脱等	元至正五年（1345 年）
8	《宋史·天文志》	至和元年五月己丑，（客星）出天关东南，可数寸，岁余稍没。	脱脱等	元至正五年（1345 年）
9	明月记	天喜二年四月中旬以后，丑时，客星出觜参度，见东方，孛天关星，大如岁星。	滕原定家	1235 年
10	一代要记	(天喜二年) 四月，大客星出觜参座，见东方，孛天开 (关) 星，大如岁星。		

上表按编写时间顺序排列，共收录了《宋会要》2 条，《续资治通鉴长编》3 条、《文献通考》1 条、《仁宗本纪》1 条、《天文志》1 条、日本《明月记》1 条、《一代要记》1 条。

从记载的内容分类看，共有出现和隐没的时间、亮度、方向、守犯的星座和距离、在星占上的解释。现分别加以剖析如下：

a. 根据中国各类文献记载，这次客星初见的时间均为至和元年五月己丑（1054 年 7 月 4 日），这一天作为这颗超新星的初见日期是没有问题的。至于《续资治通鉴》有的版本将己丑误刻为乙丑，这是明显的印刷错误，不能作任何其他解释。日本的两条记录载为“四月中旬”或“四月”，同时又说“见东方”，这明显是天象矛盾的误记。因为据推算，太阳大约于 5 月 29 日前后过天关星处。农历的四月中旬正是天关星隐没于日光之中的时间，绝不是晨“见东方”的天象。故其四月必错无疑。

《宋会要》载：“昼见如太白，芒角四出，色赤白。凡见二十三日。”由于这颗客星直到第三年的三月才消没，此处的凡见二十三日显然不是可见的总日期。薄树人等将其释为白天可见的日期也许是对的，否则很难作其他解释。除非将其理解为可见客星的总日数，但总日数不是二十三日而是六百余日。

《续资治通鉴长编》和《仁宗本纪》均载客星消没的时间为嘉祐元年三月辛未（1056 年 4 月 6 日）。《天文志》则说“岁余稍没”，《宋会要》则说嘉祐元年三月没，各家的说法也都是一致的。日本史书未载消失日期。

b. 关于天关客星的亮度，大家一致同意说没有 1006 年客星大。《宋会要》说其“明盛，昼见如太白，芒角四出”。日本则说“大如木星”。按《宋会要》关于客星亮度的描述，该客星初见时最大亮度甚至比金星还要亮，金星最大亮度达 − 4.4 等，估计该客星最大亮度不会低于 − 5 等。日本记载的亮度“大如木星”，木星最亮时为 − 2.4 等，按薄树人的推测日本所载文献的日期当为七月之误。经过一个多月之后，这颗超新星的亮度已明显减弱，减少了 2 ～ 3 等，它也符合杨维德七月所言“上微有光彩”“明盛”的说法。

c. 初见时客星的方向。太阳于 5 月 29 日通过天关星。当 7 月 4 日初见天关客星时，它约当于太阳之西 30 余度。故中国、日本文献均说晨出东方，守天关。这里特别值得指出的在清抄本《续资治通鉴长编》

中说："司天监言，自至和元年五月客星晨出辰东方，守天关。"辰方在正东卯方之南，故这里明载司天监说客星出现于早晨日出前的东南方。

d. 客星守犯的星座和距离。《宋会要》载客星"守天关"；《通鉴》载"出天关之东南可数寸""守天关"；《通考》载"客星出天关东南可数寸"；《本纪》曰"守天关"；《天文志》曰"出天关东南可数寸"；日本载"出觜参度""孛天关"。熟悉中国星占的人都知道，描述两个天体相互接近程度的用词不同而各有区别的。

现将李淳风《乙巳占》"占例"接近程度的有关用辞的定义引述如下：

> 动者：光体动摇。
> 角者：头角长大于芒。
> 芒者：光曜生锋芒刺。
> 过其坐位，离其宿分为出。
> 守者：留住也，附近列星为害之象。
> 犯者：月及五星，同在列宿之位，光曜自下侵犯之象，七寸以下为犯；月与太白，一尺为犯。

图 8.9 天关客星的光度曲线其中 A、B、C、D、E 几个时刻的光度，是根据史料记载估算出来的星等（图 8.8、8.9 均引自薄文）

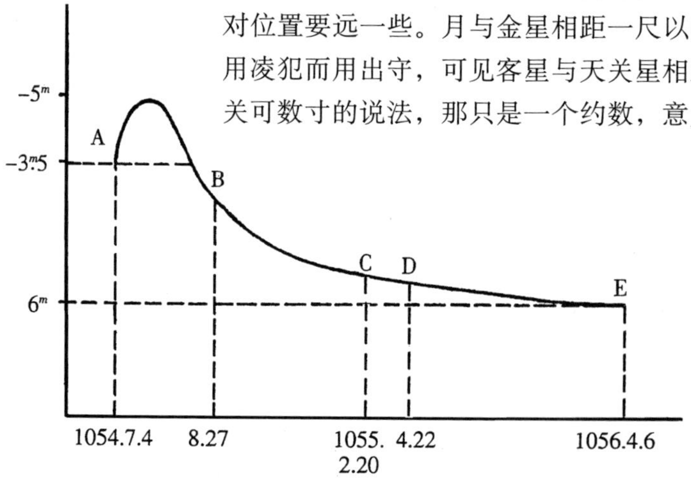

天关客星与天关星相对位置的描述中，大多用"守"天关，也有载"出"天关之东南。日本则载"出"觜参度，"孛"天关。从天关客星的文献记载用词可知为"出"天关和"守"天关。据定义，过某星座为出，留在星座附近为守。这个用词，比犯、凌、侵的相对位置要远一些。月与金星相距一尺以内为犯。现客星近天关星不用凌犯而用出守，可见客星与天关星相距当在一尺以外。至于出天关可数寸的说法，那只是一个约数，意为相去不远。不宜作具体角度的换算。现今测得蟹状星云距天关星为 1.1 度，与中国天关客星位置的文献记载是相合的。至于日本文献所用孛字，仅是表示客星自身的状态。《偏指》曰："彗，芒气四出曰孛。孛者，孛孛然也。"

是指芒气四出的星出现在天关星旁。

e. 客星在星占上的解释。人们关心异常天象和客星出没的最终目的是为了寻求一个使皇上满意、国家安定的环境。皇帝和大臣们所关心的是星占家观天象的权威解释。一般人并不关心和认识什么是天关星、什么是毕星。现在客星出天关，该预示社会政治将出现什么动乱呢？各家说法不一。

按照传统的说法，天关星是黄道的关门，有客星相犯，主道路不通，有兵。这当然是凶象。可宋代的许多星占家大多懂得讨好皇帝欢欣的好处。周克明将景德三年客星解释为德星而升官就是一例。这次也不例外。已经退休在家的天文官杨惟德上书引《皇帝掌握占》曰：“客星不犯毕，明盛者，主国有大贤。”意思是说，现在客星守天关，在觜参方向，不在毕宿范围内，故是好事而不是坏事。应当庆贺。皇帝听了自然高兴。关于天关客星的出现，天文学家刘羲叟则作了另一番预言：“至和初，四月日食，客星出于昴。（刘羲叟）曰：‘契丹主且死矣’，其言无差。”（见《隆平集》《宋史·刘羲叟传》）对天关客星的出现，刘羲叟为了适应自己预言的需要，竟将出现在天关附近的客星移至昴宿。

一些学者在讨论天关客星的位置和性状时，只引用其中的片言只语来论证自己的结论。并不注意其整句用词的含义。其实这种做法具有很大的风险。薄树人等引“客星不犯毕”，推论说客星当靠近毕宿而不是参宿；何丙郁则用“客星出于昴”推论客星为彗星，均有一定的片面性。其实按中国古代的分野观念，昴宿为胡人，毕宿为中国。宋以中国自居。不犯毕就是这个异常天象不是针对中国的。刘羲叟将其移至犯昴宿，契丹象征胡人的政权，胡依占语预言契丹主死。移动客星出现的位置以证己说，对历史上的星占家来说已不乏其例。

(2) 蟹状星云在膨胀——天关客星与蟹状星云的联姻

我们现在对蟹状星云的发现历史作一概括性的介绍。虽然天关客星和天关星均较明亮，可蟹状星云却比较暗淡，它仅相当于9等星，肉眼是看不到的，角径为7′×4′。1731年，英国天文爱好者比维斯第一次用小型望远镜发现了这个朦胧的椭圆形雾斑。在梅西耶于1771年编制并刊布的第一份星云和星团表梅西耶星辰中被列为第一号M1。1844年，英国天文学家W.P.罗斯用他自制的大望远镜观察到它有纤维状结构。他根据目视观测到的现象，把星云描绘成蟹钳状，并被命名为蟹状星云。以后大家都喜欢这个名称，一直沿用至今。

照相技术在天文观测得到应用之后，不同时期蟹状星云的照片就被保存了下来。1921年，美国天文学家邓肯对比了两批相隔12年该星云的照片，确认了该星云仍在膨胀。膨胀的测量方法是，先选定一颗距离遥远、自行小的恒星作为参照，然后再测量出星云各个部位相对于该参照星的角距离，将不同时期各部位的数据进行对比，就可以得到各个部位膨胀的数量。

20世纪初，人们已经开始认识到某些星云与超新星爆发可能存在着某种演化上的关系。1912年，瑞典天文学家伦德马克重新编制了一份新星表，其中1054年天关客星被列为第36项，并在这项记载下面写下一条小注说："1054年天关客星，处于蟹状星云附近。"

1928年，美国天文学家哈勃测量出蟹状星云的膨胀速度。根据这个膨胀速度，推得它膨胀的起始点在九百年以前。由此他引用伦德马克的小注说："中国人在蟹状星云附近观测到了一颗明亮的爆发新星。"由此哈勃认为，天关客星就是蟹状星云发生的原因，蟹状星云，就是天关客星爆发后形成的。1938年，伦德马克再次著文肯定了自己的结论。并且引用了日本学者发掘出的日本史书中关于1054年天关客星的记载。他由中国记载的五月客星"昼见如太白"和日本记载的七月客星"大如木星"，推断出客星的绝对星等为－13等，并认为它就是一颗超新星。

随后不久，荷兰天文学家奥尔特也注意到这个问题，并且邀请荷兰的汉学家戴文达共同研究这些古老的中国和日本史料。他们1942年在荷兰的汉学杂志上和美国的天文学刊物上发表了他们的研究结果，在将中日有关1054年超新星文献记载译成英文以后，据此研究了客星的光度变化，并与当时所掌握的三个河外星系中的超新星光变曲线相比较，确认天关客星就是超新星，1054年的爆发，就是形成蟹状星云的原因。从此以后，人们便把蟹状星云，证认为1054年天关客星的遗迹，并得到当时天文学界的广泛承认。爆发的这颗超新星，被人们通称为中国星，是中国古代天文的伟大成就和贡献之一。

(3) 联姻中的困难及其解决办法

a. 联姻矛盾的提出

澳大利亚华裔科学史家何丙郁是我们的老朋友，他对中国科学史的研究成就和在促使中国科技史走向世界贡献甚巨。他对中国文化的热爱和对中国古代科学成就的肯定是有目共睹的。他在中国古代科技文献方面的造诣和对中国古代文字的深刻理解，也是毋庸置疑的。但是，正当全世界的天文学家都在盛赞中国天关客星的记录对天体演化和超新星爆发研究的巨大价值之时，他却于1972年在美国《天文学展望》杂志上发表《中国1054年客星和蟹状星云》一文，认为天关客星纪录不是新星而是一颗彗星。由此从根本上否定了蟹状星云是这次新星爆发的遗迹。

何丙郁否定天关客星纪录是超新星共有四点理由：第一，记录可数寸，通常只是用于描述彗星等天体的长度，而不是表明两天体的距离；第二，"守"这个词，通常用在五星运动中作"徘徊不定"解，事实是所有记载并未说这颗客星在一个地点逗留不动；第三，《契丹国志》所说"客星出于昴"，与出天关的客星是同一个客星，表明这个客星，是一颗具有高偏心率轨道，而轨道近日点直接指向地球的彗星；第四，天关客星的方向，与蟹状星云正相反，不在同一位置。事实上，天关客星所载方向与蟹状星云方向相反，正是何丙郁否定蟹状星云为天关客星遗迹的直接导因。本书将留待下面作专门介绍。

正如克拉克书中和薄树人文中所批评的那样，何文说"可数寸"不表示天体间的距离，而只是描述彗尾长度的说法，是不确实的，也是站不住脚的。克拉克曾为此专门对中国记录中的凌犯记录作过统计，表明天体与某星体的距离的描述一般都用丈、尺、寸表示，与何丙郁的说法正好相反。

克拉克书中就曾确切地批驳了何丙郁关于出和守为动的说法。守就是居其宿，为不动之义。历史上任何一个彗星，也不可能在一度的范围之内停留二十天以上。也不可能找到这样的天象记录：彗星守某某星而徘徊不去。

关于客星出于昴，克拉克与薄树人均认为，如果出于昴的客星是彗星，那么这颗彗星一定不能出现两年之久，从而出现在昴宿的这颗彗星也就与天关客星无关。出现于昴的这个客星事实并未记载时间，克拉克引李焘自注定为皇祐五年事，皇祐五年为1053年，当与天关客星在时间上又差了一年。所有这些事实与所谓高偏心率彗

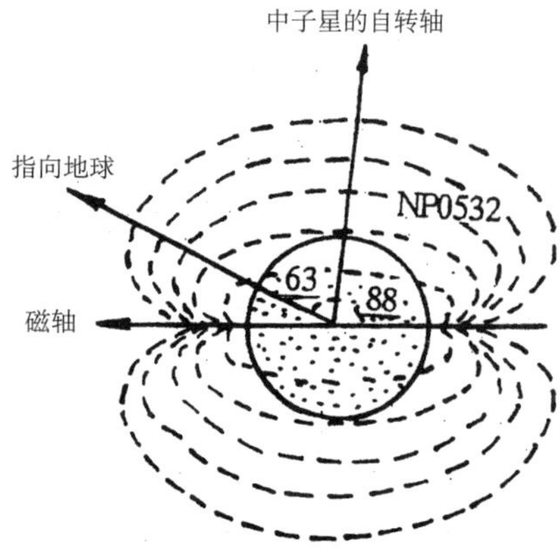

图 8.10　蟹状星云中子星的自转轴和磁场的分布状况

星轨道等说法，都有违于天文学的基本事实。所以，中国和日本天关客星记录，只可能是新星或超新星。

b. 联姻的确凿证据

人们早就发现，在蟹状星云中存在着极强的射电辐射。蟹状星云是人们第一个测定出的射电源，它的光学载体虽然十分暗弱，但它的总辐射功率相当于十万个太阳。稀薄气体组成的蟹状星云本身，是不能提供如此大能量辐射的。具有如此大的能量辐射，需要大批运动速度接近光速的电子才能提供，这些高能电子又是从哪里来的呢？在一个相当长的时间内，人们并不知道它的来源。经最新研究，人们终于才发现，如此大的高能电磁辐射，只有中子星才能提供。人们认为，中子星可能产生于超新星爆发。但是，人们最初并没有发现中子星的实体。直到 1967 年英国射电天文学家休伊什和他的学生贝尔等发现脉冲星，人们才确认脉冲星是快速自转的、有强磁场的中子星。脉冲星辐射的能量，是靠消耗它自身的自转能而获得的。随着脉星不断地辐射能量，它的自转便逐渐变慢，这就是脉冲星周期缓慢变长的原因。利用脉冲星的周期变率的观测值，可以计算出脉冲星的能量损失速度。观测表明，电磁辐射具有高度的方向性。就像灯塔一样，使得脉冲星自转一周，就能给出对应的脉冲图样。

1968 年 11 月 9 日，蟹状星云脉冲星的周期 0.0331 秒被准确地测定，它是目前已知脉冲星中周期最短的。它是蟹状星云的中心星，它在射电、红外线、可见光、x 射线和 γ 射线等波段都发出脉冲辐射。经测定，它的目视星等为 17 等，距离为 6300 光年。经过计算，由蟹状星云中脉冲星周期变率推得的脉冲年龄，与由蟹状星云膨胀速度所推得的年龄是相吻合的。脉冲星能量损失与蟹状星云辐射的能量也能自洽。都能证明蟹状星云与这颗中子星是 1054 年天关客星爆发的遗迹。

正是出于天关客星与蟹状星云在方向问题上存在的争议，人们曾经作过正反两个方面的调研。人们可以明确地肯定天关星就是金牛座 ζ 星。但早在伦德马克和奥尔特研究天关客星记录与蟹状星云对应关系时，他们对天关星的位置的认识还比较模糊，认为天关星是一个天区，在方向上不会存在问题。只是经过后人深入讨论之后，天关星的目标才具体明确为一颗星，由此方向相反的矛盾才突显出来。假设蟹状星云是另外一颗超新星爆发的遗迹，那么，在11世纪前后肯定会留下超新星爆发的记录，但事实上，除天关客星，其前后数百年内均未发现有这样的记录。又假如天关客星爆发的遗迹若真在金牛星东南方，那么在这块星空中却不会全无类似的超新星遗迹可寻。由此可以判定，蟹状星云只可能是天关客星爆发的遗迹。即使古代将方向记错了也无法否定这一事实。

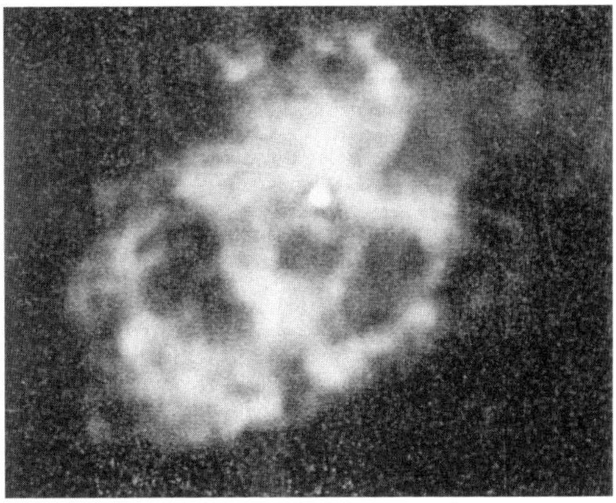

图8.11　蟹状星云及其中子星照片

c. 方向矛盾的正确解释

薄树人等人承认，要作出方向矛盾的令人信服的解释是困难的。但是，他们仍然提出了一种可能的解释：认为将天关星在客星东南的含义说反了。我们认为没有必要作这种迂回的解释。

只需对这些记录加以细致的分析和对比，其原本的含义就可以清晰地浮现出来。

《宋会要》："至和元年五月晨出东方，守天关。"

《续资治通鉴》（四库本）："至和元年五月客星晨出东方，守天关。"

《续资治通鉴》（清抄本）："至和元年五月，客星晨出辰东方，守天关。"

《宋史·天文志》："至和元年五月己丑，出天关东南，可数寸。"

从以上记载的分析可以看出，这条记录使用了两种不同的表达方式。其一是说"客星晨出东方（或晨出辰东方）守天关"，另一种是说"客星出天关东南可数寸"。请注意两种截然不同的表示方式都使用了东南这个方向名词，所不同的只是前者的东南用在晨出上，而后者用在客星与天关星的距离表述上。这种使用上的差别绝不是偶然的。如果客星确实是出现在天关的东南，那么，前一种记录在记载了客星晨出东方（或晨出辰东方）之后，仍应记载晨出东方的记录，一律不载天关星与客星相对的方向，而载明天关星与客星方向的记录又不载天关星晨出的方向，这只能表明，后世转述这条记时，作者为了省约文字，作了错误的文字表述，误将"晨出东南"

错误地改写为“天关东南”了。在古代中国的方向用词中，辰方就是为东南方。

因此，这段记录的正确文字当为：“至和元年五月己丑，客星晨出辰东方，守天关，可数寸。”所谓“东南可数寸”之词，是后世文人误解了司天监官员的报告而作了错误改述所致。原本司天监官员只是报告说在五月己丑这一天的早晨，天关星出现在东南方，在天关星附近约数寸的地方，有一颗客星守卫在那里。司天监官员并未说明客星与天关星相对的方向。

3. 超新星记录在研究恒星演化中的科学价值和蟹状星云的归宿

天上的天体与地上的人类一样，也有生长、壮大、年老、死亡的变化过程。但由于天体的演化过程与人类的历史相比，动辄以亿年计，实在是太长久了。所以对于一个人来说，在数年内甚至一辈子观察同一星空时，几乎都一样，没有什么变化。但是，人们还是可以看到它的变化，发现它们的异常状态的出现，例如，变星、新星的出现，恒星亮度的变化等，所有这些变化的出现，都是天赐良机，给我们提供研究天体变化的绝好机会。人们也可从历史上有关变星和新星、超新星的记录中，发现在这段较长历史时期内天体的变化，用以了解天体变化更多的历史和状态。经过一代又一代人的努力，人们对天体演化的了解慢慢开始多起来了。

天体的演化，需借助于赫罗图表述。这个图的名字，是由于丹麦天文学家赫兹普龙和美国天文学家罗素同时创制此图而得名。他们在1913—1914年前后，分别以恒星的真实亮度——绝对星等为纵坐标，恒星的温度——光谱型为横坐标，将所有测知这两个参量的恒星位置都标示在这幅图上。恒星温度与光谱的关系，我们在前面已经介绍过了，这里只需将真实亮度的观念说清楚。

前面已经介绍过恒星的星等。星等的数值越大，表示看到的星越暗。前面也已介绍过，古老的恒星分布在天球上的观念是不正确的。后来人们不但知道恒星及各类天体距离有远近，而且懂得利用多种不同的方法测定它们的距离，例如，对于近距离的恒星，可以利用经典视差测量法求得。处于不同远近的恒星不便于作亮度对比，人们便想出了真实亮度这一概念。目前统一规定，把所有恒星，都换算到10秒差距（32.6光年）的距离上的亮度，那么，所有天体相互间亮度的差异才是真实的。经过换算后的真实星等便称为绝对星等（M）。

从赫罗图的恒星分布可以看出，所有的恒星并不是杂乱无章地分布的，而是大致分为三个区域，或者称为三组。每一组都代表着一大类恒星，它实际表示恒星演化的三个阶段。大多数恒星，都分布在图中从左上角到右下角的一条斜带上。这条斜带称为主星序，顾名思义，主要的恒星都分布在这个序列上。主星序上的恒星称为主序星。主星序的右上方是一片巨星区。大体积的巨星都分布在这里。当然，巨星发出的光度也是大的，所以它们都分布在图的上方。又由于它们的温度比较低，故通称为红巨星，分布在图的右上方。在图的左下方，还稀疏地分布着一群白矮星。它们便是赫罗图上的三个主要星群。

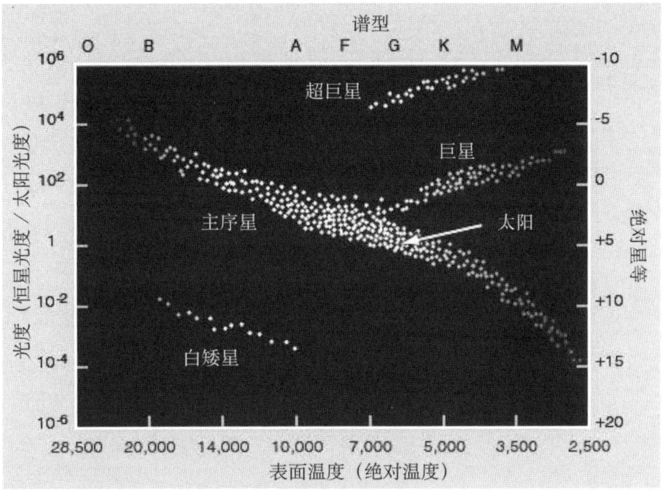

图 8.12　赫罗图

从红巨星与白矮星在图中的分布方位可以看出，红巨星的体积极其巨大，它的表面温度虽然相对较低，但由于体积巨大，它们的总辐射量大，所以红巨星仍然是很亮的。与此相反，白矮星的光虽呈白色，它们的光谱型位于 A 型前后，表面温度可达 1 万度左右，但由于其光度很小，可以判断它们的体积一定非常小。

当赫兹普龙刚创建光度光谱图的时候，并没有认识到恒星辐射的主要能源来自聚核反应。还以为恒星的光能辐射主要靠天体自身引力作用。但通过定量计算，恒星收缩的能量绝不可能维持这样久的能量辐射，最终才寻找到聚核反应上来。

现在人们通常都认为，恒星的演化是从宇宙中的一团云气开始的。当然，并不是所有的星云都能聚合成恒星，它必须有一定的质量和密度，而且自身在旋转。气体由静到动，开始进行收缩。收缩的初期，引力大于斥力，是一个快收缩的过程。收缩会产生热量。当收缩到一定程度时，不透明度增加，产生的热量不易扩散，中心的温度开始提高。由于中心温度的提高，内部引起剧烈的运动。大云团会碎裂成许多小云团，便开始形成一个个恒星的雏形，人们称它们为原星或恒星胎。

原恒星的继续收缩，温度再次增加，当内部温度达到500万度左右时，开始出现热核反应。热核反应一旦发生，也就宣告了一颗恒星的诞生。恒星仍在继续收缩，当核心温度增加到1500万度时，热核反应便大规模地进行，星体不再收缩，开始了在主星序上的长期稳定生存。

在赫罗图上，不同质量的原恒星，沿着不同的路线进入主星序。质量大的原恒星变为比较热的早型星，质量小的变为比较冷的晚型星。一颗原恒星，需要多长的演化时间才能进入主星序，这与原恒星的质量大小有关。与太阳质量差不多的恒星，大约需要5千万年。比太阳质量大9倍时，只需2千万年，如果只有太阳质量的十分之一，则需6亿年左右。当原恒星演化进入主星序时，才刚刚度过了它的童年时代。

恒星进入主星序以后，核心部分便开始了大规模的氢转变为氦的热核反应。热核反应产生巨大的能量，向外辐射，同时增加内部向外的压力，使压力和引力达到平衡。由此恒星处于稳定的热核反应状态，星体也停止收缩。

主星序阶段的热核反应，是氢聚变为氦的热核反应。是四个氢原子核，聚合成一个氦原子核的反应。同时释放出大量的能量。在通常情况下，这种反应不能实现，原因是氢原子核都是带正电的，它们之间彼此相斥，无法聚合。但形成恒星之后，其核心的温度高达1500万度以上，这时每个氢原子核的热运动能量都非常高，高速运动的氢原子核，便可冲破障碍，撞到另一个氢原子核上，结合成质量更大的氦原子核。由于氢原子本身是一个质子组成，所以氢聚变为氦的热核反应也叫作质子—质子反应。聚合反应的过程，由四个氢原子（H）核，生成一个氦原子（He）核，同时释放出中微子、光子和正电子。正电子很快与负电子湮灭，变成光子。我们所看到的太阳光，便是太阳热核反应时辐射出的光子。

我们可以估计一下太阳存在的寿命。太阳的质量为2千亿亿亿吨，其中四分之三为氢。把氢作为燃料来燃烧，按目前太阳的辐射功率3.8×10^{33}尔格/秒来计算，足够维持100亿年之久。太阳已经在主星序上停留了50亿年，太阳系这种稳定状态，至少还有50亿年。

进入主星序的恒星，在主星序能够停留多久，取决于各个恒星本身的质量大小。质量越大，发光越多，消费越大，在主星序停留的时间就少。太阳为 G 型恒星，它们停留的时间大约为 100 亿年。质量比太阳大的恒星，在主星序上停留的时间就短。例如，比太阳大 20 倍质量的 O 型星或 B 型星，它们的光度比太阳亮 1 万倍，它们燃烧的速度也将比太阳快 1 万倍，它们的寿命只有太阳寿命的 1/500。即 O 型或 B 型恒星在主星序上停留的时间大约只有 1 千万年。而质量比太阳小的恒星，如 M 型星，它们在主星序上停留的时间可达数万亿年之久。

氢变氦的热核反应是在恒星的核心部分进行的。反应后生成的氦，犹如废料，堆积在核心，逐渐形成一个由氦组成的中心核。当中心核的质量达到整个恒星质量 10% 以上时，星体的辐射会失去平衡。由于中心核不能辐射能量，不能抵抗引力收缩的压力，于是核心便开始收缩。核心的收缩会释放出引力能，它一方面使核心温度提高，另一方面又点燃了周围的氢，使它们继续进行热核反应。由于星体外层被加热，结果使星体膨胀，这样恒星的平衡状态受到破坏，由此离开主星序的平静生活。

恒星核收缩促使恒星外层的膨胀，使星体发生两种变化：一是表面积增加，表面温度降低。表面积增加，使得星体辐射的总能量增加；温度降低，使恒星的颜色变红。于是，恒星在赫罗图上的位置向右上方移动。由此恒星进入巨人区，变成红巨星。由于恒星大小质量不同，在主星序上的分布位置也不同。不同质量的恒星离开主星序进入巨人区的位置也不同。质量大的恒星形成红超巨星，分布在巨星区的上方，质量小的恒星形成巨星，分布在巨星区的下方。

处于红巨星阶段的恒星，其外层氢聚变为氦的热核反应仍在进行。由于内部的氢已经烧完，发生氢聚合的反应区域逐渐向外推移，核心部分堆积的氦越积越多。这时星体氦核心仍在收缩。当核心温度达到 1 亿度，密度达到 10^5 克 / 厘米 ^{3} 时，氦也将发生热核反应。氦的反应原理与氢类似，也是由两个氦原子通过碰撞聚变为更大的原子核铍（Be），辐射出一个光子，再由一个氦原子核与铍原子核碰撞，形成更大的原子核碳（C），再辐射出一个光子。所以这种聚合的结果是由三个氦原子聚合成一个碳原子，同时释放出两个光子。

红巨星演化阶段将会产生一种特殊的现象，称之为氦闪耀，也称为氦点火。它实际就是氦聚变的开始。氦闪耀之后，核心又会膨胀，使恒星温度发生变化。以后氦聚变仍将持续进行。红巨星的氦闪耀将不止一次地继续发生。每次氦闪耀的时间间隔可达几千年。核闪耀使恒星在赫罗图中的位置来回摆动。

高温下，在氢、氦核燃烧之后，碳也可以发生核聚变为氧（O）和镁（Mg）。与此同时，这些元素还可以不断地与氢发生核聚变。每聚变一次，便生成为原子量更重一级的元素，一直聚变到铁为止。这些热核反应与氢变为氦的反应不同，属于强作用，反应是十分激烈的。这时平衡态的理论不再适用。所有处于这一阶段的星体，都在那里不停地发生光度变化，它象征着这个阶段的恒星过着颠簸不定的生活。恒星的多次膨胀或爆发，往往会出现各种巨大的气壳包裹着恒星，称之为行星状星云。当红巨星演变到它们的末态之时，一般都要抛失质量，甚至要像新星、超新星那样发生大爆发，然后才演变成行星状星云的中心星。

由红巨星演化成晚期恒星，这期间停留的时间，目前还没有确切的结论。但肯定要比在主星序停留的时间短得多。据估计，太阳在红巨星阶段停留的时间约为10亿年左右。美国天文学家史瓦西尔德曾把小质量的恒星比作穷人，大质量的恒星比作富人。穷人花钱节省，反而在主星序上停留的时间长。富人花钱大手大脚，挥霍浪费，不仅在主星序停留的时间短，在红巨星阶段也是如此。

恒星在长期演化的过程中，不仅辐射损失了大量的物质，在红巨星爆发阶段，同时也抛射出大量物质，抛出的物质脱离了中心体，使中心体进一步缩小。当恒星在核能消耗尽以后，如果它的质量小于1.44$M_\odot$，就将成为白矮星；如果它的质量在1.44$M_\odot$～2$M_\odot$之间，就成为中子星；如果质量大于2$M_\odot$，便形成黑洞。白矮星、中子星与黑洞，是恒星演化到垂死阶段前的三种不同形态。

黑洞表面的引力场，比中子星还要强得多。其表面的逃逸速度达到了光速。因而连光子都不能从黑洞里跑出来。既然对它什么都看不到，所以才取名为黑洞。无论是白矮星还是中子星，都是辐射能已经枯竭的天体。它们只是靠原先储存的一点能量维持生命。等这点能量消耗完毕，便只剩下一个不发光的恒星残骸，最终了结恒星的一生。

很显然，蟹状星云是最新已被发现的其中心为一颗脉冲星也即中子星爆发后形成的遗迹。我们可以通过推算预知它的未来。目前，蟹状星云正以每秒1450千米的高速度向外膨胀。蟹状星云的物质是有限的，膨胀的结果，必然会形成一个环状星云。如果再继续膨胀下去，环状星云也会瓦解，最后变为一缕缕轻烟，漂浮在天关星附近的宇宙空间中。

我们自然无法看到蟹状星云的未来，但已经研究清楚天鹅座有一个星云遗迹。它可能是两万年以前超新星爆发的遗迹。它是一个呈团状的星云，整个星云仍在膨胀，残余的气体仍在发射着射电波和X射线。在星云的中心还可以观测到一个很强的X射线源。两万年以后，我们的子孙所看到的蟹状星云，大概就是这个样子。至于蟹状星云里的脉冲星，当它能量耗尽之后，同样也会成为一个不发光的天体残骸。

近现代部分

第九篇
小行星方面的发现

过去我们一致认为太阳系中存在九颗行星。2006 年 8 月在一次国际天文学联合会上，经投票表决，本是“老九”的冥王星已被从九大行星中除名，降级为“矮行星”。所以最新的说法是，太阳系中有“八大行星”。依照它们离太阳由近及远的次序，分别是水星、金星、地球、火星、木星、土星、天王星、海王星。对于把地球当作“摇篮”的人类来说，尤其是水星、金星、火星、木星、土星这 5 颗，始终是夜空中明亮耀眼的“明星”。几千年来，在中外历史上都曾留下了它们与人类休戚相关的故事。我们不能忘记的是，除此之外，太阳系中还有一类“其貌不扬”的小行星，尽管在通常情况下，人们的肉眼都不能见到它们的芳踪。因此，自 19 世纪被发现以前，它们始终默默无闻，与世无争，但实际上，对于进入了高度文明的人类而言，它们是一类丝毫不能等闲视之的重要天体。

一、无心插柳柳成荫

早在 18 世纪 60 年代，德国有一个中学数学教师戴维·提丢斯，对于行星离太阳的距离大感兴趣，并最终发现了一个规律，由于他自知自己只是一个名不见经传的小人物，所以他把这个发现，不动声色地加进了一本译著的注解中。而德国柏林天文台的台长约翰·埃立脱·波得见到这个不同寻常的注释后如获珠宝，并把它写进了自己的著作内。于是提丢斯的这个发现，在一个很长时期内被不恰当地称为“波得定则”，现在人们都习惯称之为“提丢斯—波得定则”。

简单说来，根据这个定则公式，行星离太阳的距离，组成了一个有趣的数列：4、7、10、16、28、52、100。将其缩小10倍，并乘以一个“天文单位”（地球与太阳的平均距离约1.5亿千米），差不多能与当时所知的那6颗行星一一对应起来。

但提丢斯当初就知道，在这个数列中有一个瑕疵：在16（火星）与52（木星）之间，平白无故地多了一个“28”，这里却没有与之相称的行星。但他又做出了大胆的假设：“现在在这个位置上，既没有发现行星，也没有发现任何卫星存在。难道造物主使一颗行星离开了这儿才造成这个空隙的吗？不！我们可以满怀信心地打赌，毫无疑问，那儿一定会有天体……”

当然，也有不少人不以为然，认为这个数列并没有任何物理学基础，也没有人能说明其实质意义，实在是“不足为训”，“纯属巧合”而已，充其量是可以帮助记忆的经验公式。

可谁也没有想到，英国一个迷恋星空的乐师威廉·赫歇耳，于1781年在用自制的望远镜做巡天观测时，无意间发现了太阳系内的第七颗大行星——天王星，这是人类首次用望远镜发现的行星，它也使原先人们心目中的太阳系的范围徒然增大了一倍！赫歇耳因此获得了殊荣，并且从此变成了令人瞩目的天文学家。更出人意料的是，这颗新行星离太阳的距离是19.18个天文单位，与提丢斯—波得定则推定的下一个数196竟然是“不谋而合”！

天王星的发现有力地支持了提丢斯—波得定则，更让人们相信提丢斯当初的设想：在离太阳2.8天文单位处，还存在着一颗尚未被人们发现的行星。于是，许多国家的天文学家（包括波得在内）开始不遗余力地投入了有关的搜寻新行星的工作。然而真是“有意栽花花不发”，很多人废寝忘

图9.1　赫歇耳与他发现天王星所用的望远镜

食苦苦寻觅了多少年，无一不是一无所获，空手而归，这个“失踪的行星”始终不肯露面……

“无心插柳柳成荫”，就在众多天文学家一筹莫展之际，从意大利的一个天文台传来了好消息，而且凑巧的是，时间还是19世纪的第一夜！

发出好消息的这个意大利天文台是西西里岛的巴勒莫天文台，台长是查理士·皮亚齐。他从1792年开始，已为编制一本精密星表付出了8个春秋的心血，他为此心无旁骛，一心一意、整夜整夜地观测星空。1801年1月1日夜，他仍然坚守在他的望远镜前。当他把望远镜对向金牛星座时，望远镜内出现了一个陌生的小星点，亮度仅相当于一个8等星（肉眼所能见的最暗星是6等星，星等数每大1等，光减弱为2.5倍，所以8等星的亮度只有6等星的1/6）。对于这个贸然闯入他视野的“不速之客”，皮亚齐满腹狐疑，出于好奇，他还是对它连续跟踪观测了11夜，于是，他很快知道它绝非恒星，因为它每夜在星空中游弋不定，这表明它是绕太阳运行的天体。只是皮亚齐十分谨慎，他当时是把它作为一颗“彗星”向外界报告的。

但此信一到波得手中，他几乎不假思索地指出，皮亚齐发现的正是人们梦寐以求的未知行星！接着，德国数学家高斯根据皮亚齐的资料算出了它的轨道，它的距离确实就是“提丢斯—波得定则”规定的2.8天文单位。于是，“行星”的身份也就被确定了下来，皮亚齐依据惯例，用罗马神话中的收获女神“赛丽斯”作为这颗新行星的大名。凑巧的是，赛丽斯正好又是西西里岛的守护神，与其对应的中文名为“谷神星”。

可是，人们的狂喜没能持续多久，因为不久科学家们就算出，这颗新行星实在太小了，直径甚至不足1000千米，比月亮还小得多！哪有与地球“平起平坐”的资格？所以人们以为，真正的“失踪行星”尚未露面，还需要各国天文学家继续努力。

二、不必害怕的塌天大祸

不久，人们又在那个区域中连续发现了3颗与谷神星差不多的星体：2号智神星、3号婚神星与4号灶神星。于是人们恍然大悟，那儿存在着许多这样的“小行星”。随着观测技术的不断进步，望远镜口径的不断增大，小行星的队伍迅速地扩大起来，到1868年时，它们的数目已经突破了 100 大关；1923 年成了四位数，很快超过了 1 万……现在知道，在火星与木星轨道间的“小行星带”内，有着难以计数的更小的小行星。

绝大多数小行星都始终安分守己地运行在火星与木星的轨道之间，但除了这种“小行星带”内的成员之外，还有一些更遥远的“远地小行星”及可能惹是生非的“近地小行星”。近年来，天文学家已在冥王星轨道外的一个“柯伊伯带”内发现了十几颗“个头”不小的小行星，其中甚至有半径超过冥王星的，由此有人认为那颗比冥王星还大的“齐娜”应列为太阳系的第十大行星行列……也正是因为这样，“两害相权取其轻”，所以冥王星也就失去了它原先的“大行星”地位。

但更引人注目的是几百颗近地小行星，因为它们可以运行到离地球很近的地方，有的还会穿越地球轨道，因而不能排除它们与地球发生相撞的可能。虽然近地小行星都是直径在千米左右的“小不点”，但由于它们都是在以“宇宙速度”在天穹中横冲直撞，所以一旦真的被它“吻”一下，那可不是儿戏，想必人们还记得一度在地球上称王称霸的恐龙，它们突然于 6500 万年前灭绝，尽管其原因至今尚有争论，但多数人都倾向于屠杀它们的刽子手乃是一颗从天而降的小行星！正是一颗直径 8 ~ 10 千米的近地小行星轰然而下，其撞击的能量相当于 100 万亿吨 TNT 炸药，因而使很多物种在那场浩劫中遭到了灭顶之灾。

尽管岁月的沧桑会磨灭很多痕迹，但至今还有它们在地球上留下的特有标记，最显著的就是美国亚利桑那州的“魔鬼谷”。据研究，这个与月面环形山类似的巨大坑洞形成于 25000 年前，但因那儿人烟稀少，直到 1891 年才为人注意。测量表明，那个圆坑直径达 1245 米，如果加上四周耸起的 45 米的环壁，则可认为坑深平均 180 米，能装得下一整幢 50 层的大楼。四周组成坑壁的石灰岩岩层与沙砾层，已被可怕的巨力折断并向外翻转了过去，坑穴中则有众多锈迹斑斑的铁片与铁块，700 多吨的碎石明显有受过高温作用的痕迹……据天文学家估计，这是一颗直径约 60 米、重达 10 万吨的铁质小行星撞击所造成的遗迹。

1994 年 7 月所发生的“彗木大相撞”，更让不少人的心头蒙上了一层阴影。因此，西方世界也不时会传出小行星将撞上地球之类“爆炸性新闻”，弄得人心惶惶。20 世纪 80 年代，甚至在我们中国也曾出现过这样的闹剧：1989 年 12 月 13 日，新华社播发了一则消息，说据近日结束的美国地球物理联合会秋季会议透露，有一颗直径约1千米的小行星可能会撞上地球，其能量相当于770万颗广岛原子弹的总和，地球上将有一半人口会遭殃，目前它离地球80万千米，科学家们正在千方百计地想办法以避免这场塌天大祸……

尽管我国天文学家第二天就说明了事情的原委，指出此消息原是编译的失误，并肯定地说，这颗直径仅800米、编号为“1989FC”的近地小行星绝不会撞上地球。但这则消息还是引起了国人的极大恐慌，当时几个天文台的电话铃日夜响个不停，询问有关详情的信件更是潮水般涌来……当时某位文人还以此做素材，以“飞来的星星”为题编进了当时正在热播中的电视剧《编辑部的故事》。

从理论上说来，人们的担忧并非杞人忧天，因为这种“太空杀手”有几百颗之多，它们在地球周围游弋不止，说不定哪一天真会闯下大祸。1997年1月20日，我国北京天文台就发现了一颗极近地小行星“1997BR”，这颗直径一二千米的“恐怖分子”的运行轨道几乎与地球轨道相切，那一天它曾走到了离地球7.5万千米的地方。在天文学家眼里，这相当于月地距离1/5的间隔，真是一个极其危险的“擦边球”。2013年2月15日，一颗直径约20米的小行星在俄罗斯车里雅宾斯克上空发生爆炸，造成3000余间建筑物受损，1600余人受伤，经济损失约2亿元人民币。如果其直径达到千米量级，那后果将不堪设想！

如何应对这柄悬于人类头上的“达摩克利斯剑”？世界各国天文学家于1993年4月相聚在意大利的埃里斯，60多位专家经过认真的讨论与切磋取得共识，决定制订一个全面的计划，在20年时间内查清这些“危险分子”的来龙去脉，对其进行严密的监测，一旦发现哪颗小行星有“蠢蠢欲动”的苗头，就可采取应对措施，发射一枚飞船到其身旁引爆一个小小的原子弹，让它偏离原先的轨道，就可化险为夷……会后他们还发表了《埃里斯宣言》，宣言的结论是：“减缓近地小行星碰撞威胁的方案，目前还不需要予以考虑。”

三、在中国发现的“瑞华星”

在谷神星问世的第二年——1802年3月28日，德国一位医生出身的天文学家奥伯斯在室女星座一带发现了第二颗小行星——智神星。计算表明，其轨道也正处于火星与木星之间，离太阳同样是

图 9.2 多数小行星的形状不规则

2.8 天文单位。只是与皮亚齐因发现谷神星而享誉世界相反，天文界对于智神星的反应冷淡得出奇，因为“一山难容二虎”，当时人们还无法相信一条行星轨道能容纳两颗行星！奥伯斯遇到的是轻慢甚至谩骂，有人干脆说，他一个医生去找小行星是“狗逮耗子多管闲事”。

正在人们犹豫不决之际，第三、第四颗小行星又相继被找到。人们恍然大悟，在这里有着为数众多的小行星！经过短暂的沉寂后，小行星的名册上，成员增加得很快，1868 年美国天文学家华生发现了第 100 个，这差不多用了 67 年。当时法国科学院还特地为此召开了一次隆重的庆祝大会，会上还给华生颁发了一枚特制的大奖章。

但此后发现的速度明显加快了，第二个 100 颗、第三个 100 颗小行星都只用了 11 年。1923 年 11 月 20 日，第 1000 号小行星的发现标志着小行星的数量进入了四位数。到 20 世纪末，小行星的数量已超过了 10000 颗，现在则已达 100000 多。如果再计及米级大小的“小不点”，估计其总数当在百万之众。但是这些小行星的总质量，只相当于地球质量的 4/1000，而且绝大多数的小行星都呈现为不规则的形状。

无数事实证明，真正能“未卜先知”的绝不是那些装神弄鬼的江湖术士，而是我们的天文学家。他们早就算出，在 1874 年 12 月 8 日，将会出现一次百年难遇的“金星凌日”。上一次的金星凌日，还是在 105 年前的 1769 年 6 月 8 日。他们还指出，由于是时在美国正值黑夜，理想的观测地是中国与印度等地。

金星凌日不仅是罕见的天文现象，更有重要的科学意义，所以欧美的许多天文学家都不约而同来到了东方，那个得到了大奖章的华生也来到了中国。

同治十三年（1874），华生来到了中国北京，不几天他就迫不及待地支起了他的望远镜。或许是 6 年前的奖励，使他有了浓厚的小行星情结，所以他首先想到的是，在晚上搜索一下有没有小行星的踪迹。幸运的是，他在双子星座方向发现了一颗从未见过的 10 等星，而且它的位置很快就有了小小的移动。经验丰富的华生很快就意识到他有了收获，这就是第 139 号小行星。

“这是在中国发现的第一颗小行星，”华生在给他友人的一封信中写道：“我恳请帝国的摄政者恭亲王给它取名，但清朝的一位高级官员带给我一个文件，说小行星的名字就在文件中，但同时他还附带了一项口头要求——只有在‘钦天监’向皇上呈上此项发现并命名了它的有关报告后，我才能在中国公布这个名字。我当然很快同意了，后来我才知道，如果这类消息不是通过为皇帝官方观天事宜而特设的组织‘钦天监’上报到皇帝那儿，那些官员难免要失宠与遭殃。”

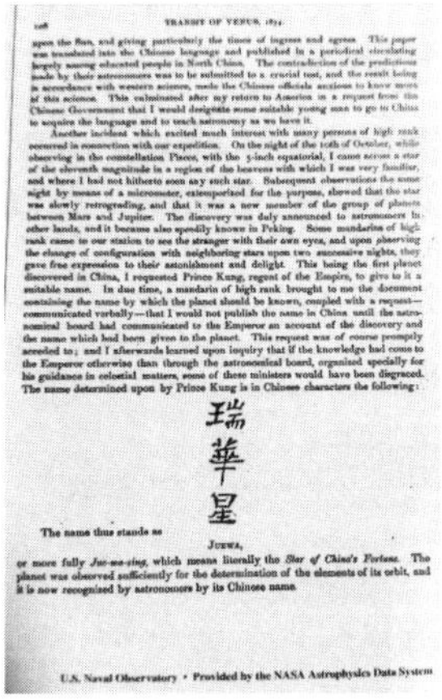

108 TRANSIT OF VENUS, 1874

upon the Sun, and giving particularly the times of ingress and egress. This paper was translated into the Chinese language and published in a periodical circulating largely among educated people in North China. The contradiction of the predictions made by their astronomers was to be submitted to a crucial test, and the result being in accordance with western science, made the Chinese officials anxious to know more of this science. This culminated after my return to America in a request from the Chinese Government that I would designate some suitable young man to go to China to acquire the language and to teach astronomy as we have it.

Another incident which excited much interest with many persons of high rank occurred in connection with our expedition. On the night of the 10th of October, while observing in the constellation Pisces, with the 5-inch equatorial, I came across a star of the eleventh magnitude in a region of the heavens with which I was very familiar, and where I had not hitherto seen any such star. Subsequent observations the same night by means of a micrometer, extemporized for the purpose, showed that the star was slowly retrograding, and that it was a new member of the group of planets between Mars and Jupiter. The discovery was duly announced to astronomers in other lands, and it became also speedily known in Peking. Some mandarins of high rank came to our station to see the stranger with their own eyes, and upon observing the change of configuration with neighboring stars upon two successive nights, they gave free expression to their astonishment and delight. This being the first planet discovered in China, I requested Prince Kung, regent of the Empire, to give to it a suitable name. In due time, a mandarin of high rank brought to me the document containing the name by which the planet should be known, coupled with a request—communicated verbally—that I would not publish the name in China until the astronomical board had communicated to the Emperor an account of the discovery and the name which had been given to the planet. This request was of course promptly acceded to; and I afterwards learned upon inquiry that if the knowledge had come to the Emperor otherwise than through the astronomical board, organized specially for his guidance in celestial matters, some of these ministers would have been disgraced. The name determined upon by Prince Kung is in Chinese characters the following:

瑞
華
星

The name thus stands as

JUEWA,

or more fully *Jue-wa-sing*, which means literally the *Star of China's Fortune*. The planet was observed sufficiently for the determination of the elements of its orbit, and it is now recognized by astronomers by its Chinese name.

U.S. Naval Observatory • Provided by the NASA Astrophysics Data System

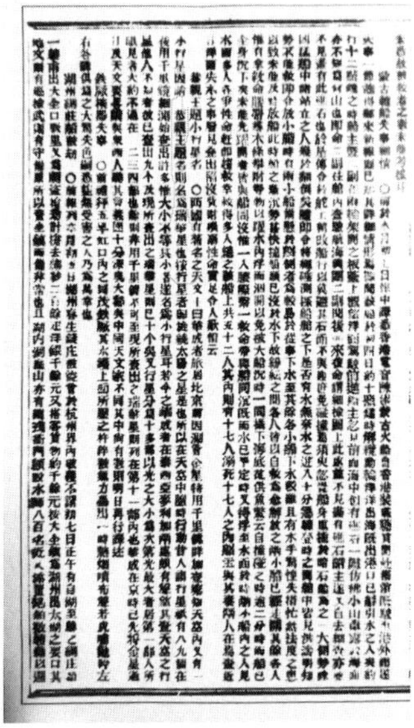

图 9.3　林景明查得的宝贵资料：左为华生金星凌日观测报告中摹写的“瑞华星”三字；右为 1874 年 12 月 21 日的《申报》，上有恭亲王将第 139 号小行星题名为瑞华星的报道

恭亲王为华生发现的小行星所取的名字为“Juewa”，按宁波、镇海地区方言则是——“瑞华”，含有“中国的福星”之意。清政府对于华生的这种默契肯定是投桃报李，所以在华期间他一定是受到了极为隆重盛情的接待，以至于让他终生难忘。在他回国后，他还特意将他后来所发现的第 150 号小行星命名为“Nuwa”——女娲。这也是迄今为止，在小行星世界中唯一的中国女神。

必须说明的是，过去我国天文界都称其为“九华”，包括颇具权威性的《英汉天文学词汇》(科学出版社，1986 年第 2 版)，天文宿老张钰哲先生的《小行星漫谈》(科学出版社，1977 年) 中都是如此称谓，后来笔者的《小行星趣谈》(科学普及出版社，1984 年)、《宇宙索奇》(江苏少年儿童出版社，1991 年)，无不沿用“九华”之名。

但是，一个名不见经传的福建籍天文爱好者林景明却独具慧眼。他孜孜不倦地追根刨底，并从国内外浩如烟海的文献中，苦苦探寻关于华生的生平事迹，他查到了华生的学生康斯托克于 1888 年在英刊《星际使者》上发表的有关文章，还有美国航空航天局天体物理数据系统中纽康汇编的 1874 年美国金星凌日观测文集 (上面不仅有华生发现第 139 号小行星的详述，更有一张字幅摹写了“瑞华星”

的三个竖写繁体汉字），也查到了1874年12月21日上海《申报》上有关恭亲王将其题名为瑞华星的报道。2016年，在有关人士的推动下，网上也有了《第一颗在中国土地上发现的小行星确定是瑞华星》的新闻报道。而中国天文学会天文学名词审定委员会的余恒先生，于2017年1月在该委员会的讨论组内贴出关于第139号小行星回归其本来名字“瑞华星”的意见，及更新天文学名词网站数据库内第139号小行星的词条解释。

四、“中华”星的发现者——张钰哲

尽管有“瑞华”“女娲”的小插曲，但平心而论，在前1000颗小行星的发现史中，我国只能作壁上观。揭开国人发现小行星序幕的，乃是我国天文界前辈、紫金山天文台前台长张钰哲先生。

张钰哲于1902年2月16日诞生在福建省闽侯县一个普通职员之家，但不幸的是在他2岁时，父亲便撒手人寰，家景很快陷入窘境。两个姐姐与4个弟兄只得与寡母苦度光阴。张钰哲是靠了“免费生”的待遇，才从明伦小学毕业。

1910年5月，明亮的哈雷彗星又一次出现于天际，这种奇特的天象给8岁的张钰哲留下了极其深刻的印象。后来他随二哥来到北京，进入北京师范大学附属中学学习。他天资聪颖，加上学习刻苦，所以在17岁时他就以全校第一名的不俗成绩从附中毕业，并随即在众多学子的激烈竞争中，以优异的成绩考入了免费的留美学校清华学堂高等科。1923年，21岁的他完成了清华学堂的学业，满怀报国之志，远渡重洋来到了美国康奈尔大学建筑系，开始了他称之为“异邦羁旅，裘葛六更”的留学生活。但一本天文科普书重新唤醒了他心中的天文情结，于是他毅然转到了芝加哥大学天文学系。从此他如鱼得水，因为成绩优秀，1926年毕业后即被派到著名的叶凯士天文台研读深造，这里有世界上最大的折射望远镜（口径1.02米）。张钰哲在这里用“中星仪”进行纬度研究，1927年在获得了硕士学位后继续攻读博士。为了学到更多方面的知识，他开始从事小行星、彗星的观测研究与双星的研究工作。1929年他以双轨道的极轴指向在空间分布的研究论文，顺利地获得了芝加哥大学天文学系的博士学位。

值得一提的是，就在攻读博士学位期间，他依然经常对星空进行观测。真是“天道酬勤”，1928年11月22日晚，张钰哲在天文台上做小行星观测，在他所拍摄的照相底片上，他驾轻就熟地找到了他计划中要观测的那颗小行星，而且发现在此底片上似乎还有另一颗小行星的踪迹。为此，他跟踪追击了9个夜晚，终于算出了它的运行轨道，才知道他发现了一颗新的小行星——第1125号。这也是中国人首次真正登上发现小行星的舞台。按照国际惯例，发现者可以为自己的猎物命名，此时26岁的青年学者心潮澎湃，他虽身居大洋彼岸的异国他乡，但血液中流淌着中华儿女的血液，因此他决定将其发现的这颗小行星称为“中华”(China)。

在不久后寄给母亲的一首七律诗中，他充分表达了这种赤子之心，抒发了自己的赤子之情。

图9.4 正在用望远镜观测星空的张钰哲

留美学业将毕，寄诗呈母（1928年）

科技学应家国需，异邦负笈跨舟车。
漫言弧矢标英志，久缺晨昏奉起居。
乳育勋劳齐载覆，春晖寸草总难如。
喜把竹书传好语，明年渡海俱琴书。

1929年秋，他满怀科学报国的希望回到祖国。为了发展中国近代天文事业，他在返国前特意考察了美国与加拿大的几个著名的天文台。然而，他回国后所见到的是一个满目疮痍、民不聊生、科学凋零的局面，国内没有一个近代天文台，真是英雄无用武之地。他只能到南京的中央大学物理学系，担任一个讲授天文学的物理学教授。

小行星因为“人微言轻”，往往经不起风吹草动，在一些大行星尤其是木星的“引诱”下而改变了轨道，因而与历史上一些小行星得而复失一样，第1125号“中华”星也因受到人们的长期冷落而不再肯露面。

中华人民共和国成立后，张钰哲出任紫金山天文台台长。在他的领导下，全台科研人员千方百计克服困难，终于在1949年12月开始了新中国的小行星、彗星观测工作。经过多年不懈努力，1957 年 10 月 30 日，他们终于发现了一颗轨道与当年“中华”十分相似的新的小行星，上报后又为许多国家的天文学家的观测所证实。于是，国际小行星中心即把这颗 1957 年发现的小行星作为第 1125 号“中华”星的数据……

五、五彩缤纷的中国小行星

在张钰哲的领导下，紫金山天文台行星室的研究人员，从无到有，艰苦创业。1955 年 1 月 20 日，53 岁的张钰哲与年轻的助手一起，在国内首开纪录，发现了一颗新的小行星，并临时将其命名为“紫金 1 号”。到 1957 年时，在国际小行星出生版的刊物中，已有 20 多颗小行星的轨道是由我国天文学家提供的。

张钰哲与小行星结下了不解之缘。在他逝世前的 20 世纪 80 年代中期，紫金山天文台小行星研究室已发现了 900 多颗未见记录的小行星，其中 200 多颗已为国际公认，获得正式国际编号的达 130 余颗，按相同期间发现新小行星数的排名，可以位列世界第五。而当时他们所有的仪器，只有一架在世上根本排不上号的口径 40 厘米的“双筒望远镜”。

紫金山天文台发现的最初一批小行星，大多以省、市自治区的名字，如第 2045 号北京、第 2197 号上海、第 2077 号江苏、第 2510 号山东……后来少数城市也上了天：第 2693 号延安、第 2719 号苏州、第 2851 号哈尔滨、第 3543 号香港、第 8423 号澳门……

中国小行星还有不少是以科学家的名字命名的。最早的是 5 位古代大科学家：第 1802 号张衡、第 1888 号祖冲之、第 1972 号一行、第 2012 号郭守敬，以及第 2027 号沈括。以当代的天文学家与物理学家命名的则有：第 3171 号王绶琯、第 3241 号叶叔华、第 3405 号戴文赛、第 3462 号周光召、第 3513 号曲钦岳、第 3704 号高士其……华裔物理学家、诺贝尔奖获得者杨振宁与李政道分别被命名了第 3421 号与第 3443 号。数学家陈景润与“杂交稻之父”袁隆平分别为第 7681 号与第 8117 号。

当然，一些企业家后来也跻身其中，如田家炳（第 2886 号）、邵逸夫（第 2899 号）、陈嘉庚（第 2963 号）、曾宪梓（第 3388 号）……

发现小行星的工作，北京天文台（现为国家天文台）大有后来居上之势。在陈建生院士的领导下，从1995年开始，使用60/90厘米施密特望远镜与2048×2048CCD系统，由朱进主持CCD巡天观测，在短短四五年内就发现了1000多颗新小行星，其中已有91颗获得了正式的国际编号。于是“北京大学”（7072）、“中国科学院”（7800）、“北师大”（8050）也就在星空中大放异彩。

在国家天文台发现的这些小行星中，值得一提的还有1997BR，它发现于1997年1月20日晚，其运行轨道几乎与地球轨道相切，所以它一度在离地球极近的上空飞掠而过，最近距离是7.5万千米——这只有月地距离的1/5！简直是一个极其惊险的“擦边球”。

斐然的成就自然会受到世人的尊重，国际天文学联合会也因此把9颗外国人所发现的小行星赠予华夏儿女，最初的3颗是：（1881）“Shao”（邵）、（2051）“Zhang”（张）和（2240）“Tsai”（蔡）。众所周知，邵是美籍华裔天文学家邵正元，张即是张钰哲先生，而蔡则是中国台北天文台台长蔡章献。后5颗有：（3751）江涛（旅英天文学家）、（3797）余青松（紫金山天文台创建者）、（4760）张家祥（紫金山天文台小行星专家）、（6741）李元（著名天文科普作家）、（6742）卞德培（著名天文科普作家）和(6743)廖庆齐（香港太空馆首任馆长）。(19873)则用发现过10颗SOHO彗星的苏州天文爱好者陈韬的名字命名；(263906)则为广州天文爱好者协会秘书长袁凤芳的专属。另外被授予小行星命名殊荣的中国大陆爱好者还有：（4730）周兴明、（10280）叶泉志、(12106)孟奂、（19872）陈栋华、（195657）庄启宁、（204710）高兴、（364192）钱汝虎、（375043）曾维舟……自1999年“神舟”飞船上天后，中国航天员也大踏步地进入太空。于是紫台1981年发现的（8256）也顺理成章地命为“神舟星”，而西班牙天文学家艾斯特于1991年6月6日在欧洲南方天文台发现的，国际永久编号为第21064号小行星则赠给了中国第一个“太空人”杨利伟。

“来而不往，非礼也。”我们也不会忘记朋友，所以紫金山天文台也特意把他们于1965年发现的第2790号命名为“Needham”（李约瑟）。

如今，100多颗中国小行星正不断地从星空中飞越，相信随着中华的振兴崛起，这支“中国星”的队伍将会更加浩浩荡荡。

六、吉林陨石带来的契机

我国古代有着极为丰富的天象记录，很多都是世界独有的，而且往往是最早、最完整的史料。如有关陨星的700多个文献，乃是古陨星最系统、最珍贵的资料。如《竹书纪年》中，就记载有公元前2133年的陨石雨，“帝禹夏氏八年，雨金夏邑”。这次降于河南颍川阳翟地区（今河南禹州）的一次铁陨石雨，也是目前所知最古老的陨石记录。

有许多迹象表明，陨石雨很可能是小行星闯进地球大气层的产物。

1976年3月8日下午3时许，吉林市北郊晴空万里，突然一个光耀夺目的大火球从天而降，在由东向西的疾驰时发出两声山崩地裂似的巨响，随后是一阵经久不息的滚滚沉雷声，几个小火球化作万千金石，成了一场壮观无比的陨石雨。目睹这次大陨石雨的不下几千人，事后人们在500平方千米的范围内，总共收集到大小陨石300多块，总重2700千克，其中最大的1号陨石重达1770千克，是目前世界上所见的最大石陨石。

1974年我国对东台陨石进行了分析研究，欧阳自远等人开拓了中国陨石学的多学科研究工作，1983年对“宁强陨石”（我国第一颗碳质球粒陨石）进行了综合研究。

图9.5　世上最大的石陨石——重1770千克的吉林1号陨石

我国天文科普家卞德培（1998年国际天文学联合会已把第6741、6742号小行星分别命名为李元与卞德培这二位著名天文科普家）经过多年对陨石的研究考察，发表了《我国已知陨石的初步统计》，第一次对中华人民共和国建立以来的陨石做了全面的记载，1981年他在美国《Meteorites》（陨星学）发表了《中国陨石》，列出了67次陨石陨落的资料，使英国自然历史博物馆所编的《国际陨石目录》，长期所列的11次中国陨石一下增加到了50次以上，引起国内外有关人士的高度重视。第二年此文以载于法国的《Nova Note》上。

1982 年禤锐光等人对中国古陨石记录进行了系统的、深入的研究，并将其运用到形成太阳的原星云的化学成分、凝聚与集聚过程、行星的形成与演化、元素的起源与演化、稀有气体同位素甚至生命的起源等研究，取得了不少可喜的成果。对吉林陨石的深入研究后出版的《吉林陨石雨论文集》一书，除了有对陨石的化学组成和结构、有机化合的矿物组成与形成等常规研究外，还收有先后与美国、德国、瑞士等国科学家合作，对陨石的状态方程、冲击效应热变质作用等许多具有国际水平的研究成果。欧阳自远等人在 1983 年用宇宙成因核 ^{21}Ne 含量作为第一暴露阶段样品的深度标尺，用 ^{60}Co 含量作为第二暴露阶段样品的深度标尺，来恢复吉林陨石原母体，得出结论：它原来确是小行星的一部分，在大约 1000 万年前被撞击出来，起先有 10 多米大小，大约 4000 年前又被撞了一次，使其终于从内层分离出来，成为半径 80 ～ 90 厘米大小的单体，并最终于 1976 年落于吉林。

2005 年 12 月～ 2006 年 3 月，我国第 22 次南极考察队在格罗夫山区发现了 5354 块陨石，加上以前在南极所收到的 4480 块，我国的南极陨石拥有量达到了 9834 块，成为继日本、美国之后的第三大国，比第二名的美国只差了 46 块。这次获得的陨石还包括 6 块碳质陨石、2 块无球粒陨石和 1 块石铁陨石。本次考察获得单块陨石的最大重量为 3.7 千克。

这次科学考察还获得了一块“月球陨石”。这颗来月球上的“珍贵客人”重约 0.8 克，发现地在格罗夫山地区，准确的地理位置是：东经 75°19′10″、南纬 72°50′6″。发现者是欧阳自远的高足林杨挺研究员，他曾经描述说：“我眼前出现了一个花生米大小的石头，颜色很特别。”目前月球陨石全球也只有 22 块，这块 0.8 × 1 厘米、0.8 克重的月球陨石是中国迄今为止收集到的第一块。

欧阳自远院士认为月球与地球在 45 亿至 46 亿年前的一个相当接近的时期内产生。人类在月球的 9 个点位上采集了岩石样本。其中美国阿波罗登月舱采集到 6 个点位的共 381.7 千克岩石，苏联通过不载人飞船也取得了 3 个点位的共 0.3 千克的岩石。如果能得到更多月球其他点位的岩石，就有助于更全面地了解月球岩石分布情况、岩石的类型和岩石种类的大概比例，进而对于月球的演化历史有更深的了解。

第十篇
彗星方面的发现

璀璨的星空有着非凡的魅力，当年大哲学家德国的伊曼努尔·康德有句名言：能够震撼人们心灵的只有两件东西，“一是我们心中崇高的道德准则，另一件就是我们头顶上的星空”。星空是和谐的，美丽的，但有时天穹中偶尔也会出现一种奇形怪状的不速之客，它们披头散发，长尾摇曳，它们行踪诡秘，来去无序，总会让人感到不寒而栗。美国历史上第 6 位总统约翰·昆西·亚当斯当年也曾说：“……彗星的奇观很少显现，它们的运动极不规律，留滞于它们身后的火红的彗尾痕迹甚是奇美，它们所主宰的定律和它们的出现是我们太阳系的一部分，这是人们目视观测行星变化所远不能及的。”而古希腊大学者亚里士多德却不以为然，他甚至认为彗星并不是天体，只是一种大气现象。他认为彗星是这样形成的：“上苍的运动产生了多种撞击力并聚成一个火团……恰好这时位于它下方的是十分稠密的蒸发物，于是就形成了一颗彗星，它完全是按照蒸发的形式显现的—如果它是向各个方面散去，它就被人们称作彗星。”他还说：它们出现“就预示着风和干旱的来临”。正因为如此，西方古代史料上的彗星记录很少。据统计，在望远镜发明之前的 95 条彗星记录中，至少有 2/3 以上都来自中国的史料。

一、惹是生非的不速之客

正因为彗星其貌不扬，而且又常是不请自来的“不速之客”，所以古今中外都留下了它许多惹是生非的记载。

在《左传》中有载：昭公十七年（前525年）天上“有星孛于大辰，西及汉。……若火作，其四国当之，在宋、卫、陈、郑乎”。译成现代话就是：在大火星（天蝎 α）附近的那颗大彗星一直延伸到银河内，它预示着宋、卫、陈、郑将会发生大火灾。而据说在6天后，那儿果然烧起了一场熊熊的大火，损失惨重。

唐代天文学家、星占家李淳风在《乙巳占》中说：“凡彗孛见，亦为大臣谋反，以家坐罪；破军流血，死人如麻，哭泣之声遍天下；臣弑君，子杀父，妻害夫，小凌长，众暴寡，百姓不安，干戈并兴，四夷来侵……”

在西方，彗星也常被视作为不祥之兆。公元837年，夜空中的哈雷彗星让法国天文学家写下了这样的文字：“在复活节的圣日里，一个经常是大祸预兆的现象出现了。路易一世皇帝一见到这颗彗星后，立刻失去了平静……尽管他依照主教的吩咐，虔诚地祈祷上苍，大修教堂，可3年后他还是死了。”1528年有位外科医生也记述了彗星引发的混乱：大彗星使人如此的恐惧，有人甚至被吓死了，也有不少人病倒。成百人看到它血红的颜色，形状是长长的，顶端上还能见到一只握着剑的大手，剑刃上镶着3颗亮闪闪的星。宝剑正在向下刺去。在彗星光芒的四周还有不少战戟、匕首和血淋淋的短剑，中间还有许多可怕的人头。

1773年“彗星将与地球相撞”的惊人消息扰得法国人寝食不安，天文学家拉朗德在法国科学院做了“秘密报告”：它将于5月20日接近或撞上地球！还有一位权威人物发出警告：“上帝当年创造人的时候，便预知人类将来一定会犯罪，所以早就预备了一种替他执行惩罚的工具，以在人类恶贯满盈的时候把他们毁灭……这次彗星将从后面追上地球，迫使地球改变轨道，让地球越来越靠近太阳，变成一片火的世界……最后则是彗星猛烈地撞向地球，使地球也变成了轨道异常扁长的彗星。”一连串的传

图10.1　19世纪一本法国书上设想的“世界末日”，彗星把地球撞碎

言让教堂前挤满了前来忏悔的人群，生产几乎瘫痪，社会乱成一片。后来著名作家伏尔泰对这种少见的狂热描述说："巴黎人告诉我，世界末日临近了，他们正等待着这一天——今年的5月20日，彗星将突然从背后把我们地球翻个身，把它撞得粉碎……再也没有比这更确凿无疑的了，因为贝尔努在他《彗星的研究》一书中早已做出了预言：1680年出现的那颗大彗星将于1719年回来扰乱地球。……所以现在有识之士都在规劝人们，等待1773年5月20日的末日的到来。"后来连路易皇帝也不得不专门下诏，要天文学家出来平息这股风浪。

1680年一颗历史上少有的大彗星让"科学院的学者们日夜操心，人们都以为这是洪水将来的预光……胆小的人以为世界末日来到了，他们急忙写下遗嘱，要把所有的财产捐献给修道院与僧侣"。而那些自称为"上帝仆人"的家伙们，当然是来者不拒、照单全收了。

铁腕人物拿破仑果然不同凡响，他不仅对1811年那出现的那颗壮观的大彗星丝毫没有一点畏惧与恐慌，反而向其部下说："它将是我们征服俄罗斯的预光。"然而他的大军一直打到了莫斯科后，彗星并没有给他带来好运。1812年，拿破仑最终还是丢盔弃甲，溃不成军，几乎全军覆灭，在狼狈不堪地逃跑中还差一点做了俄国人的俘虏。更有趣的是，同是这颗大彗星，却让葡萄牙的酿酒商交上了好运，因为他们那年所制作的一种葡萄酒称为"彗星酒"，声称这种葡萄酒因为得到了彗星的"灵气"，有特别香醇甜美的味道，在广告的诱惑下，人们竞相争购，使那些商人财源滚滚。

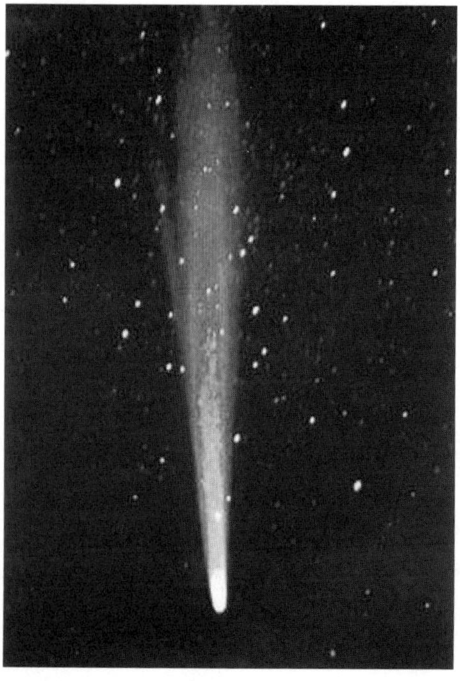
图10.2　1910年的哈雷彗星特别明亮

直到1910年，新西兰的毛利人还以为，英王爱德华七世的死是由那颗哈雷彗星造成的。他们在致哀时说："去吧，我们的君王……请回到您那祖先所在的天堂去吧……哈雷彗星是熠熠生辉的天梯，沿着它，您可登上高高的第十重天。"而在大洋彼岸的美国也为它鸡犬不宁，因为天文学家已经算出，在5月间地球会与哈雷彗星迎面而行，到5月18日二者相距只有2400万千米，而彗尾至少有4～5千万千米长，无疑，哈雷彗星的彗尾必将像大扫把那样扫过地球，这样彗尾中那些剧毒的氰化物、一氧化碳将把小小的地球变成一个惨绝人寰的“毒气室”，于是“末日真的来临了”“一切生灵在劫难逃”之类歇斯底里的声音越叫越响，随着荧荧如火的彗尾越来越长，恐怖的气氛也日甚一日，一些胆小者在慌乱中匆匆结束了自己的生命，更多的人则是尽情挥霍，以赶在5月18日前享受个够，所以每天都有不少人烂醉街头。而一些商人则推出了据说可以防止中毒的“反彗星丸”及“彗星口罩”，一时间居然生意兴隆，购者云集。

二、他们还了彗星的本来面目

西方人长期以来都相信，造物主所创造的宇宙是最完美和谐的，因此也就永远不会有任何变化，所以彗星也就被他们长期一笔“封杀”。

直到1577年天空中又出现了一颗大彗星。刚届而立之年的丹麦天文学家第谷·布拉赫为了报答重用他的国王，对它进行了认真的观测研究，他发现无法测出这颗彗星的“视差”，这就说明，它离地球至少比月亮还远得多，应当是名正言顺的天体，这也就推翻了亚里士多德的强加在它头上的“不实之词”。

真正让彗星成为天文学家掌上明珠的是英国天文学家爱德蒙·哈雷，他于1656年诞生于伦敦的一个富裕的肥皂商人之家。他自小就聪颖过人，从牛津大学皇家学院毕业后，20岁的他就带着众多的天文仪器漂洋过海，勇敢地来到了南大西洋上的圣赫勒拿岛。

图10.3　大天文学家哈雷

圣赫勒拿岛是一个面积只有120平方千米，渺无人烟的火山岛，离开最近的大陆至少有1800千米之遥，原先几乎无人知晓。但由于遭受滑铁卢惨败的拿破仑被放逐到这儿，并在此了结终生，从此它也就成为一处名闻遐迩的胜迹。后来此岛屿又几经易手，从1659年开始归入英联邦的势力范围。

哈雷在岛上进行了2年的辛勤观测，在此前，欧美天文学家从未见过南天的星空，所以哈雷进行的是开创性的人类第一次南天观测，后来他绘制出了世上第一幅精密的南天星图，他因此获得了“南天第谷”的美誉。更重要的是，哈雷在此基础上发现，他所测得的许多恒星的位置与古代的记录相比，都有一些或大或小的改变，而且变化的方向或东或西，或南或北，漫无规律，于是他大胆提出了“恒星不恒”的观点：恒星在宇宙空间正在不断地运动——这种运动后人称之为“自行”。

哈雷还有一大贡献是他促成了牛顿的传世大作《自然数学的哲学原理》。有人说，没有哈雷，就不会有《自然哲学的数学原理》这本改变历史的书，这话一点也不假。哈雷先是想尽办法、好说歹说才让牛顿同意写书；书成之后，皇家学会却因财务上的问题而无法使它出版发行，尽管此时哈雷自己也因为父亲的去世，经济上有许多困难；但哈雷还是决定慷慨解囊，自掏腰包。所以几乎所有的出版庶务：和印刷商斡旋、校订、验算数据和审图等，都由哈雷一手包办。这之间还曾因为有位声名显赫的物理学家胡克宣称，是他先发现万有引力，一度使得牛顿心灰意懒，想打退堂鼓作罢，都是幸得哈雷的鼓励，《自然哲学的数学原理》才有机会呈现在世人眼前。

哈雷对于彗星的开拓性研究更是使他名垂史册。1680 年，24 岁的哈雷访问巴黎天文台时，正好天上也出现了一颗大彗星，壮观的彗星景象给他留下了极为深刻的印象，岂知在两年后他新婚时，又有一颗大彗星降临天际，这使他萌发了要彻底研究这种天体的决心。他广泛地收集有关彗星的资料，在进行了认真的考证与鉴别后，他从公元 1337 ~ 1698 年所载的 361 颗彗星中精心挑选出 24 颗进行深入的剖析，经过十年的辛勤努力，他的巨著《彗星天文学论说》于 1705 年付梓，从此彗星登堂入室，成为天文学家的研究对象。哈雷在研究中发现，1531 年、1607 年与 1682 年出现的那 3 颗彗星轨道极为相似，很可能它们本是同一颗彗星的三次回归。他以 75—76 年的周期再向前追索，果然发现在东西方史书上，1456、1378、1301、1145、1066 年都有彗星的记载。由此他认定，彗星与行星一样，也是在沿着椭圆轨道绕太阳运动，遵循着开普勒和牛顿的力学定律。他在书中还附上了一笔：“如果彗星最终依据我们的预言，大约在 1758 年再现的时候，公正的后代将不会忘记感谢这首先是由一个英国人发现的……”

后来的事实完全应验了这个预言，于是这颗彗星也就被称之为哈雷彗星。

三、彗星大唱“空城计”

图 10.4　彗星由彗头与彗尾组成，人们能清楚看到其后的恒星

现在人们已经清楚，彗星的本体只是一个直径几十千米左右的夹杂着许多杂质的“脏雪球”，但因为在它沿着轨道运行到太阳附近时，因太阳所发出的光和热使其很快升温挥发，体态极度膨胀而形成一个“庞然大物”。但是天文学家往往可以透过彗星的身影，真切地见到它后面的恒星，并且星光几乎没有任何减弱！这说明它真是“腹中空空如也”。

一般说来，彗星是由明亮的彗头及长长的彗尾组成的。彗头的中心有一个彗核(即“脏雪球”)，而从中挥发出来的物质就在其周围形成了巨大的彗发，近年来从卫星观测资料所知，有时彗发外面还包着一个更大的氢云。当彗星运行到地球轨道附近时，彗头的直径会急剧增大到几十万千米，有的甚至到几百万千米，比太阳还大。

彗星的那些挥发物极其稀薄，所以在“太阳风”（从太阳发出来的高能粒子流）的作用下就形成了长长的彗尾。它常常可以横亘天际，跨过半个星空，其长度也十分惊人，有些大彗星的尾巴可能长达几亿千米，比太阳到地球的距离还长。然而因为彗尾内的物质极其稀薄，比一般实验室所制造出来的“真空”还要空旷得多，所以有人调侃说，如果有办法把彗尾的物质浓缩浓缩再浓缩，把它硬压进一个皮箱内，一般的人都能不太费力地把它提将起来。

彗星的彗尾也是瞬息变化的，尤其是在它朝着太阳而来的那段时间，真可谓是不断见长，有时还可生出好几条彗尾来。历史上记载 1744 年出现的歇索彗星曾出现过 6 条彗尾，它像开屏的孔雀，十分壮观。

正因为彗星的质量一般只有几千亿吨（10^{14} 千克），这只是地球质量的几百亿分之一。所以它经不起任何“风吹草动”，在它经过那些大行星附近时，常常会因受到大行星（尤其是木星）引力的“拉拢”而改变轨道，1994 年举世瞩目的撞向木星的“苏维克—列维 9 号彗星”原来也是“安分守己”的绕太阳运行的，可就在 1992 年它经过木星附近时，在木星强大引力的作用下，变成了绕木星运行的轨道，彗星本身还被撕成了 21 块碎片。这也是天文学家对日月食等天象都能了如指掌，惟独对彗星的预言有时会“失灵”的原因。

彗星的轨道与行星有很大的区别，它们的轨道面常常倾斜得很，有时甚至超过了 90°，这样的彗星就是自东向西“逆行”的，与一般行星运行的方向正好相反，哈雷彗星就是明显的一例。彗星的轨道另一个特点就是它特别扁长，甚至大多数的彗星轨道并不是椭圆，而是一条不封闭的抛物线或双曲线，这些彗星都是匆匆而来、急急而去的过客，只有大约 10%左右的彗星才是能周而复始地出现在我们眼前的周期彗星，而其中又有一半以上的周期超过了 200 年。由于轨道极为扁长，所以彗星绝大多数时间都只是在太阳系的边陲地区缓慢而行，极度的寒冷，使得它们这些时候总是“冻成一团”，仅是剩下小小的彗核，根本无从察觉。

四、从“紫金”开始的发现

1964 年的岁末之夜，雪后天晴，大气特别清澈洁净。从不肯放弃一个晴夜的紫金山天文台行星室研究人员，又来到了山上的观测室，打开了“40 厘米双筒望远镜”的天窗，按照既定的计划，把镜头指向了双子座的方向，他们一直忙到了新年元旦的凌晨，拍摄了许多照片。

1965 年 1 月 4 日，他们开始着手处理那夜得到的资料，在编号 SN121 与 SN122 的底片上密密星点之中，除了原先所知的 6 颗小行星外，还显现出 10 颗陌生天体的倩影，其中一个外形比较模糊的星像引起了他们的特别关注……在以后的几天中，他们跟踪追击，终于算出了它的轨道，证明它是一颗新的彗星——周期只有 6.6 年的短周期彗星。很快它获得了“国际小行星中心”的确认，临时编号为 1965b，紫金山天文台则把其命名为“紫金山 -1 号”彗星。

好事常会连双。几天后，他们又在巨蟹座内发现了周期为 6.8 年的“紫金山 -2 号”彗星。其编号为“1965c”。根据它们经过近日点的顺序，获得的永久编号分别是“1965 Ⅰ”和“1965 Ⅱ”。半月之内发现两颗彗星，这也是中国天文学家在彗星发现史上的一大手笔。

由于众所周知的原因，第三颗“紫金山”彗星问世，已是 1977 年 9 月的事了，而且与前两颗不一样的是，它是一颗非周期彗星，即其轨道不是椭圆而是一条双曲线，所以“初相识”也是永诀。

又是十年过去了。由于南京地区的观测条件逐渐恶化，所以紫金山天文台的一些工作只能另寻地方进行。1988年，紫金山天文台的年轻天文学家葛永良、汪琦远赴北京天文台兴隆观测站进行小行星定位观测，11月4日他们在工作中意外地逮住了一颗新彗星。经过计算，新彗星的周期为11.4年，正好与两人发现它的日子11月4日相同！真是有趣的巧合。11月19日得到了国际确认，于是它以发现者的姓氏作了星名——“葛-汪”彗星，这也是第一颗以中国人姓氏命名的彗星。

又过了一个十年，1997年6月4日凌晨，北京天文台的青年天文学家朱进博士等人在位于河北燕山深处的兴隆观测站也有了收获：在天秤座内发现了一颗星像模糊，又在缓慢移动的星体，他们立即意识到这是一颗绕太阳的小天体，因而马上报告了“国际天文学联合会小行星中心”。6月8日，被国际天文学联合会正式命名为“C/1997 L1”。13日朱进把它命名为“兴隆”彗星。后来加拿大的天文学家也观测到了这颗新天体，于是国际天文学联合会天文电报中央局向世界通报了这次发现。并正式名为：“朱-巴拉姆”彗星。

第6与第7颗则是由中国留美学者李卫东做出的贡献，他分别于1998年12月和1999年3月在美国发现了“C/1998 Y2”与“C/1999 E1”，它们均被命名为“李”彗星。

第8颗由中国人命名的彗星则是中日合璧的“池谷-张”彗星。这也是第一颗带有中国天文爱好者姓氏的彗星。

池谷的全名应为池谷薰，是一位年逾花甲的日本天文爱好者，原在一家乐器厂工作，现在已是世界上著名的“彗星猎手”。经过了109个夜晚335小时的辛劳，终于在1963年1月2日发现了“池谷”彗星（1963a）。尤其让他名扬天下的是1965年他与另一日本人同时发现的“池谷-关”彗星（19656f）。这也是20世纪著名的大彗星之一，因它最亮时在白天也能看见，有“白昼彗星”之称。

图10.5 两个彗星发现者葛永良（左）与张大庆（右）相见于紫金山天文台

“池谷-张”中的张是张大庆，他1970年生于河南开封，是工人出身的天文爱好者。他求知若渴，刻苦自学天文知识，自己动手磨制天文望远镜，自1991年8月30日开始进行系统的搜寻彗星天文观测。为避开城市灯光，他常骑着摩托跑十几千米到郊外……

2002年2月1日19时15分，在他进行第518次彗星搜索观测时，676个小时又20分钟的努力终于有了回报，他在自己磨制组装的望远镜内，见到了一团暗淡朦胧的云雾状的天体出现在鲸鱼座内。后来国际天文学联合会天文电报中央局7813号通告中把它命名为C/2002 C1池谷-张彗星。初步计算表明，它是一颗周期彗星。

2017年3月1日，紫台近地天体望远镜团组的科研人员观测到一颗亮度为19.5等的移动天体，其运动速度为0.30度/天，立即将该彗星的信息上报，随后几日对它进行了跟踪观测，并呼吁国际上其他望远镜对其进行跟踪观测。3月9日，美国马格达林那山天文台的2.4米望远镜测量了该目标的彗发特征。经过近一个月的观测，确定了它是一颗周期彗星。该彗星的运行轨道比较特殊，几乎在一个垂直于黄道面的大椭圆轨道上运行，绕日周期长达114年。这是第4颗以紫金山的名字命名的彗星，也是紫台发现的第6个彗星。

五、周兴明的彗星人生

2004年9月28日，国际小行星中心公布了对第4730号小行星的命名通知：

> (4730) 周兴明＝1980XZ
>
> 1980年12月7日发现于紫金山天文台。
>
> 周兴明（1965～2004）是来自新疆的气象学家和彗星猎手，他从SOHO卫星的LASCO图像中探测到64颗近日彗星，从SOHO卫星的SWAN图像中探测到1颗近日彗星。他还独立发现过两颗其他彗星。作为一位不知疲倦、认真的观测者，他在丝路天文网站上记录了自己的观测结果。

有趣的是，这颗小行星的临时编号XZ本是表示它是当年12月上半月中所发现的第25颗，但它恰好也是周兴明名字的英文缩写。

1965年3月6日，周兴明出生于新疆博乐军垦农场89团，1985年毕业于兰州气象学校。他4岁时就失去了父亲，大哥周兴建是喜爱天文的小学教师，在他的影响下，他也从14岁时就开始爱上了神奇的天文学。1979年年初一开始观察星空，1983年5月11日，在没有得到任何预告的情况下，他用肉眼见到了并不太亮的C/1983d彗星（后来它被命名为“IRAS–荒木–阿尔柯克”彗星，其中的IRAS是“红外天文卫星”的缩写），从此他就被彗星深深地吸引住了，并与它结下了不解之缘。周兴明平时不跳舞，不打牌，更不玩麻将，他认为静静地观看星空，是最令人心旷神怡的乐事。在1990年患肝炎之前，他每年观测星空的时间都在220小时以上。

图10.6　发现了64颗SOHO彗星的天文爱好者周兴明

周兴明生活与工作在祖国最西北的边陲地区——阿拉山口气象站，离博乐市73千米，一年中有160多天刮着8级以上的大风，当然弊中之利是很少受到城市的灯光干扰，这是天文观测求之不得的。但是毕竟那儿交通不便，通讯闭塞，因而周兴明发现了彗星要向外发电报的难度，有时竟不比发现彗星容易多少。因为那儿方圆几十里除了一个边防站外，根本没有其他的居民或单位，所以他必须先步行7千米到边防站，再费不少口舌来说服驻军单位领导，后来他的赤诚之心终于感动了那儿的一位连长，让他用“军线”接通博乐气象局，请局内的报务员一字一句地将记录报告核实后，再发向紫金山天文台。

1985年10月，周兴明就是这样把他发现的第一颗彗星1985 I（哈特利–古德彗星），可是因为他所使用的望远镜是“业余级”的，所以比国外的发现晚了36天，但这是新中国天文爱好者第一次独立发现的、肉眼看不见的“望远镜彗星”，其意义不言自喻。

1995年12月欧洲空间局（ESA）与美国航空航天局（NASA）合作，发射了“SOHO探测器”，SOHO是“太阳与太阳风天文台”的英文缩写。它可以对太阳、太阳周围乃至太阳系空间环境进行有效的监测。而且它所拍摄的照片都是国际共享的，任何人都可以从网上下载后进行研究。1999 年 8 月，澳大利亚的一位天文爱好者在 SOHO 图片网站的 LASCO 系列图片中，发现了两颗彗星：SOHO–74 与 SOHO–75 彗星。从此天文爱好者有了一个发现彗星的新天地，随着众多爱好者的加入，SOHO 彗星已是天文爱好者的天下，如 2001 年天文学家所发现的 SOHO 彗星只有区区 1 颗，而爱好者的收获竟是每年近百颗！

2000 年秋天始，周兴明也加入了这个行列，10 月 10 日他从中已找到了一颗彗星，可惜的是，早已有人捷足先登了。但他并不气馁，并于 12 月 5 日成了真正的 SOHO 彗星发现者。到 2004 年 7 月止，他发现的 SOHO 彗星已有 64 颗（但此类彗星的发现者没有对彗星的命名权），使得中国在发现 SOHO 彗星的排名跃升为第五位（周本人则排列第四）。

但令人扼腕的是，2004 年 8 月初，他到福州参加一个学术会议，由于他的祖籍是福建连城，所以在 8 月 5 日，会议结束后，他搭乘族人的摩托车回连城故乡时，途中发生了追尾的交通事故，一个 39 岁正值生命黄金时代的杰出业余天文学家从此殒落。

值得一提的是，周兴明的遗愿很快由周波很好地继承下来，到 2018 年 9 月为止，陕西兴平人周波斩获的 SOHO 彗星数多达 380 颗，在中国是稳列榜首，世界排名第二。近年来，SOHO 彗星发现者的队伍有了突飞猛进的发展，可以列出一串长长的近 20 人的名单：徐智坚（300 颗）、苏华（208 颗）、孙霈源（112 颗）、阮建高（86 颗）、袁仕鸿（12 颗）、许文韬（10 颗）、陈韬（10 颗）、叶泉志（7 颗）等，中国也因此成为发现 SOHO 彗星最多的国家之一。

第十一篇
大行星方面的发现

自古以来，人们就知道，太空中有两类不同的星体：一类是在太空中始终不变的恒星，这里所言的“不变”有两重含义：一是它们在天穹中的相对位置固定不变，二是它们发出的光亮也是恒定的。另一类就是5颗行星——水星、金星、火星、木星与土星，它们在星空中显得相当明亮，但其亮度一直在不断地改变着，而且它们在星空的背景上的行径更令人费解，所以中国古代称其为“惑星”，而西方名其“Planet”的本意就是“流浪者”。但是英国一位迷恋天文学的乐师威廉·赫歇耳于1781年发现了太阳系内的第七颗大行星——天王星，这也是人类首次自己发现的行星，后来也导致海王星、冥王星相继被人们发现。但这三颗离人们很远的星体通常都只能用望远镜才能见到，所以在被发现后的很长时间内，人们对它们实在是知之甚少。幸得人类进入了太空时代，20世纪七八十年代，一些空间探测器相继访问了除冥王星外的所有行星，而2005年美国发射的“新地平线”探测器已出发，并于2010年专门拜访这个“太阳系中的老九”。可是谁也没有料到，冥王星在2006年8月已经在大行星的队伍中被除名，降级为“矮行星”。但是我们可以相信，人们的空间探测必将使人们对于太阳系的认识产生质的大飞跃。

一、和谐的“太阳大家庭”

现代天文学知识告诉我们，太阳与太阳系都是在46亿年前的一团星云经过漫长时间的收缩凝聚而成的，它们有着共同的起源。只是因为在中央区域的太阳聚集了星云内的绝大部分物质，所以才会变成能自己发出光与热的恒星，而在其周围绕转的八大行星及其他天体，因为没有足够的“资本”，才只能演化为自身不发光的行星。

现在知道，太阳的质量约为2千亿亿亿吨，科学的写法是 2×10^{30} 千克，也就是说整个太阳系中99.865%的物质都集中在太阳上，八大行星、几颗矮行星与它们所拥有的100多颗卫星、几十万颗小行星、上千个彗星加在一起，也只及太阳的千分之1。难怪人们常要把太阳比作“一家之长”，行星只是它的“儿女”，卫星则是其“孙儿孙女”了。

长期以来，人们一直认为，太阳系中有九颗大行星：水星、金星、地球、火星、木星、土星、天王星、海王星与冥王星，但现在冥王星已被降级为“矮行星”。诸多行星都沿着一条椭圆轨道绕着这至高无上的“家长”太阳运转不息。从地球上看去，水星与金星运行在地球轨道之内，所以称其为“内行星”，在天文望远镜内，可以见到内行星因所处位置不同而会像月球那样，有盈亏的位相变化；在地球轨道外的5颗都称“外行星”，外行星与地球的远近可能有很大的变化，但基本上不会有圆缺的现象。天王星和海王星这2颗行星因为离太阳较远，所得到的阳光很少，所以平时人们的肉眼很难见到它们，事实上，古人们也的确都不知其存在，是人类自己发现的行星。

图11.1　太阳系示意图（最外的冥王星现已被“开除”出大行星的行列）

有趣的是，这八条椭圆轨道所在的轨道平面虽不互相重叠，但也相差不大，与地球轨道平面（即黄道面）的交角都不大，除了最近的水星是 7°外，其余的都不大于 3.5°。这相当于 41 厘米外的一元硬币张开的角度。所以有人称行星的轨道具有“共面性”。

作为系统中心的太阳，它在宇宙中也在不停地自西向东转动着，当然由于它是一个气体球，所以在赤道区处，自转的周期最短，即速度最快，随着其纬度升高，自转的速度依次而减小。而八大行星绕太阳的运动方向与太阳的自转方向相同，而且行星的自转方向除了金星是反向自转、天王星是侧向自转外，也都是自西向东。尤其值得指出的是，行星的 100 多颗卫星绝大多数也是沿着这样的方向绕行星公转，这种“同向性”再次说明，太阳、行星、卫星是同一团星云形成的。

从轨道的形状来看，除了离太阳最近的水星相当扁长、偏心率达 0.2 以上，其他 7 颗行星的轨道都与圆形相差不大，而且 100 多颗卫星中的绝大多数轨道也可看成是圆形的，而水星正是质量最小的成员，这也说明物质越多，原先的各种轨道越“平均化”，这就更证明了行星的确是由星云物质集聚而形成的。

再说，行星离太阳的远近也有一定的规律，这就是著名的“提丢斯—波得定则”，正是由于这个定则，才使人们对于在火星与木星之间寻找“失踪的行星”孜孜不倦，并终于“催生”出了小行星。

二、行星中的“大哥大”

木星不愧是八大行星中的“大哥大”，它的半径是地球的 11.2 倍，按体积言，它足以与 1306 个地球相当，木星的质量为 1.9×10^{27} 千克，是 318 个地球的总和，即使把其他 7 颗行星合在一起，也只是它的 40%。所以如果把地球比作一粒小小的绿豆，那么木星就像一个中等大小的西瓜。

1609 年底，伽利略制成了世界上第一台“天文望远镜”，他首先用它观看了月亮，发现这个美丽的天体原来长着一个“大麻脸”！原来“造物主”创造的天体也不是完美无缺的；1610 年初，伽利略在观测木星时发现，在木星的周围始终伴有 4 个小星点“晃来晃去”，他大胆地指出，这 4 个小星点实际上是绕木星转动的木星卫星！这也是人类第一次知道其他行星的卫星，更重要的是，伽利略以此来证明哥白尼的“日心说”。后来伽利略还用他的望远镜发现了金星有与月亮相似的位相变化，这也是金星不是在绕地球，而是在绕太阳转动的极好证明；接着他又发现，太阳上有众多大小不一的黑点（黑子）、漫漫的银河并不是人们心目中的“牛奶路”，而是万千恒星星光交辉的“星幕”……这一切极大地改变了人们对宇宙的观念。所以当时盛传着一种说法：“哥伦布发现了新大陆，伽利略发现了新宇宙。”连当年审讯伽利略的教皇乌尔班八世，最后也只得无奈地叹息说：“只要木星的光芒还在天空中闪耀，人们就不会忘记伽利略。”

在天文望远镜内，木星那淡红色的圆面明显有些扁长，它在两极处的半径比赤道处的半径短4600多千米。而从其质量和半径不难算出，木星的平均密度只有水的1.33倍，比太阳还略小一些。它的表面重力是地球的2.64倍，也就是说，一个体重50千克的宇航员，如果站到木星上，他的体重将达132千克。

木星表面上有一层浓密的大气层，其厚度达1400千米，而它的成分与太阳差不多：82%为氢，17%是氦，还有1%是甲烷与氨等其他成分。1995年7月，“伽利略木星探测器”向木星发射了一枚“木星大气探测器”，它冲进木星大气层中75分钟后，在离木星上空160

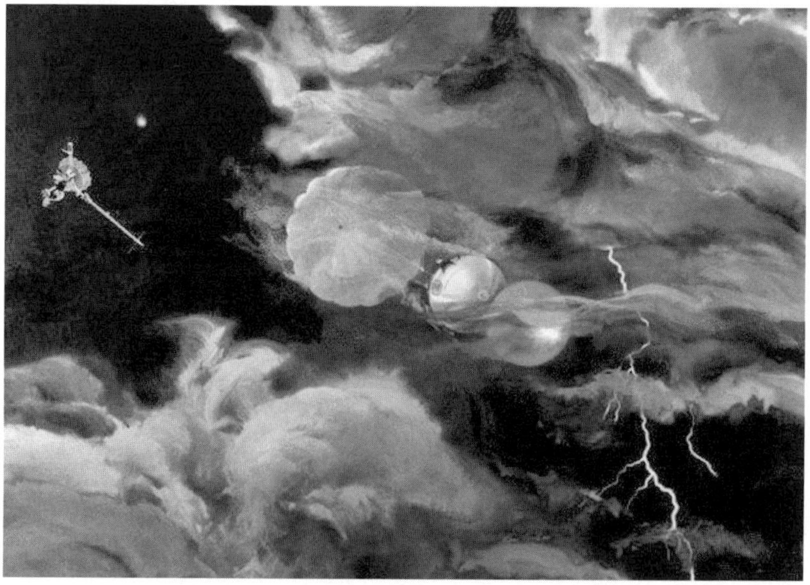

图11.2 “木星大气探测器”冲进木星大气层

千米处陨没，它为木星大气研究提供了许多珍贵的第一手资料。

木星最显著的特征是其表面上的卵形大红斑。从 1878 年开始，有关它的记录就历年不断，虽然它的大小和颜色时有明显的变化，但始终没有消退，一直是木星最醒目的标志。尽管看起来，大红斑如同地球仪上的大洋洲，但实际上有几万千米大，最小时也至少有 10000×20000 千米，最大时可达 14000×48000 千米，这时它可以容得下 4 个地球！几个宇宙飞船发回的资料都表明，这是一个超级的特大风暴似的气旋，还在做逆时针方向急速转动，约每 6 天转一圈。木星大气内的平均温度只有－140℃左右，在如此低的温度下，很多物质早已冻成一团，这个气旋何以能经几百年而不衰，至今仍是个难解之谜。

在望远镜内，木星表面上还有八九条与赤道平行的明暗带纹，那些淡黄色的区域称“带”，暗红色的区域叫“纹”。这都表明木星的自转速度极快——它的自转周期只有 9 小时 50 分，由此可算知，其赤道上的自转速度高达 12.66 千米每秒，比出膛的枪弹还快 10 多倍。

木星最不凡之处是它是一颗“液体行星”，因为从“先驱者”与“旅行者”飞船发回的资料表明，在它几千千米厚的大气下面，并不是人们熟悉的坚实大地，而是一个沸腾着的“大海”！但是翻滚在这个“海”中的，并不是水而是液态氢。而这“氢海”的表面，温度超过 5000℃，如果不是承受着几千个大气压的巨大压力，它早就蒸发殆尽了。

三、木星增亮之谜

过去人们常说，恒星是自己能发出光与热的星星，行星则是自己不会发光，完全是靠反射恒星的光才发亮的。这也是自古以来区分恒星与行星的主要标准，但是，现在木星向这条金科玉律提出了挑战！

首先是人们发现木星的“体温”总是偏高。因为从太阳的辐射，科学家们很容易算出每颗行星的表面温度，而且多数行星的理论计算与实际的测量大体上相差不多，惟有木星却不能符合，因为理论计算它表面温度是－168℃，但从地面上来测量是－139℃，而飞船临近的探测为－148℃。总之，不管用什么方法，木星的实测温度都比理论计算值高 20 ~ 50℃在左右。考虑到木星如此巨大的质量，升高几十度所需的巨大能量从何而来？这是困扰了科学家多少年的难题。

20 世纪五六十年代，人们在用红外线对木星探测时，意外地发现木星所发出的红外线的能量，竟比从太阳那儿得到的还多得多，相差甚至达 2.5 倍！这“入不敷出”的现象说明，木星本身也在发出红外线，而我们知道，红外线、紫外线、无线电波（天文学上称“射电”）甚至 X 射线、γ 射线，与可见光并无本质的区别，一样都属于“电磁辐射”，所差的只是它们的波长（或频率）不一样而已，可见光的波长在 400 ～ 700 纳米，红外线的波长是 700 纳米～ 25 微米（1 微米＝ 1000 纳米），这也就是说，木星也是会发出“光”与热的星星。

其实，人们早就发现木星还有很强的射电辐射，通常的行星即使也有射电波发出，但都是很弱的，而且都是在毫米波段或厘米波段，而木星的射电不仅非常强，功率达 1 亿千瓦，而且波长从 1 毫米的短波到几百米中波都有，更让人惊奇的是木星发出的射电还时有爆发现象，这也是其他行星所没有的。

1978 年，美国发射的“高能天文台”2 号卫星观测到木星还在发射出 X 射线！有时则还会发出高能电子……

从天体演化的观点看，只要原先的星云的质量足够大，它必将会在万有引力的作用下，通过收缩、凝聚，将会变成自己发热发光的星体，只是如果这团星云的质量达不到一定的“界限”，它就不会变成正常的恒星，这个“分水岭”是太阳质量的 0.07 倍，相当于 140 亿亿亿千克（1.4×10^{29} 千克）。

木星的质量是 1.9×10^{27} 千克，差不多是这个临界线的 1/73，再说，如上所说，木星的结构与众不同，是颗液体行星，其自转的情况与太阳差不多，赤道处自转最快，随着纬度而减小；化学组成主要为氢与氦，这也与地球、火星等一般行星大相径庭，却与太阳相差不大，木星的平均密度也与太阳相差无几……这一切，让一些人一度产生了木星到底是姓“恒”还是姓“行”的疑问。

1982 年，为庆祝中国天文学会成立 60 周年，中国天文学会召开了第四届代表大会，在有关的学术活动中，中科院自然科学史研究所的年轻天文学家刘金沂作了“木星正在不断增亮”的学术报告。

刘金沂 1942 年出生于江苏姜堰，自小便对星空特别着迷，1959 年他如愿考入了南京大学数学天文学系（后分为数学与天文二系），在 5 年的大学生活中，他学习努力，勤于思考，特别善于举一反三。

1964 年毕业后，他被分配到中科院自然科学史研究所从事古天文的研究，他尤其注意将古代天象记录与现代天文学相结合。《木星在增亮吗？》就是他众多研究成果之一。

他在古代历法的研究中，发现了有关行星“见伏度”的记载。所谓“见伏度”，就是行星在太阳旁尚能见到的最小角度，显然这也可以作为衡量行星亮度的一个指标，因为行星越亮，它的见伏度就越小；反之，见伏度大也就表示行星较暗。他从资料中发现，水星、金星、火星与土星 4 颗行星的见伏度都有在增大的趋势，惟有木星却在减小。刘文指出：“金水火土四星的见伏度为何增大？它们的反照率（表面反射阳光的能力）同时减小的可能性是很小的……地球大气透明度的减小可能是其原因。”“在四行星见伏度增大的情况下，木星见伏度减小，这只能认为木星在增亮。”他进一步还算出，1500 年来木星的见伏度从 14° 减小到 11°，相当于其亮度增亮了 0.0047 星等，按此速度，约 30 万年就将能增亮 1 个星等。

让人扼腕的是，年富力强的刘金沂不幸早早患上了乙肝，可他仍然废寝忘食地进行科学研究，他一心要把“被耽搁的十年”夺回来，可是天妒英才，长期超负荷工作使病魔乘虚而入，乙肝变成了肝癌，并在 1987 年春节第二天，45 岁的他竟永远地离开了他心爱的事业与家人。

四、木卫最早的发现者

在 20 世纪七八十年代，由于美国的“先驱者”和“旅行者”的探测，4 颗“伽利略卫星”一度曾是科学界的大明星。木卫一让人们第一次领略了“太空火山”喷发的壮观景象，而木卫二上的海洋更激起了人们对于“太空生命”的巨大热情，木卫三上的风光使它不失为卫星世界的冠军的风范……它们也精确测定了它们的有关数据如下表：

表 11-1　4 颗“伽利略卫星”的大小

	木卫一	木卫二	木卫三	木卫四
半径（千米）	1815	1569	2631	2400
质量（10^{21} 千克）	88.9	55.8	149.4	93.8
最大视直径（角秒）	1.05	0.87	1.52	1.43
最亮时亮度（星等）	5.43	5.57	5.07	6.12

图11.3 四颗伽利略卫星

现在人们都知道，木星有60多颗卫星相拥着，其中4颗最大的是木卫一、二、三、四，除了木卫二略小于月球外，其他3颗都比月球还大，它们也被称为“伽利略卫星”，因为这是最早由意大利天文学家伽利略于1610年发现的。也是除月亮之外人类最早知道的行星卫星。

但是，从上表可知，木卫一、二、三最亮时的亮度都在6等以上（星等的数字越小，表示它越亮），也就是说，人们的肉眼完全有可能目睹它们的芳容。我国自然科学史研究所的天文学家席泽宗先生(1991年被选为中科院院士)经过缜密的研究，指出比伽利略更早近2000年，中国古代的天文学家已经发现了它们，并做了确切的文字记录。事情还在1957年，席泽宗在研究中国古代天文名著《开元占经》时，发现书中引用过一条战国时期关于木星的史料：“甘氏曰：单阏之岁，摄提格在卯，岁星在子……其状甚大有光，蓄有小赤星附于其侧，是谓同盟。”从此他努力多方求证，特别是他在得知法国天文学家弗拉马利翁及德国地理学家洪堡都记述过肉眼可以见到木卫的有关资料后，更是努力追索，经过周密的考证与计算，终于证明上述史料记载的就是战国时代天文学家甘德在公元前364年夏夜所见到的天象：他凭肉眼见到了木星身旁的木卫！并肯定了它们是依附于木星的卫星。

1981年，他将其研究成果总结为论文《伽利略前二千年甘德对木卫的发现》，发表于《天体物理学报》，顿时引起了巨大的反响。

为了获得更确凿的科学依据，自然科学史研究所还专门组织了实际的天象观测，青年天文学家刘金沂等带领一批天文爱好者（其中有2位中学教师，4位中学生），于1981年3月专门到北京天文台的兴隆观测站（在河北燕山）做模拟观测。那儿远离城镇，灯光影响甚小，大气又非常洁净，是比较理想的观测场所，结果他们8个人全部用肉眼见到了木卫三，有3位甚至还见到了木卫二！

后来，北京天文馆也有人重复了这个活动，他们得到了同样的结论：在观测条件良好的情况下，肉眼发现木卫三是完全可能的。

事实上国外也有过类似的例子，如美国天文学家巴纳德也声称，有时可以用肉眼见到木卫三。

席泽宗的论文并不长，只有2000字左右，但引起的反响是巨大的。英、美、日等国都全文翻译转载，毕生研究中国天文学史的日本学者薮内清为此发表了《实验天文学史的尝试》，认为席泽宗揭开了“实验天文学史”的新篇章……

五、环带不是土星的专利

相信凡是在天文望远镜中见过土星倩影的人，一定会对其风情万种的芳姿、妩媚动人的容颜、雍容华贵的气度留下终生难忘的印象。土星那扁扁的圆面中央，镶嵌着一条美丽的光环，这个罕见的光环大小匀称，亮度适中，与土星配在一起，真是珠联璧合，相得益彰，成为宇宙中绝佳的“艺术珍品”。

虽然当年伽利略在他简陋的望远镜中，也曾见到过土星光环的端倪，他曾以为这“最高的行星有3个”。因为当时人们心目中，土星已是太阳系的边界所在，所以伽利略说它是“最高行星”。只是他始终不能识破其中的奥秘，因为他见到的光环是似隐似现，而且与土星总是“粘在一起”。直到他死后14年——1656年，因为望远镜有了很大的改善，荷兰天文学家惠更斯第一次揭开了这个难解之谜。

图11.4 太空中的“艺术珍品”——土星（右上方是地球）

在此后几百年间，人们无不认为，惟有土星才有这样美轮美奂的光环，光环也就是土星的象征。

20世纪70年代，我国著名天文学家、南京大学天文学系主任戴文赛教授，在对国外40多种太阳系起源学说进行深入剖析的基础上，汲取其合理部分，扬弃其不足之处，结合现代科学的新理论、新进展、新观点、新资料，终于提出了一个“太阳系的起源星云说”。这是第一个由中国科学家提出的完整的、有自己特色的、能有机地说明太阳系所有主要特征的太阳系起源

图 11.5 著名天文学家戴文赛

学说。他的一系列论文及专著《太阳系演化学》发表后，在国内外都引起了广泛的注意，如美国天文学家安德斯说，他有 80%的观点“同意戴文赛学说”。法国的沙兹曼、英国的乌尔夫逊等也都认为，戴文赛学说中有许多观点“甚有价值”。

戴文赛是我国天文界德高望重的元老，也是中国天文教育事业的奠基人。他于 1911 年 12 月生于福建一个清贫的农家，因为贫穷与疾病，他的 3 个哥哥、2 个姐姐都早年夭折。窘迫的生活，亲友的歧视，使戴文赛自小就发奋学习，努力上进，1928 年他以优异的成绩考入了协和大学数理系。为实现科学救国的理想，他取得了中英庚款公费留学的资格，并于 1937 年 8 月赴英国剑桥大学天文系，在著名天文学家爱丁顿的指导下攻读博士学位。戴文赛在英国的几年，以其东方人的聪慧与勤奋给人留下了很深的印象，以至 40 多年后的 1988 年，我国一位访问学者到达爱丁堡皇家天文台时，该台前台长赫尔曼·布鲁克教授还特意问：“你认识文赛吗？”接着他补充说：“他年轻的时候在英国学习天文，非常聪明。”

1941 年戴文赛学成回国，由于种种原因，他只能把精力投向教育事业，经历几十年的辛勤耕耘，他成为中国天文教育事业的擎天柱。

戴文赛在对行星的形成有着精湛的研究，1976 年他在《木星、土星、天王星及其规则卫星的形成》中明确指出：这 3 颗大行星的卫星系统很可能有各自不同的形成途径，并做出了科学预言：“天王星周围的气盘足够快的冷却，凝聚出足够多的尘粒和小冰块来集聚成卫星和环带。”这也是世界上第一次有人提出天王星可能也有环带相绕。

有趣的是，戴文赛的预言过了没几个月，就有一次天王星掩恒星的罕见的机会。美国、中国、印度与澳大利亚等国的天文学家都没有放弃这绝好的机会，就在这次观测中，他们不约而同地得到结论：天王星的确也有环带相绕！后来证明，天王星环系至少由 9 个环组成。这些环和土星环大不一样，它们都很窄，除了最外边的 e 环可望宽 100 千米，以及 h 环的宽度约有 60 千米宽以外，其余环的宽度都大约只有 10 千米。一方面环很细，另一方面环和环之间则是广阔的天空，而不是像土星环那样，在宽宽的环间存在窄的环缝。天王星环的反光本领很低，看起来就很暗，因此其环的组成也与土星环不同，可能具有碳质球粒陨星的成分，但环内粒子的大小至今还不清楚。1986年，美国“旅行者”2号飞船飞到了天王星附近，进行了为期30天的近距探测，向地球发回了7000多张分辨率极高的照片，大大深化了人们对天王星的认识。飞船所见的天王环有20多条，而且不同的环有不同的颜色，有的偏红，有的偏蓝，环中的物质明暗不一，大的如卡车，小的如芥尘，它们在环中参差不齐，但构成了绝妙的画面……

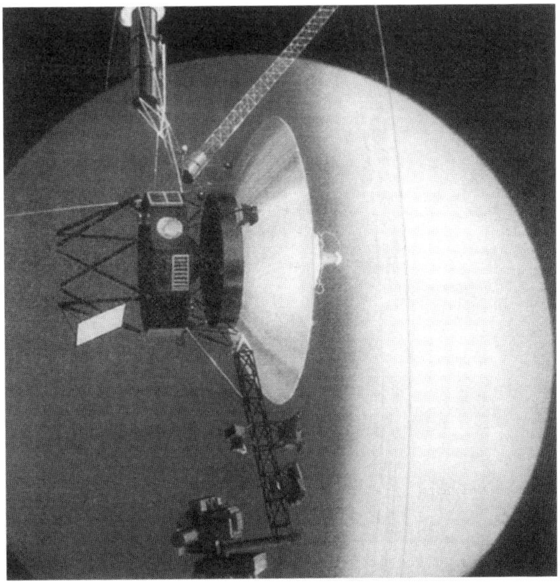

图11.6 “旅行者”2号证实了天王星的环带

尽管天王环无法与土星光环同日而语，而且在地面上即使用最大的天文望远镜也无法见到它！但是天王环的发现与证实有重大的意义，也曾被认为是冥王星发现以来太阳系内的一项重大发现。正是在此发现的基础上，人们才想到去寻找木星与海王星的环带，并都得到了证实，由此揭示了行星与卫星的演化规律。

第十二篇
恒星世界的发现

美丽的星空具有恒久的魅力。古典哲学的创始人、德国大哲学家伊努曼尔·康德说：“世界上只有两件东西能够深深地震撼人们的心灵，一件是我们心中崇高的道德准则，另一件就是我们头顶上灿烂的星空。”另一位德国哲学家黑格尔指出：“一个民族有一些关注星空的人，他们才有希望；一个民族只关心脚下的事情，那是没有未来的。”古巴比伦人则认为，日月是天上的神灯，璀璨的群星是天神放牧在海洋岸边的绵羊；而古埃及人则相信，那些亮晶晶的星星是天神悬挂在天幕上的小神灯；希腊人则坚持说，天上的星星是“宇宙的花朵”。不过，也有一些具有卓越见解的有识之士，如被宗教黑势力烧死于百花广场的意大利思想家布鲁诺就宣称：“恒星决不是天穹上的金灯，而是与太阳一样大、一样亮的太阳！”后来的科学研究证明：“恒星是遥远的太阳，太阳是普通的恒星。”事实上，恒星也是宇宙中最主要的物质存在形式，人们通过深入研究恒星才逐步揭开了宇宙神秘的面纱。

一、远得难以想象的恒星距离

恒星是遥远的太阳，但这“遥远”到底远到什么程度，其真相大大出乎一般人的想象。哥白尼提出的“日心说”迟迟不为人们所接受，重要的原因之一，就是因为当时人们无论如何也测不出恒星的“视差”，因为如果地球真如哥白尼所言在绕太阳运动，那么

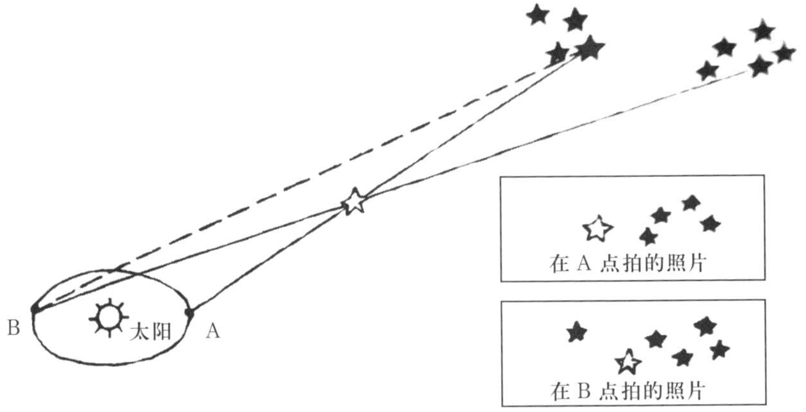

图 12.1 按说地球在 A、B 处应拍到不同的恒星照片

半年后地球运动到了轨道的另一端时，理应见到恒星在天穹上的位置有所改变，正如我们在不同地点观察近物时，它的方位会改变一样。既然从来没有人能见到恒星有视差，那就只能说明地球不在运动——至少不在绕太阳转动。

在科学技术不发达的古代，这的确是日心说的“致命伤”。但是历史进入 19 世纪后，由于德国科学家夫琅和费发明了一种能够测定 0.01″ 微小角度的新仪器，这个问题因此迎刃而解——三个国家的天文学家，在互不知情的情况下，几乎同时测出了 3 颗恒星的视差值。依照发表成果的先后，他们是：1838 年 12 月德国的贝塞耳测出了天鹅 61，1839 年 2 月英国亨德森测出了南门二（半人马 α），1840 年俄国的斯特鲁维测出了织女（天琴 α）。尽管限于当时的条件，他们得到的具体结果的误差不小，但这总是一个良好开端，而由此算出的上述三颗恒星的距离之大，实在是让人目瞪口呆！

在浩瀚的太阳系中，冥王星对于地球上的我们已是遥不可及，它离太阳平均 40 天文单位，相当于 60 亿千米，连运动速度最快的阳光也得走上 5.5 个小时。可是，恒星离我们地球至少比它还要远上 10 万倍！为此，天文学家们不得不另寻长度单位——“光年”或“秒差距”来衡量恒星间的距离。

光年是一个很直观、好理解的单位，因为它就是光在 1 年内走过的距离，即 9.46 万亿千米（9.46 × 1012 千米），有时简略地取为 10 万亿（10^{13}）千米。而秒差距则是直接从“视差”而来的一个科学的距离单位，如以角秒为单位，秒差距就是视差的倒数。例如，现知离我们最近的恒星是亨德森当年所测的南门二（半人马 α），其视差的准确值是 0.772″，于是它离地球的距离就是 1/0.772 = 1.295 秒差距，相当于 4.22 光年。

不难发现，1 秒差距 = 206265 天文单位 = 3.26 光年；1 光年 = 0.307 秒差距。

唐诗云："海内存知己，天涯若比邻。"因为此诗，人们才把这颗南门二（半人马 α）称为"比邻星"。可你能想象得出这颗"比邻星"4.22 光年的距离具体有多远吗？如果要想去这颗比邻星做客，乘上 30 千米每秒的高速宇宙飞船（以此速度从南京飞到北京只要半分钟），也要昼夜不停地飞上 4.5 万年！我们知道，在 4.5 万年前，人类还在"茹毛饮血"的原始社会呢。

但它确实又是我们地球人当之无愧的"比邻"，因为绝大多数恒星离地球要比它远千倍万倍。据统计，离太阳 20 光年内的恒星只有区区 100 颗，银河系中大约平均 10^3 秒差距中才有 1 颗——相当于在长、宽、高为 66 万亿千米（44 万天文单位）的"大箱子"中，只有孤零零的一颗恒星。

二、各类恒星在赫罗图上的位置

1825 年，法国著名哲学家孔德有句名言："恒星的化学组成是人类绝不可能得到的知识。"在他看来，恒星是那么遥远，人们哪能越过多少光年的距离？而且恒星表面温度总在几千度，人连靠近它也没有可能，所以他敢于下这样的结论。可科学的发展常出人意料，不久崭新的"分光技术"问世了，与之相匹配的"光谱理论"也诞生了。这样人们所拍到的恒星光谱就有了意想不到的用处，因为同种元素所发出的吸收线或发射线总是一样的，而且每一条谱线在光谱中的位置（波长）也是固定不变的。于是，人们完全可以通过认证谱线来测出恒星上有哪些元素，每一种元素的相对含量有多少，甚至得知它的表面温度、压力、磁场、视向速度，自转状况……

为了寻找光谱的规律，美国哈佛天文台的皮克林成立了一支"娘子军"。在她们的不懈努力下，终于发明了至今还在广泛应用的"哈佛分类法"。她们发现，绝大多数恒星的化学组成区别并不太大：95% 以上是氢与氦，但是氢线和其他谱线的有无与强弱情况，可将其分为10大类：O、B、A、F、G、K、M、R、N、S，而90%以上的恒星都集中在前面的这7类，所以也就称其为“主星序”，在主星序上的恒星也就称为“主序星”。实际上，主星序从O型（40000℃～25000℃）到K型（3600℃～2600℃），也是一个温度从高到低的排列。为了深入研究，在每个谱型中，人们又细分出10个次型：0、1、2……9。如我们的太阳属G2型，天狼星属A1型，狮子α为B7型，天蝎α为M1型……

图12.2 创建了紫金山天文台的余青松

我国天文学家余青松于1925年从美国加州大学获得博士学位后，曾在美国利克天文台从事恒星光谱的研究工作，发表了多篇很有影响的论文，从而在国际天文学界获得了世界性声誉。对恒星的光谱分类，他也做过深入的研究，他以氢元素的一条谱线（巴尔末线）的跳变与二维分类为标准，提出了另一种分类方法。这项奠基性的工作也得到了国际天文学界的好评，1926年国际天文学联合会还特地将其命名为“余青松法”，一度被广泛应用，并被编入一些天文学教科书，英国也因此吸纳他加入英国皇家天文学会，成为第一个中国籍的英国皇家天文学会会员。1929年，他接任高鲁的职位，成为中央研究院天文研究所的第二任所长，主持并亲自勘测设计，创建了紫金山天文台。在把第3797号小行星命名为“余青松星”的《小行星通报》上，有这样一段说明文字：

> 余青松于20年代留美期间，曾在加州大学的利克天文台对91颗恒星进行了光谱分光光度观测，其成果是现代恒星能量分布研究工作的重要里程碑。余先生在1927年学成返回中国后，曾在南京创建了紫金山天文台，并担任第一任台长，他还担任过前中央研究院天文研究所所长和中国天文学会会长。

20世纪初，丹麦天文学家赫兹普龙在前人工作的基础上，研究了一些星团中恒星的“颜色—星等图”——以颜色为横坐标，星等为纵坐标，把所研究的恒星一颗颗标于图上。我们知道，星光的颜色实际上是由它的表面温度决定的，而星团中的恒星大至可看作与我们同一距

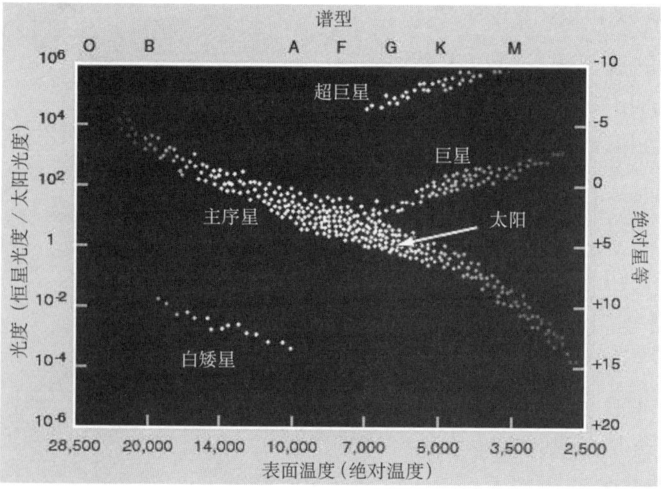

图 12.3 各类恒星在赫罗图上的位置

离，这样恒星的亮度也可以代表它们实际的发光强弱，也就可以把“视星等”作为“绝对星等”（把恒星“放到”10 秒差距时所见到的亮度）。

为了探测恒星的演化，美国天文学家罗素决定研究恒星光谱型与光度间的关系，他以恒星的光谱型为横坐标，恒星的光度（相当于绝对星等）为纵坐标，把几百颗恒星一颗一颗地点到图上，得到了与赫兹普龙殊途同归的结论。1933 年，人们就把他们二人的工作合称为“赫兹普龙–罗素图”，简称为“H-H 图”（赫罗图）。

在赫罗图上，绝大多数恒星都集中在四个区域：从左上到右下的中间一条主星序，右上方有两块：巨星序与超巨星序，左下方则是白矮星序。

现在知道，在主星序中的主序星是恒星一生中的“黄金时代”，由于此时在其核芯内正在进行着氢聚变为氦的热核反应。也就是说，由于那些星内部有数百万度的高温与几十亿大气压的高压，所以氢原子核能克服核力进行聚合，通过几个步骤，最后的结果是 4 个氢原子变成 1 个氦原子（同时产生几个正电子与中微子），因为反应前的 4 个氢原子的质量比 1 个氦原子略大一些。根据爱因斯坦广义相对论，这些缺少的质量就化作巨大的能量……以太阳为例，其中心区域内的温度高达 1500 万度，压力也有 3000 亿大气压，反应的规模极大：在 1 秒钟内，有 6 亿吨氢聚合成 59574 万吨氦，所缺失的 426 万吨物质化作 3.8×10^{23} 千瓦的能量向宇宙四方发射出去。请不必为如此巨大的“开支”担心，因为太阳的质量有 2×10^{30} 千克，以氢含量为 70% 计，也有 1.4×10^{30} 千克，足可维持其存续 750 亿年之久！

三、恒星的前半生——从星云到主序星

20 世纪恒星研究最大的突破之一，就是明确了恒星“从生到死”

的大致演化过程。

在浩瀚无际的茫茫太空中，色彩绚丽的星云，有的如盛开的玫瑰，有的似呆立的鹈鹕，有的则像北美洲的版图，还有的简直就是回首的马头……虽然星云未必都有泾渭分明的边界，但大小一般在1～300光年间，平均为几十光年；彼此质量的相差更为悬殊，大的可达太阳质量的几千万倍，小的却也只有太阳的十分之几，但它们平均为太阳质量的几十倍。因此，其中的物质密度每1立方米中仅有10^7～10^9个原子，比实验室内的“真空”还要稀薄得多；与此相比，地球表面大气层内的密度是10^{23}，至少是星云密度的百万亿倍。星云内的温度也极低，只有几十开（0开约相当于－273℃）而已。

图12.4　宇宙深处的“骏马”——马头星云

对于那些质量为太阳质量1000多倍的原始星云，在自身的万有引力作用下，会自行凝聚坍缩，在几百万年时间内，它同时会碎裂成许多大小不一的千百个较小的更密的平均只有几万天文单位的小星云，其密度也增加了千百倍，称为“原云”。原云仍在不断地收缩，其结果是密度越来越大，温度也逐渐升高。当然，不同的原云收缩速度不尽相同，因为这与它们的质量、磁场、自转情况有关。总体说来，原云的质量越大，磁场越强，自转越慢，原云也就收缩凝聚得越快。终于原云变成了似云非云的“球状体”——巴纳德天体，它们已基本上成为较有规则的球状，大小在几千到几十万天文单位；当温度升高几十度后，它们也变得不透明起来，俨然成了一颗颗“受精卵”。现在的哈勃太空望远镜已经亲眼见到了在鹰状星云及猎户大星云中的那些球状体。

图12.5　“哈勃”见到了鹰状星云深处的球状体

虽然球状体还不会发热发光，但其变化之快令人吃惊，并最终慢慢形成了一些“原恒星”。原恒星已具备了恒星的外形，还能发出一定的光和热。但由于其内部的温度只在几十万到一二百万度间，所以尽管也会发生一些诸如氘（^{2}H）变成锂、铍、硼等，再变为氦 4 与氦 3 之类的热核反应，使得原恒星发出光与热。可是因为原恒星中那些元素并不太多，而且这些反应是不循环的，所以它们一般不太稳定，有时还会爆发，甚至不时地抛出物质，因此它们通常也维持不了多长时间。现在知道的原恒星有不发可见光红外星、金牛 T 型变星与鲸鱼 UV 变星等。如果它们的质量在太阳的 5%以下，它们也就只能到此为止，将来慢慢自行冷却后渐渐消亡。

对于质量在太阳质量 7%以上的原恒星，当它收缩到大小为几十万千米时，其内部的温度就会升高到足以将氢点燃起来。这样的核反应开始后，它才成为一颗真正的恒星——主序星。原恒星的质量越大，其所形成的主序星也越大，温度也越高，成为 O、B、A 型星；像太阳质量那样大的原恒星变为 G 型主序星，一般要花上几千万年时间，而质量为 15 太阳质量的原恒星所形成的 B 型星，只需 6 万年；但所变成的质量只有太阳 0.2 倍的 F 型星，需时 17 亿年之久！由此可见，恒星的质量越大，它们的演化速度也就越快。

主序星是恒星“一生”中最稳定的黄金时代，也是历时最长的阶段，这也可以说明，恒星中主序星占 90%左右的观测事实。如像我们太阳那样的 G 型星，至少可以活上 100 亿年，那些质量为太阳 0.8 与 0.2 的 K0 和 M5 星，其寿命可长达 200 亿与 2000 亿年！而那些质量为太阳 16 和 32 倍的 B0 与 O5 型星，它们在主序上则只能维持 1000 万与 100 万年而已。

当然，尽管恒星内部有不菲的氢，但它终有被耗尽的一天，此时，它的内部氢核就变成了氦核，作为主序星的它也就走到了尽头。由于氦核中因 4 个氢原子变成了 1 个氦原子，故而总的粒子数也减少了很多，于是它已抵挡不住外部的巨大压力，又开始收缩，温度也随之进一步升高。但几千万度仍无法点燃氦，于是其内部的核反应戛然而止，而靠近其内核周围的那层氢，却被点燃起来并产生了氢聚变为氦的反应，于是它的外部也就急剧地膨胀开来，在赫罗图上的表现就是它离开主序向右上方的红巨星区移去。星体急剧膨胀的另一后果，是其表面温度降低，星光的颜色也变红，成为红巨星。变成红巨星之后，它还将继续演化，变为各类变星……当然，一般说来，恒星的演化常以多少万年为标识，但研究表明，恒星的质量越大，这种演变越快，有的甚至只要几千年！

我国天文学家薄树人、刘金沂等从司马迁所著《史记》中发现，在中国古人提到的5颗恒星中，只有猎户 α（参宿四）的颜色经历了2000多年就发生了明显的变化——在汉代，它是一颗黄色星，而现在它的星光已明显是红色的了。他们发表的《论参宿四二千年来的颜色变化》论文，为大质量恒星快速离开主星序提供了一个生动的实例。

四、几类变星的发现

西方世界一直以为，上帝所创造的宇宙是和谐而完美的，天上的星星也是亘古不变的，它们的位置从来不会变更，所发出的星光也不会有改变。然而在1596年8月，荷兰一个名字叫法布里修斯的牧师在鲸鱼星座内，发现了一颗明亮的三等星，而他清楚地知道，在那个星座内原本根本没有什么肉眼可见的恒星。正当他犹豫不决时，几个月后这颗亮星却从他的视野中消失，怎么也找不到了。当他把此事向国际天文学界通报时，却受到了人们的奚落和嘲笑。1617年法布里修斯遭到暗杀身亡。直到19年后的1638年，人们才知道，原来这是一颗长周期的变星——刍藁增二（鲸鱼 o）型变星，这个牧师的不凡发现到此时才得到公认。

1783年，英国一个19岁的聋哑青年古得利克对大陵五（英仙 β）进行了长达半年多的认真观测，不仅测出了它的光变周期，而且指出，它实际上不是一颗星，而是两颗靠得很近的恒星，因为它们在互相绕转时，彼此遮挡而造成了它们星光的变化。同法布里修斯一样，他最初得到的也是兜头一盆冷水。直到1880年，这个天才预言才为美国天文学家皮克林所证实。所以，大陵五型变星实际上不是真正的变星，而是一种“几何变星”，或者说是一种“食变星”。

变星中最重要的是“造父变星”，这是一种光亮变化极有规律的脉动变星。其光亮变化的原因，是那些星体正在作有节律的膨胀与收缩：星体膨胀时星光变强，收缩时星光变弱，而且它的变化周期与其光度强弱有密不可分的关系——周光关系。天文学家从这个重要的关系中，得到了一把难得的“量天尺”——通过测量它的光变

图12.6 青年程茂兰照片

周期而求出它所发出的光强，与实际观测到的亮度相比，也就可以算出它离我们的实际距离。

在变星的发现上，中国天文学家也有不少建树。43岁的中国天文学家张云在1947年就发现了一颗麒麟FW变星，这也是我国近代天文学家发现的第一颗变星。张云早年毕业于法国里昂大学，相继获得理科硕士、天文学博士学位，1925年曾列席在英国召开的国际天文学联合会第二届大会。回国后，他创建了中山大学天文系，致力培养天文人才。为了让“天学无继的中国迎头赶上”，他以变星观测作为突破口，主持和组织人力长期坚持对变星的观测与研究，所发表的多篇论文在当时也具有很高的学术水平，除了麒麟FW变星，他还发现了1颗新的北冕R型变星——鹿豹XX星。

此后，1939年曾获法国国家博士学位的程茂兰于1935年通过对大陵五的独到的精心观测，为当时爱因斯坦光速不变的原理，提供了有力的观测证据。他在法国期间，曾对8颗“共生星”（光谱中既有高温发射线，又有低温吸收线，实际上它是双星，也常是食变星的一种）北冕T、仙女Z、飞马AG、英仙AX、天鹅BF、盾牌FB、天鹰R、御夫RY进行了长达11年的观测研究，并得到了一些结论。他的一系列研究工作，曾是法国恒星光谱分析研究工作成就的重要组成部分，当时在国际上也处于领先地位，因此中国国家天文台把他们所发现的第47005号小行星正式命名为“程茂兰星”。

紫金山天文台的初毓华、黄长春等人在变星研究与发现上也有所建树。初毓华在球状星团M15中，一下就发现了3颗天琴RR变星，这种短周期变星又称“星团变星”。天文学家常用它来测出星团距离的准确值，也可用此来研究银河系的结构。后来，他还发现了1颗矮造父变星。黄长春与其研究小组也在大量观测的基础上，发现了许多变星和可疑变星。黄长春一人发现了1颗超短周期变星、5颗耀星和2颗脉动变星，前者后来被国际天文学联合会命名为“金牛831号变星”。接着，他又对仙女Z、天鹅CI、天龙AG等多颗典型的共生星，进行了系统的观测与研究，尤其是发现天龙 AG 具有明显的超巨星特征，并把它列为 KO 型超巨星。他一系列的研究成果，得到了国际同仁的高度重视，也被反复引用五六十次之多。此外，姚保安也发现了一些奇特的小变幅短周期变星；蒋世仰等在变星的周期变化研究方面也有众多的亮点，有关研究成果在国际天文学的有关领域也占据一定的优势。

北京天文台的黄磷利用去美国麦克唐纳天文台进修的机会，集中精力对脉动变星进行了精密光电测光和频谱分析，发现了 4 个盾牌 δ 型变星和 4 个其他类型的脉动变星，他的一些论文与联测所得结果都曾被研究者广泛引用。

变星的分类极其繁冗，这里也不再一一罗列。但有一种变星是绝不可以忘却的，那就是突然发亮的“激变变星”（爆发变星中的一种）——新星与超新星。

五、恒星的后半生——超新星爆发后的白矮星和黑洞

在古代，因为受到科学知识的局限，如果在原先看不到恒星的地方突然出现了一颗亮星，就以为它是新诞生出来的，故西方就称其为“新星”，中国则称其为“客星”（因不久它又销声匿迹，如同来做了一段时间“客人”）。如《汉书·天文志》上便有“元光元年（前134）六月客星见于房”的记载，这颗超新星也促使古希腊天文学家喜帕恰斯编制了西方的第一本星表，其原意是“立此存照”，以让后人判断某颗亮星是古已有之，还是刚出现的“新星”。后来人们都把新星与超新星归类于变星——激变变星，因为它们的光度会在很短的时间内发生很大的变化。但现在天文学家已经证明，新星与超新星就像鱼和鲸鱼一样，是本质不同的两类天体，尤其是超新星，乃是恒星演化到行将灭亡时的爆发。

对于质量较大的恒星，在演变成红巨星、变星后，此恒星内部的核反应仍在继续进行：在 1 亿度时，氦原子将会聚变为碳和氧原子，继而是碳聚变为氖、钠与镁，而在反应中生成的 α 粒子再与它们结合又形成了氮、硅等元素。到 15 亿度以上时，氖也燃烧起来……到最后形成了铁核，再进行的核反应不但产生不了热量，反而会吸收大量的热能，骤然的降温产生了猛烈的坍缩，巨大的冲击

会使整个恒星发生大爆炸。

表 12-1　恒星内部核反应的几个阶段

反应阶段	反应物	生成元素	所需温度（亿开）
氢燃烧	氢	氦	0.1 ~ 0.3
氦燃烧	氦	碳、氧	1 ~ 2
碳燃烧	碳	氧、氖、钠、镁	3 ~ 8
氖燃烧	氖	氧、镁	15
氧燃烧	氧	镁、硅、磷、硫	20
硅燃烧	硅	铝、氩、钾……镍、铁	30

超新星爆发是恒星世界中石破天惊的大事，它或者把整个恒星彻底炸毁，或者是把外部的物质抛出去，仅剩下中间一个密度大得难以想象的内核，从而形成了致密星，而所抛出去的物质则又重新变成星云物质——超新星遗迹。超新星爆发所产生的能量可达 10^{40} ~ 10^{45} 焦耳，这比整个银河系几千亿颗恒星发出的能量的总和还厉害得多！所以，它的亮度能在顷刻间增加上亿倍，最亮时的光度比太阳还强 6 亿倍，所以即使原先是连望远镜也难以见到的暗星，也会顿时变得熠熠生辉。它爆发所抛出的大量物质（至少有几个太阳质量）常以 7000 千米~ 12000 千米 / 秒的巨大速度向太空飞溅开来，所以在它附近的星体，都可能因此而遭到灭顶之灾。

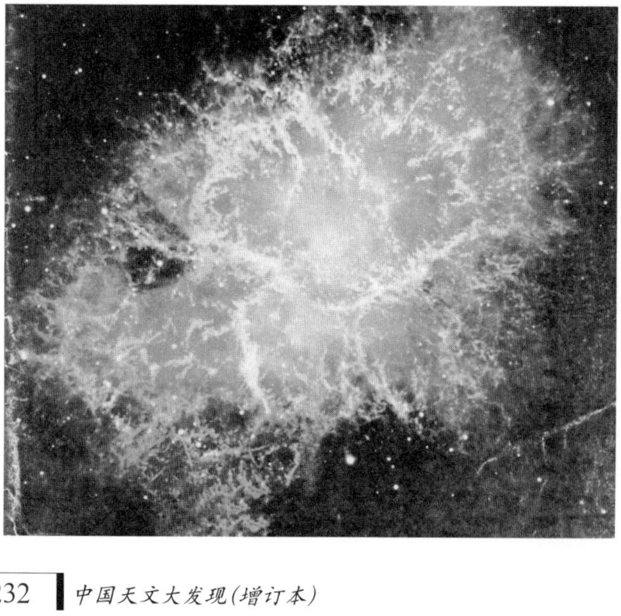

图 12.7　900 多年前金牛座内一颗超新星爆发，形成了超新星遗迹——蟹状星云

对于生命来说，超新星可能是可怕的刽子手，但从另外意义上说，它也是生命诞生不可或缺的头号“功臣”，因为在 100 多亿年前，混沌的宇宙从“大爆炸”中产生出来后，世界上只有氢和氦这两种最简单的元素。单凭这两种最轻的元素，宇宙中就只能永远停留在恒星与星云的水平上，不会有行星，更不会有五彩缤纷的大千世界。因为能装扮世界的近百种化学元素，都被深深地禁锢在恒星的最内层。如果不是超新星惊天动地的那一爆发，它们也将永远被“养在深闺人未识”，

所谓生命也就无从谈起。幸得超新星爆发掀翻了恒星的外壳，将那些重元素“解放”出来，于是才有了今天的大千世界……所以称超新星为生命的“原始天尊”，是一点也不为过的。

直到20世纪80年代，人们才最终明白，新星与超新星虽是一字之差，但是彼此差距则有天壤之别——超新星是恒星灭亡之前的“回光返照”，爆炸后，原来的那颗恒星不复存在，而新星一般都是双星中的一颗子星，是另一颗子星喷发抛出的物质落到了它的表面，才引起它表面的爆发。所以，新星只是破了点“皮毛”，而未伤及“筋骨”，而且常常是过一定时间后，它又会再度“辉煌”起来。

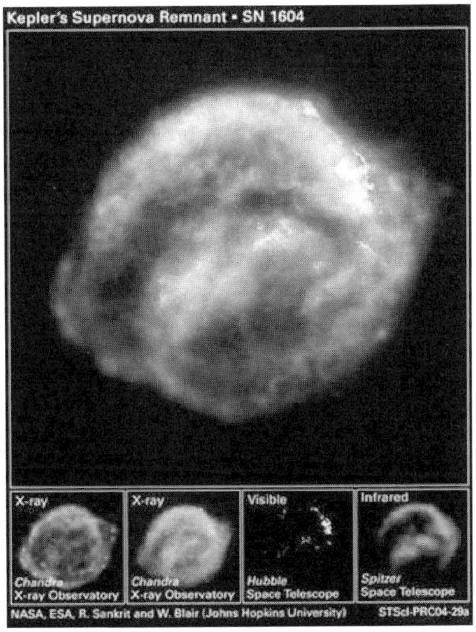

图12.8　1604年爆发的一颗超新星——开普勒超新星的遗迹（下面四图是不同波段所见的图像）

超新星也是罕见的天象，在银河系内平均三百多年才会出现1次。公元2—17世纪的1500年间，银河系内总共出现过六七次超新星，值得自豪的是，它们都可从中国史料中找到有关的记载。即使加上其他星系中的超新星，为数也是不多的。能发现它们踪迹的，至今世界上也只有美国、澳大利亚、德国、日本、英国、法国、意大利、中国和加拿大共9个国家。当年，加拿大在发现了那一颗超新星（他们仅发现了这一颗）后，全国一片欢腾，热烈庆祝，并将其作为杂志的封面照……而1572年11月11日出现的那次光芒四射的超新星，则让丹麦一位26岁的贵族子弟第谷·布拉赫如醉如痴，从此迷恋上了天文学，决心违背家人意愿，毅然投身于天文研究，最后成为一代“星学之王”。

与此相对照的是，我国北京天文台李卫东博士等人，在1996年4月10日到1997年4月3日不足1年的时间内，竟接连发现了6颗超新星：SN1996W_1，SN1996b_0，SN1996b_V，SN1996b_w，SN1997b_n与SN1997b_o，成绩举世瞩目。到1999年底，我国所发现的超新星已达35颗，同时还发现了2颗新星及一些其他类型的激变变星。

六、席泽宗与他的《古新星新表》

1955年8月29日至9月5日，国际天文学联合会在爱尔兰首都都柏林举行第九届大会，我国派出了由张钰哲、戴文赛等组成的代表团参会。大会讨论期间，中国天文学家戴文赛作了一次引人注目的大会发言，他重点介绍了中国28岁的年轻天文学家席泽宗所做的有关中国历史上新星记录的工作。由于新星（当时人们还不了解新星与超新星的本质区别）爆发涉及很重要的高能现象，而世界各国的有关资料又甚少（80%以上的资料都出自中国），因此我国那些系统的古代记录有无可估量的价值，也就显得特别珍贵。戴文赛的发言受到热烈的欢迎，美国哈佛大学的女天文学家加帕希金等人当场就向他索取有关的文本资料，苏联科学院的《天文学》杂志也明确表示将予以发表。但因戴文赛坚持："我们应当一改过去把好论文先送国外发表的陋习，应先在国内发表后，再让国外去翻译或转载。"所以在他坚持下，席泽宗最终以《古新星新表》首发于中国《天文学报》。

席泽宗的这项工作发端于中国科学院副院长竺可桢于1954年的极力推荐，他在浩如烟海的中国古籍中辛勤爬梳，很快就写出了第一阶段的报告。1955年，席泽宗把自己从古籍中整理、钩沉、校订的资料汇录成文，写出《从中国历史文献的记录来讨论超新星的爆发与射电源的关系》和《古新星新表》。后者发布了中国古代自殷商至公元1700年的新星、超新星的爆发记录，共有90次之多。其完整性及权威性立即引起国际天文学界的高度重视，很快就被译成了俄文和英文，也被各国天文学家广泛引用，成为当代中国天文学家在国际上影响最大的学术成果之一，对于整个天体物理学的发展具有重大的历史意义。

图12.9 1991年当选为中国科学院院士的席泽宗

但席泽宗并未因此而固步自封，他深知此项工作的重要意义，所以后来他与薄树人合作，继续努力发掘、考证，并于1965年发表了《中朝日三国古代的新星记录及其在射电天文学中的意义》，文后还附了《增订古新星新表》。他们对于《古新星新表》作了一些修订，又补充了朝鲜和日本的有关史料，同时确立了从史书中鉴别新星的七条依据及区分新星、超新星的两条标准，讨论了超新星爆发的频率。显然，它的立论层次又有了很大的提高，因而在国际天文学界产生了更广泛更深刻的影响。40多年来，世界各国天文学家

在研究超新星、脉冲星、γ 射线源、X 射线源、射电源及高能天体物理时，几乎没有不引用这两篇论文的。竺可桢曾把《古新星新表》与《中国地震资料年表》并列，称为“中华人民共和国成立以来我国科学史研究的两项最重要的成果”。美国著名天文学家 O. 斯特鲁维等在编撰《二十世纪天文学》中，有关我国的天文学家的工作，只列入了席泽宗的《古新星新表》一项；1977 年英国出版的《中国天文学与天体物理学》主编江涛在评价中国天文学的成就时说：“对于西方科学家来说，发表在中国《天文学报》上的所有论文中，最著名的可能就是席泽宗在 1955 年和 1965 年关于中国超新星记录的文章。”

1969 年，台湾清华大学沈君山也列出了 9 个可能是超新星的记录史料；1983 年自然科学史研究所刘金沂从研究中发现，“宋淳熙八年（1181 年）六月己巳，客星出奎宿……至明年正月癸酉，凡一百八十五日始灭”。也是一次超新星爆发，其产生的遗迹为 3C58。

值得欣慰的是，我国台湾的业余天文学家蔡元生经过了 180 多天的努力，终于与另一位爱好者吕科智合作，在 2006 年 7 月 19 日也发现了一颗超新星——“蔡－吕超新星”，现在已被国际上所确认，正式编号为“2006ds”。顺便提一下，蔡还是台湾第一个 SOHO 彗星“C/2004 S3”的发现者。这也是一颗在当年最亮的掠日彗星。

席泽宗 1927 年 6 月出生于山西省垣曲县，从小就聪颖好学，因日寇侵略，他在少年时代就饱受了颠沛流离之苦，对于日寇暴行也有切齿之恨。在辗转了大半个中国后，于 1947 年来到了上海，并终于走上了天文之路——从上海考入了中山大学天文系，1948 年他在广州《越华报》上发表了他的处女作——《预告今年日月食》，1951 年刚从中山大学毕业，北京商务印书馆就出版了他的第一本著作《恒星》。1952 年他与戴文赛合作，翻译了苏联安巴楚勉扬等人的《理论天体物理学》。后来此书一直成为天体物理专业学生的必修科目。

1957 年元旦，中国自然科学史研究所宣告成立，席泽宗是当时 8 名成员之一，并成为该室最大的一组——天文、工艺、化学、物理史组的组长。1991 年他被推选为中国科学院学部委员（现称院士），也是当前中国科学史界唯一的院士。1993 他当选为国际科学史研究院院士，1995 年又成为国际欧亚科学院院士。并先后 3 次承担了国际天文学联合会天文史委员会组织委员。

为表彰席泽宗的贡献，2007 年 8 月 17 日，在中国科学院自然科学史研究所成立 50 周年庆祝大会上，由中国科学院国家天文台发现的小行星 1997LF4、获得国际永久编号第 85472 号，经国际天文学联合会小天体命名委员会批准，正式被命名为“席泽宗星”。

但让人叹息的是，2008 年 12 月 27 日 23 点 50 分，他因病医治无效，在北京逝世，享年 82 岁。

第十三篇 致密星方面的发现

1862 年美国克拉克父子用他们刚制成的大望远镜进行天文观测时，发现了天狼星身旁的那颗又小又暗的伴星天狼 B，从而证实了 18 年前德国天文学家贝塞耳的预言：天狼星在太空中行走的路径弯弯曲曲，其原因是在它旁边有颗恒星在“拉拢”(吸引)它。可是解决了老问题，又出现了新矛盾：当年英国著名天文学家爱丁顿从天狼 B 的亮度推出了它的半径，而质量是完全可以从其轨道运动确定的，爱丁顿由这 2 个数据算出，天狼 B 的平均密度竟是水的 53000 倍！他在《恒星与原子》中说：“把天狼伴星传来的‘密码’翻译出来是：‘我的物质组成比你所遇见的任何东西的密度大 3000 倍以上，我的 1 吨重的物质小到可以装到一个小小的火柴盒里。’”也就是说，即使天狼 B 上的一个“粉笔头”，我们地球上也没有哪个“大力士”能拿得动。世上真有这种奇特的东西？别说一般人难以接受，就连很多科学家也怀疑不已。当时美国著名物理学家，1907 年诺贝尔物理奖获得者迈克耳逊也感到不可思议，为此他专门打电话到威尔逊天文台，问他的朋友安德森：“爱丁顿的恒星理论是怎么回事？”当听到朋友告诉他“在恒星内部物质可以凝聚到密度比水大 3 万倍”时，立即打断了对方：“你是说，可以比铅的密度还大吗？如是这样，那一定是这个理论在什么地方出了毛病。”

但是后来众多的事实表明，“出毛病”的不是宇宙间确有这样的恒星，而是这位名人的保守观念。天上的“致密星”，其密度远比当初估计的还要大几个数量级！后来还知道，致密星也是恒星演化到最后的一种归宿。

一、白矮星的奇特禀性

在赫罗图上，主星序的左下方有一个“白矮星序”，其中的白矮星都是一种光度较低、温度很高、密度极大、磁场很强的晚年恒星。它们的质量与太阳相差不多，但大小只有几千千米，与地球之类的行星相当。

最早确证的白矮星就是天狼B，现在知道，它的表面温度高达29500℃（相对比的是，太阳的表面温度还不到6000℃），质量是太阳的1.05倍，相当于2.1×10^{30}千克，半径只有5081千米，比地球还小1300千米，由此可以算出，它的平均密度高达3803000吨/米^3，为水的380万倍。比安德森回答迈克耳逊的结果还大100多倍。但是因为白矮星一般都相当暗淡，所以更远地方的白矮星就不易被人们所发现。根据统计资料估算，白矮星的总数约占全天恒星总数的3%，理论推算认为应占10%左右。即光在我们的银河系中，就应当有几百亿颗。由此可见，宇宙中一定还有大量的白矮星至今并未为人们所知。

白矮星可能直接由红巨星以“和平演变”的方式生成：它逐渐抛却掉所有的外层物质，裸露出其由氦、碳、氧构成的内核，就自然而然地成了这种奇特的星体。许多质量不很大的恒星如太阳，就会以这样的演化来走过其一生。

对于那些质量中等的恒星，便可能会走“行星状星云”的路，因为观测表明，在行星状星云（如图13.1的猫眼星云）中央的那颗“中心星”就是白矮星。但对于质量很大的恒星，更可能是经过剧烈的超新星爆发，抛却外体部分，留下被猛烈挤压的残骸而形成了白矮星。

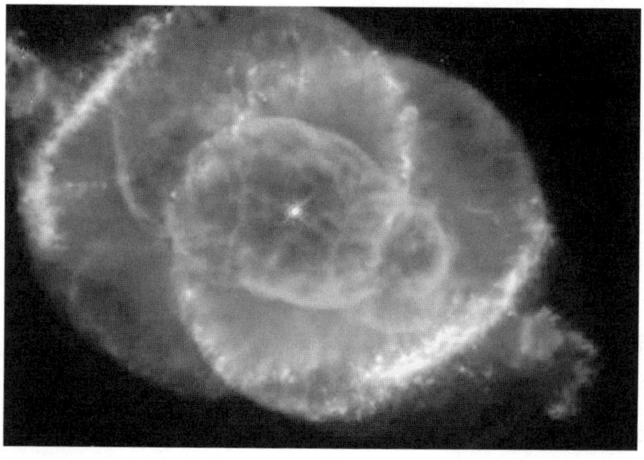

图13.1　猫眼星云的中心就是一颗白矮星

不管它形成的方式如何，所有白矮星中，它内部的热核反应早已中止，故其能源已基本耗尽，它所发出的光与热已成了“无本之木，无源之水”，就像一只不再添加燃料的火炉，其结果就只能是慢慢冷却、晶化，直至最后“死亡”熄灭。

实质上，白矮星就是恒星原先的内核，因为巨大的压力（或冲击力）摧毁了原先恒星上物质的原子结构，使得本来中规中矩、在绕原子核运行的电子都挣脱了束缚而变成“自由电子”，并组成了“电子气体”。这种电子气体呈现为“简并状态”——电子气体间的电荷都带负电，依靠彼此间相斥的斥力来与万有引力抗衡，所以也可达到暂时的“安宁”。

原子结构被压破，就好比一堆壳很大、核极小的劣质桂圆，在剥去了全部空壳后，它的体积自然就小了许多倍，密度必然大大增加。而电子壳层的直径比原子核的直径大上千倍，因此由简并态物质组成的白矮星，其密度自然就会增大成千上万倍。

既然白矮星的密度如此之大，那么其表面的引力也必然会更加骇人，因此从白矮星所发出的光也会因要克服它巨大的引力而消耗掉一些能量，表现为波长变长，或者说是应当存在着“引力红移”。这也是当年爱因斯坦提出的“广义相对论三大天文验证”之一（另两项是水星近日点进动和光线经过太阳表面的弯曲）。1935 年美国天文学家亚当斯利用当时世界最大的胡克望远镜（口径 2.5 米）拍摄到了天狼 B 的光谱，证实了它的谱线确实存在着这种红移，而且移过的距离与理论计算完全吻合！

图 13.2　白矮星质量越大，其半径越小

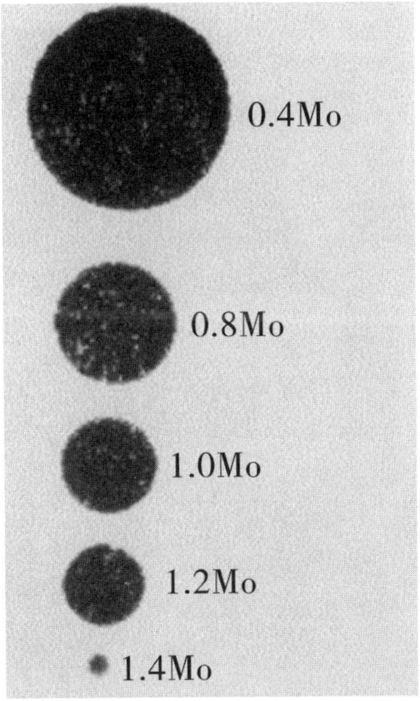

理论研究还可证明，白矮星的质量总是在太阳质量的 0.2 ~ 1.44 倍间，比 0.2 倍更小的，它原先的压力将无法打碎原子的壳层；比 1.44 倍还大的，则简并力敌不过引力，还会进一步收缩，都不会成为白矮星。1.44 太阳质量也称为白矮星的“昌德拉塞卡极限”。

有趣的是，本来恒星的质量与半径并无绝对的关联，如心宿二的半径是太阳的 600 倍，但其质量只比太阳大 25 倍，而那颗全天最亮的天狼星的主星 A，半径虽只太阳的 1.68 倍，质量却是太阳的 2.14 倍。那是因为不同的恒星，其平均密度可以千差万别。但白矮星就不同了，研究表明，凡是大小一样的白矮星，其质量就必然相等，反言之，质量一样的半径不会有丝毫区别，简直就像工厂中生产出来的产品。更令人惊讶的是，它又与标准化的产品不同：白矮星的半径越大，质量反而越小；半径越小质量越大。换句

话说，当质量大到一定程度时，其半径也就小到为0——不复存在，这也是从另一方面解释了白矮星存在“昌德拉塞卡极限”的事实。

二、“没有贝尔的诺贝尔”：对休伊什获奖的争议

1974年，两个英国天文学家休伊什与赖尔分享了当年55万瑞典克朗的诺贝尔物理奖，赖尔是因为发明了“综合口径射电望远镜”，让本来看不到的射电转化为可见的图像而获奖，而休伊什则是因为发现了“脉冲星”，这也是人称“60年代四大天文发现”之一。

赖尔得奖是众望所归，没有任何异议；然而对于休伊什，有不少人说三道四，颇有微词。因为发现脉冲星的主要功绩实际上是他的研究生、时年24岁的乔丝琳•贝尔小姐。在《自然》杂志发布脉冲星发现的论文中共有五位署名作者，休伊什是第一作者，贝尔名列第二。所以这次授奖引起了国际天文学界的巨大争议，被认为是诺贝尔奖历史上最不公平的结果之一，以至于有人将其称为“The No Bell Nobel”（没有贝尔的诺贝尔）。休伊什把贝尔排斥在大奖之外，这使很多天文学家不以为然，一些人更是仗义执言，如英国皇家天文学会前会长、著名天文学家霍伊尔就说，“评奖委员会没有完全弄清事情的真相”，还说这是一件“丑闻”。脉冲星专家泰勒在1977年出版的专著《脉冲星》的扉页上则写道：“献给乔丝琳•贝尔小姐，没有她的聪明才智和百折不挠的精神，今天我们就分享不到研究脉冲星的幸运。”因而她后来被人们誉为“脉冲星之母”。直到2018年，她获得了300万美元的“基础物理学突破奖”。也算是有了些慰藉。

贝尔还与中国结下了不解之缘，曾三次来访，除了做学术报告，还热情地会见了青少年，对他们进行了热情的引导与鼓励。2017年8月，她还到贵州专门考察了中国的“天眼”（世上最大的500米射电望远镜）。

关于脉冲星发现的事情原委是这样的：1967年7月，英国剑桥大学射电天文台有一台新的大型仪器投入观测使用，贝尔的工作就是处理它所得到的资料——1盘30多米长的纸带，3个月后她已辨认出其中有一个神秘的射电源（会发出无线电信号的天体），当它在子夜升到天顶时，纸带上总是会记录到一些奇怪的射电脉冲讯号。

她马上把此情况报告了休伊什，说在狐狸座那儿有一个奇特的射电脉冲源。可谁知休伊什却不以为然，认为这是外界的干扰，叫她不必理会。

图 13.3 “脉冲星之母”贝尔在北京古观象台留影

幸得贝尔小姐自有主见，依然锲而不舍地追索着，并在 11 月 28 日的记录上成功地分辨出它的周期十分稳定而准确：为 1.337 秒，直到此时休伊什才有所触动，可他刚看完一本科幻小说，那书上讲宇宙深处有个星球上居住着一种“小绿人”，它们的皮肤可以直接进行光合作用，根本不必进餐。休伊什心血来潮，以为可能这是“小绿人”的来电，所以他把其标为“LGM1”，LGM 正是小绿人（Little Grren Man）的英文缩写。

但到 1968 年 1 月，贝尔已经证认出类似的脉冲多达 4 个，怎么可能会有这么多的“小绿人”同时以同样的波长向我们不断“呼叫”呢？于是她肯定，她所发现的是一种过去人们不知道的新型天体。因为特征是不断向外发出射电脉冲，故暂称之为“射电脉冲星”，简称“脉冲星”。其实，脉冲星的英文名“pulsar”是根据“脉冲射电源”(Pulsed Radio Source) 造出来的，所以后来人们统一以“PSR”后面加上坐标位置为名。如贝尔发现的第一颗就是 PSR1919+21。

绝大多数的脉冲星不发或只发很弱的可见光，所以一般只能靠射电望远镜才能与它们打交道。研究表明，脉冲星所发出的“脉冲”信号其实是一种“灯塔效应”：因其自转轴与磁轴有一定的交角，射电波通常只能从磁轴区发出，只有在自转过程中，正好转到磁轴对向我们时才能收到，所以形成了一个个的脉冲信号，而脉冲的周期显然就是脉冲星的自转周期。这样看来，宇宙间一定有许许多多脉冲星不为人所知，因为毕竟磁轴正好对着地球的脉冲星总是少数。

现在所发现的 1400 多颗脉冲星周期都很短，均在 0.03 ～ 4.3 秒间。这表明，它们的自转比马达还快，如果其半径超过 15 千米，表面上物质的速度就会超过光速，离心力也会使它分崩离析。所以通常认为，脉冲星的半径在 10 千米左右，但其质量仍与太阳相当，所

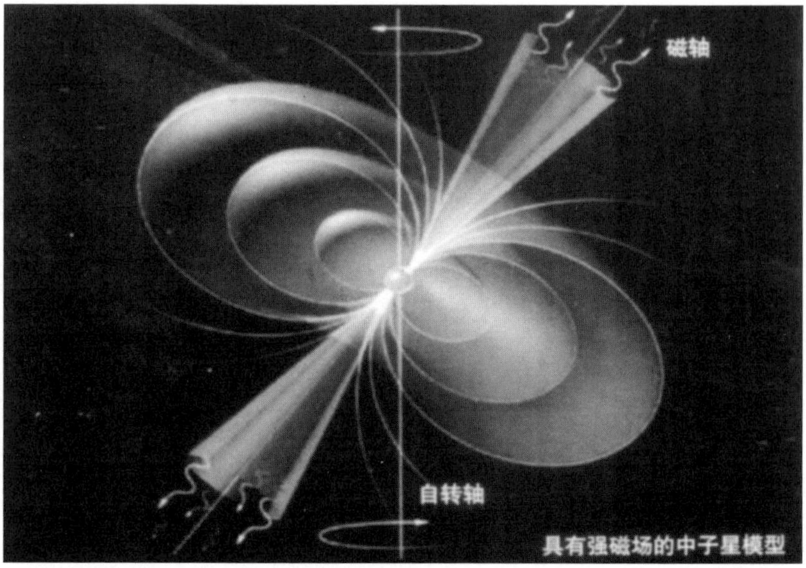

图 13.4　脉冲是因为它的辐射只能从磁轴发出

以可想而知脉冲星的密度将比白矮星更大百万倍！它的密度实际上也就是原子核的密度。如果硬把脉冲星上哪怕一小块物质搬到地球来，那人们也找不到它的“立锥之地”，因为没有什么容器能不被它压碎，它还将压穿地壳，直向地球的中心坠去……

还值得一提的是，脉冲星所发出的脉冲讯号极其稳定，足以与最精准的“原子钟”相媲美，如蟹状星云内的那颗 PSR0531+21，它的脉冲周期为：0.03309756505419 秒，准确到小数点后 14 位，相当于百万亿分之一秒！有些脉冲星历经 1 亿年才会有 0.4 秒的变化。这比目前世界上最精确的铯原子钟 (每 500 万年差 1 秒) 还要精确准 50 倍!

脉冲星也是超新星的产物，当恒星的质量超过“昌德拉塞卡极限”时，强大的压力把几乎所有的电子都挤进了原子核内，并与带正电的质子相结合，正负电荷相抵消，就成为不带电的中子，所以实际上脉冲星就是高速旋转着的中子星。此时化学组成也失去了意义，因为它那儿只有清一色的基本粒子——中子了。其实，自 1932 年发现中子后，朗道就提出了可能在宇宙中存在有中子星的问题，但当时谁也无法想象会有如此高密度的物质，因而一直被人们束之高阁。现在发现的脉冲星却证实了朗道 30 多年前的设想，而且也为超新星在恒星演化中的重要角色做出了极好的证明，所以有着极为重大的意义。

1983—1984 年间，南京大学天文学系的汪珍如教授与美国哈佛—史密松天体物理中心合作研究，得到了超新星遗迹 CTB80 的观测资料，建立了它的理论模型，指出其中的 X 射线点源应是脉冲星，为 2 年后发现它打下了基础。接着，她又得到了脉冲星的 X 辐射与其自转能耗损之间的重要关系——国际上称“史瓦特－汪关系”。此关系为后来人造卫星所发回的资料所证实，因而也得到了广泛的应用。

现在知道，脉冲星与白矮星一样，大小相同的质量相等，而且质量越大半径反而越小。其结构一般认为是外部有一个固体的外壳，其厚约为 1 千米，其平均密度高达 10^{12} ～ 10^{14} 吨 / 米 ^{3}，其外壳内乃是主要由中子组成的流体，对于其内层目前还有不同的看法。它的质量也有一个范围：1.44 ～ 2.5 太阳质量间。当然它也是一种处于垂死阶段的恒星，再也没有能源补充，等待着它的也是最后的“灭亡”。

三、无法看见的“最亮的星”——黑洞

如果超新星爆发后所剩下的残骸的质量比太阳质量还大 3 倍时，即便中子也无法抵御强大的万有引力，于是它将进一步地坍缩下去，且永远地坍缩下去，成为难以想象的黑洞。

黑洞的引力是如此之强，它把其上所有的一切包括光都牢牢地禁锢起来，所以人们无论用什么方法，都难以见到它的身影。

才华横溢的拉普拉斯被誉为“法国的牛顿”，他经常是“语不惊人死不休”。在 1796 年他 47 岁时，他就提出了一度风靡世界的太阳系起源的学说，拿破仑对此十分折服，但后来问他，为何在他的书中从没提到“上帝”？他的回答是：“陛下，我不需要那个假设！”在 18 世纪时，竟把上帝当作假设，而且还是不需要的假设，这需要何等的勇气与胆识。2 年后他又提出：“宇宙中最明亮的天体，可能对我们来说是看不见的。”他随即还举出一例，一个直径比太阳大 250 倍（很多巨星都可能比此还大）、而密度与地球相当（这样的恒星却从未见过）的大质量恒星，由于它本身的强大的万有引力，会把它发出的光“拉回来”，所以人们将无法看见它！

黑洞也是爱因斯坦相对论的必然产物，一个大质量的恒星在内部的热核反应完全中止后，必然变成超新星，如果爆发后，其残骸

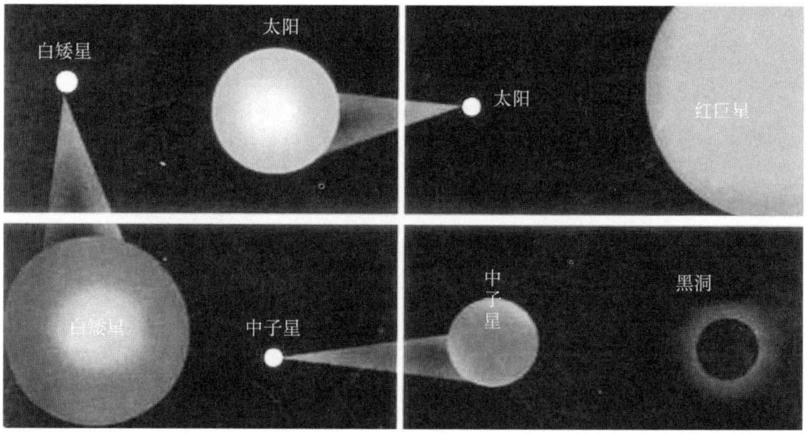

图 13.5　红巨星与太阳、太阳与白矮星、白矮星与中子星、中子星与黑洞相对大小的比较

的质量在太阳质量 3 倍以上，它将越过中子星的界限，继续不可避免的坍缩下去，从而使所有的质量集中在一个没有大小的“奇点”上，这也就是黑洞。

黑洞也是宇宙中最不可思议的天体，不管它以前是什么，一旦变成了黑洞，就再也分不清彼此了，因为它们之间的区别只剩下了三点：质量、电荷及角动量。其他物理量，如什么半径、温度、压力、磁场、硬度、导电率、化学成分……统统都失去了通常的意义，这也是常说的黑洞的“三毛定理”。当然黑洞可能有一个“视界”，这勉强可理解为其“大小”。一个质量达太阳 3 倍的残骸，变成黑洞后，其视界的半径将不到 8.9 千米。爱丁顿在形容白矮星时说是 1 吨重的物质可以放入火柴盒，而 3 倍太阳质量的黑洞，就像要把 4000 亿吨原应用 400 万艘大油轮装载的物质，统统都挤到一只普通的牛奶瓶内！

从黑洞视界之外看去，黑洞是真正的绝对黑体，在其周围仍然服从原先的物理定律，但物体一旦落进了黑洞的视界之内，就不会再有“重见天日”之时，不管它们原先是什么，不论是石块还是飞船，也不论是蚂蚁还是大树，都将被无穷大的潮汐力撕得粉碎，变成清一色的、没有体积、没有区别的“东西”，永远地向其中心的奇点飞坠而去。在黑洞内，时间已经“凝固”不再流逝，但空间在不断地伸长……所以尽管下坠的物体在以光速奔向奇点，但永远也到不了奇点上。

按经典物理学的观点，黑洞的确永远只是“只进不出”，永远是在不停地吸收，把周围的一切吞噬下去而绝不会有任何辐射发出。

但是英国著名物理学家史蒂芬·霍金所创建的“黑洞物理学”告诉人们：虽然黑洞本身是不会有辐射，但其强大无比的引力作用，最终会使其变成一个强X射线源。所以天文学家依据这些线索，也的确找到了一些黑洞的候选天体：天鹅X-1、天蝎X-1、圆规X-1、天鹅V404、狐狸QZ、天坛V801、天鹅VB43……

史蒂芬·霍金是一个科学奇才，他生于1942年，1963年还在大学时代，医生已宣判了他的“死刑”：他得了一种可怕的绝症，他的全身将渐渐萎缩、瘫痪，不超过4年，他将在极度痛苦中死亡。可是神奇的爱情魔力让他振作起来与病魔抗争，到70年代后，已完全瘫痪的他，却能在科学的宫殿中自由驰骋，对于“宇宙大爆炸”做出了最透彻、最合理的理论说明，他一系列的重大科学成就极大地震撼了世界，被誉为是“物理学中有史以来最出人意料、最杰出的成果”。

霍金还指出，除了恒星级黑洞，宇宙中还有质量在10^{12}千克的“微黑洞”，这种质量如一座小山的微黑洞，大小只有像质子那样，“半径”只有10^{-12}毫米。它们产生于宇宙早期，到现在已经为数不多；此外宇宙中还有星团级的“巨黑洞”，而且近年来由于“哈勃太空望远镜”的巨大威力，使天文学家已经在很多星系的中心发现了它们的身影。如在室女星系的中心就有一个质量高达26亿太阳质量的巨黑洞，就在我们银河系内，也有许多迹象表明，在银核内可能就存在着一个质量为太阳250万倍的巨黑洞。

图13.6 2002年8月霍金第二次坐轮椅上了长城

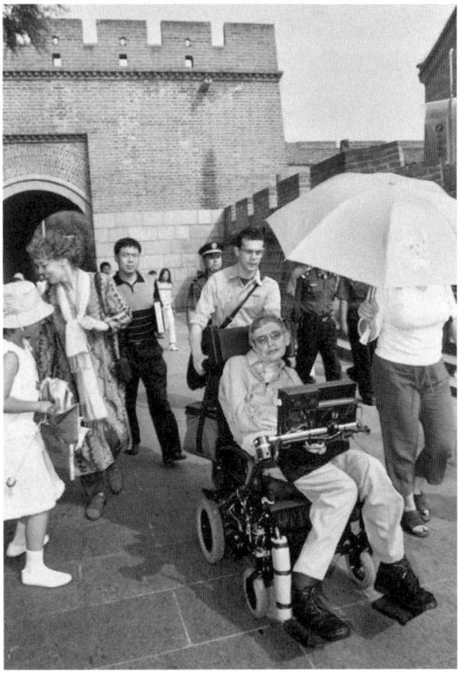

他于1975年得到了“庇佑斯十二世奖章”，1978年荣获了理论物理界的最高奖——“爱因斯坦奖”。1979年当选为著名的“卡卢斯讲座教授”。后来人们形容霍金的成就“好像是莫扎特创作了一整部交响乐而全部记在了脑子里”。

霍金与病魔斗争的精神，科学上的成就，的确足以名垂史册，正如他的老师西阿玛所说：“像霍金那样突破性的发展，在物理学史上是极为罕见的，他是天空中闪烁的明星，而以其残疾之身完成如此宏伟的业绩，尤其令人钦佩。”

更让人目瞪口呆的是，他已经报名了“太

空游”，打算坐着轮椅飞上太空！2007 年 1 月 8 日，是霍金 65 岁的生日，那天他宣布：“我计划今年首先做一次零重力飞行，然后在 2009 年正式进入太空。”太空之行未能如愿，但他真切地三次访华(1985、2002 及 2006 年)，两次登上了中国长城！

2018 年 3 月 14 日，霍金逝世，享年 76 岁。

四、“反常中子星”的发现者曲钦岳

休伊什关于脉冲星的发现很快就成为世界的热门话题，事实上，脉冲星不仅使休伊什得到了 1974 年度的诺贝尔物理奖，而后来关于脉冲双星（互相绕转的两颗子星都是脉冲星）PSR1913+16 的研究，验证了“引力波”的存在而让它们的发现者泰勒与他的研究生赫尔斯双双荣获了 1993 年度的诺贝尔物理奖。一类天体连获两次大奖，也是科学史上的佳话。

但是由于观测手段有限，加上理论上的欠缺，在 20 世纪 70 年代，人们对于脉冲星的认识还很肤浅，充满着不解之谜。尤其是对于 JP1953，由于其性质相当怪异，以致对其究竟姓“白”还是姓“中”发生了激烈的争论，而如果按一般的中子星计算其年龄，竟长达 100 多亿年——接近了宇宙年龄，这是不可思议的。1976 年曲钦岳与其夫人汪珍如、陆埮等人发表了《脉冲星的统计分析与 JP1953》，文中对 40 多颗脉冲星进行了仔细的研究分析，得到了“能量损失率—特征时标”曲线，从中证明了 JP1953 乃是一颗正常的中子星，所不同的是它的年龄的确较大(但远小于宇宙年龄)，为这场争论画上了圆满的句号。

1977 年秋，美国天文学家代表团来华访问，在进行学术交流时，汪宣读了这篇论文，得到了热烈的反应。普林斯顿大学天文学史瓦西教授称赞“论文极为成功”，诺贝尔物理奖获得者汤姆斯教授认为文中所得的那条曲线十分重要。

曲钦岳是山东牟平人，生于 1935 年，少年时代在青岛求学，1957 年他毕业于南京大学天文学系。1974 年，曲钦岳与夫人汪珍如合作完成了《宇宙伽玛射线爆的恒星超耀斑模型》，这也是中国天文学家发表的有关中子星的第一篇论文。在论文中，他们得出中子星的磁场衰减的规律，并改进了原先计算其年龄的公式，充分显露出他的才华，并引起了国际天文学界的重视，在爱尔兰丹辛克天文台工作的江涛专门在《中国新近的天文研究》一文中，重点介绍了此文。1978 年，曲钦岳由讲师破格晋升为教授，1979 年 4 月，就任南大天文系主任；1980 年，他又当选为中科院数理学部委员（现称院士)，时仅 45 岁，是当时我国最年轻的学部委员 (院士) 之一。1984 年秋，49 岁的曲钦岳“受任于危难之秋”出任南京大学校长。当时在他主持下，制定了《南京大学 1984—1990 年发展规划》，提出把南京大学建设成为“人文科学、社会科学、自然科学、生命科学、技术学科和管理科学等多方科协调发展的，具有自己特色和重要影响的社会主义教育、科研中心”。经过十多年的坚持不懈的努力，南大的学术地位稳步上升，尤其在国家科委科技情报所根据国际上几种权威学术论文索引所收录的中国科技论文分析排序的“高校学术榜”中，南京大学排名靠前。从 1989 年起，南大一直是“四强”之一。90 年代初一位副总理曾经风趣地对曲钦岳等说：“你们是中国大学的‘四大名旦’之一啊。”

图 13.7　南大前校长曲钦岳院士

也是在 1974 年，诺贝尔物理学奖获得者，美籍华裔科学家李政道等提出了一种“反常核态”理论，他们指出，在一定条件下，当核子的“数密度”（单位体积中有多少粒子）n 较低 (小于“临界密度”n_c) 时，物体就处于多数情况的正常核态，而当核子数密度较高 ($n < n_c$ =时，就会出现一种“反常核态”。曲钦岳、陆埮等人，很快把李政道的这一理论应用于天体尤其是中子星的研究中，他们从中子星结构的计算得知，这类天体的中子数密度正好就位于“临界密度”n_c 附近。他们由此得出的结论是：(1) 宇宙间有可能存在着稳定的反常中子星，它们可能是晚期恒星的一个新的类型或新的阶段；恒星晚期的演化可能为：白矮星→正常中子星→反常中子星→坍缩星 (黑洞)；(2) 致密星可能有第三个质量极限，除了 1.44 太阳质量的昌德拉塞卡极限和 2.5 太阳质量的中子星质量极限，还有反常中子星的质量极限：约 3.2 太阳质量。

接着，曲钦岳等人又陆续提出了含有反常中子和反常质子的中子星以及夸克星，在 1982 年希腊召开的第十八届国际天文学联合会的专业会议上，曲钦岳的论文引起了与会者的极大兴趣，也是因为这些出色的工作，曲钦岳当选为该会高能天体物理专业委员会委员。

曲钦岳等还研究了外部为反常中子物质，而核心为u、d夸克物质组成的星体。他还提出了“重振中国天文事业的雄风，恢复世界天文强国的地位，向国际先进水平迈进”的目标。

为表彰曲钦岳做出的贡献，国际天文小行星命名委员会批准，已将国际编号为第3513号小行星命名为“曲钦岳”星。

五、“夸克”的传奇故事

我们知道，所有的物质都是由分子组成的，水是由水分子(H_2O)构成的，食盐的分子是Nacl……而分子又是由原子组成的，世界上有千千万万种物质，但所有的原子也不过100多种（常见的为92种）。人们一度认为原子是最小的不可再分割的粒子。但1911年英国物理学家卢瑟福提出了“太阳系模型”：一个小小的原子简直就像太阳系——外面的电子就像行星绕太阳那样在绕原子核转动着；原子的质量主要集中在核上。

但不久人们就发现原子核还有结构，它至少有两种不同的粒子：带正电的质子和不带电的中子。后来人们把质子、中子与电子，都看作是不能再分的“基本粒子”，但是到20世纪六七十年代，人们开始认识到，中子也并非基本粒子，而是由更为基本的“夸克”组成的；因此有少数天体物理学家开始考虑由自由夸克物质组成星体（称为夸克星）的可能性。

夸克是什么？我国一度称夸克为“层子”。“夸克”一词，原是取自一本怪诞的诗集《芬尼根彻夜祭》中的诗句，是该书中一种海鸟神秘的叫声；美国物理学家盖尔曼幽默地以其为名，就是为了表示这些粒子的神秘莫测。继中子发现之后，物理学家们又陆续发现了许多新粒子、新现象；原来普遍认为的“质子和中子是不可分的基本粒子”观念受到了严重的挑战。在对大量实验分析和理论研究的基础上，1964年盖尔曼和兹韦格各自独立地提出：包括中子、质子在内的强子，是由更深层次的粒子（即夸克）组成的。最初提出的夸克有3种：上夸克（u)、下夸克（d）和奇异夸克（s)。它们带分数的电荷，是电子电量的2/3或−1/3，自旋数为1/2。后来因新粒子的发现，又先后要求引入另3种夸克：粲（魅）夸克（c)、底夸克（b）及顶夸克（t）。因此自然界可能存在六种夸克。这样所有的基本粒子都可看为是那6种夸克的组合，如质子是（uud）由2个上夸克与1个下夸克组成，中子则是（udd）由1个上夸克和2个下夸克合成的……华裔物理学家丁肇中就因为发现了粲（魅）夸克而荣获了诺贝尔物理学奖。

自1969年开始，就有人将有关夸克的研究应用到天体物理学中，其中值得一提的是日本物理学家伊藤直树。1970年，他讨论了完全由上夸克、下夸克和奇异夸克组成的天体，并考虑这种天体的引力平衡。伊藤将他的研究结果发表在一家日本出版的英文杂志上，可惜当时并没有引起人们的注意。14年后，美国著名数学家和物理学家威滕提出了这样一个猜想：完全由上夸克、下夸克和奇异夸克组成的物质（称为奇异物质）要比一般物质更加稳定。他进一步认为，宇宙中有三种方式可能出现奇异物质：宇宙大爆炸极早期的夸克时代，由奇异物质组成的天体（称为“奇异星”）以及极高能宇宙线。威滕的这一猜想，在一定程度上得到了其他研究者的认同；如果它是正确的，奇异星的能量应显著低于中子星；或者说，奇异星比中子星更稳定。有人甚至大胆地提出，很可能自然界根本就没有中子星，所有已知的中子星其实都是奇异星。这一假说对现代物理学的重要性是显而易见的，可说是不亚于黑洞，因而引起了众多物理学家和天文学家的关注。1991年，在丹麦就曾经举办过一次大型的关于奇异物质的国际学术研讨会。

最近美国国家航空航天局(NASA)宣布：在太空运行的“钱德拉望远镜”有了重大的发现，它找到了2颗很可能就是夸克组成的“奇异星”。

第一颗名为RXJ1856的恒星位于南冕星座，是距离地球约400光年的中子星。令人不可思议的是它微小的体积。美国马萨诸塞州剑桥市哈佛—史密森天体物理学中心的科学家通过分析该星体所发出的光，从而推算出该星体发射出的X光量子。由于X光的发射与恒星体积成比例，所以通过钱德拉望远镜上的X光观测站所收集到的X光亮度进行测量，研究小组得以估计出该恒星的体积。结果却表明这是一处关键。他们指出：“它比中子星所能达到的体积界限还小大约50%。”如此致密的物质只能存在于奇异星中。

第二颗名为3C58的恒星位于仙后座，距地球约有1万光年。

根据1181年8月中国和日本天象观测者的记录，这颗星产生于一次超新星的爆发。它的冷却速度快于人们对中子星冷却速度的预计。钱德拉观测小组的成员之一、哥伦比亚大学的天文学家介绍说，这颗星的温度比中子星的预期值低2倍，昏暗度则是预期值的16倍，而奇异星的冷却速度就可能比中子星快。

如果这两个待定星体最后确实被证明是奇异夸克物质所组成的奇异星，它们将有助于天文学家更好地了解亚原子粒子的性质。当然目前这还只是假设，离证实尚有相当的距离。

六、陆埮与“奇异星”的不解之缘

如上所说，“奇异星”的真正引人注目是1984年美国物理学家威滕的工作，他和一些人证明，奇异星的能量显著比中子星更低，这意味着奇异星在宇宙中比中子星更稳定，奇异星也是夸克星真正稳定存在的形式。

其实从编辑部收到文章的日期来看，在威滕那奠基性论文前约半个月，南京大学的陆埮与他的学生王青德就已把他们的有关研究成果寄到了《物理快报》编辑部。在那论文中，陆埮和王青德对于“奇异物质”的一些特性做了开创性的研究，并且证明了奇异物质的“体黏滞性”比通常的中子物质要高出多个数量级（通常把几十倍之差说成为1个数量级，几百倍为2个数量级，依次类推）。接下来的研究表明，奇异星的自转可能会比一般的中子星快得多，这也为在宇宙中寻找奇异星提供了一个重要的依据。后来，阿克洛克等人对于奇异星的结构和性质做了比较全面的计算，指出奇异星的壳层几乎与中子星没有什么区别，所以二者从辐射上看起来也是很难区分开来，阿克洛克等甚至认为，现在人们所发现的那些中子星很可能实际上都是奇异星。

后来，陆埮的研究生戴子高与汪珍如合作的研究，则得到了结论：武仙X-1很可能就是一颗奇异星。

陆埮1932年诞生于江苏常熟，因为日寇的侵略，幼年就生活在动乱的岁月中，有一次，在逃亡的船上，日寇的一颗流弹正好落在他的小床上，幸好那时他正好不在床上，否则他就可能屈死在日寇手下了。直到中华人民共和国成立，父亲去苏州东吴大学任职，才稍安定下来。

陆埮自小就十分惊叹几何学那严谨的逻辑体系，更对物理世界的奥秘神往不已，1953 年他终于如愿进入北京大学物理系。

图 13.8　心态永远年轻的陆埮院士

在北大期间，他阅读了许多科学大师们的原著，爱因斯坦关于质能关系的论述，更使他心仪不已，因为这篇总共只有 3 页的短文，却“抓住了最基本的原理，用非常清晰的物理直觉，如此简洁明了、令人信服地导出了头等重要的结论，为人们指出了无穷无尽能源之所在”。也使他深深感到“自己将来工作的责任”。

从 1962 年开始，陆埮与同学罗辽复等人合作，研究理论粒子物理的一些问题，但因为他们并不在同一城市，所以只能通过邮政信件交流切磋，当时国外资料匮乏，这种“远程合作”的苦楚是今天的人们很难想象到的。更让人心酸的是，他们的艰辛探索与自费的研究，不但得不到人们的理解，反而常被人批为“白专道路”。1969 年，陆埮被分配到了南京一家工厂当工人，烧锅炉，做木工……但他的“业余研究”仍在继续，在 18 年间，他与罗辽复等人的学术通信多达 3000 多封！有时一封信就有十多页长。1968 年，陆埮他们在研究夸克间的相互作用时，曾经得到了几个重子与介子之间的几个质量关系。可在“知识越多越反动”的年代，他们的成果竟无处发表，直到 1974 年《物理学报》复刊时才得以问世。而国外的同样研究直到 1975 年才始见发表。

1978 年，在戴文赛教授的关心与努力下，陆埮终于被调到南京大学天文学系。从此他开始专门研究高能天体物理，对于奇异星、γ 射线暴进行深入的研究，也得到了丰硕的成果，1981 年晋升为教授，2003 年被调入紫金山天文台，不久便当选为中科院院士。

在 1984 年发表的那篇论文中，陆埮指出，中子星内的奇异物质会使星体的振荡能量很快地被耗损掉，时间短到甚至还不到 1 秒钟。这种动力学性质将可以为人们寻找奇异星提供有力的线索。后来，陆埮与他的学生又广泛地研究了奇异星的结构和各种观测效应，用核物质到奇异物质的相变，解释 γ 射线暴与硬 X 射线等天文现象。

1994 年他与他的研究生又提出了脉冲星辐射的“代参数”的概

念，指出光子的“代”可以不是整数，而可以是分数。后来证明，这也是描述脉冲星一个新的重要的特征参数。

陆埮也是个“高产”院士，除了在国内外刊物上的260多篇学术论文外，还有一个重要的贡献是，他培养了一大批年轻有为的研究生。除了一批硕士生，还有9名博士生，他们经过几年的打拼与磨炼，现在都已成为中国天文界的栋梁之材：其中获得了“国家杰出青年科学基金（总理基金）”的有3人，得到“科学院百人计划”资助的也有3位，有1人得到“中国青年科学家奖”，1人获“中国青年科技奖”，2人主持国家创新研究群体科学基金项目，3人为创新工程首席研究员，1人被聘为“长江计划”特聘教授，2人获“全国优秀博士学位论文奖”，1位出任国家天文台副台长，1位任国家重大工程的总经理……后因工作需要，他于2003年调入紫金山天文台，同年当选为中科院院士。为表彰陆埮教授的许多重大贡献，国际天文学会将第91023号小行星命名为“陆埮星”！可让人扼腕的是，2014年他应邀参加一个学术会议，在路途中不慎跌了一跤，从此昏迷不语，于12月3日与世长辞。

第十四篇
星系方面的发现

随着望远镜技术的进步，人们在星空中发现了越来越多外形朦胧的云雾状天体——星云。它们究竟是什么？是位于银河系之外、与银河系一样的更大恒星系统？还只是在银河系之中的一团混沌的气态物质？天文学界真是见仁见智，莫衷一是。1920 年 4 月，美国科学院专门为此召开了一个“宇宙的尺度”研讨会。会上两种针锋相对的观点进行了激烈的争论，但由于当时的望远镜还不够大，所以辩论双方虽然手上都有一些观测“证据”，但实际上都有似是而非的地方，以至于最后结果双方仍是平分秋色，谁也没有能说服对方。四年之后，口径达 100 英寸（2.54 米）的胡克望远镜建成了。美国天文学家埃德温·哈勃用它做了大量的研究，终于证明，那些“旋涡星云”的确是位于银河系之外的河外星系。而有些“星云”的确只是银河系内的星团，当然也有一些确实真是弥漫星云。哈勃后来的研究使他不仅获得了“星海将军”的美誉，也被人尊为“星系天文学之父”。他于 1953 年用海耳望远镜（口径为 200 英寸）作一次为期四夜的观测时，因突发脑血栓而倒地不起，与世长辞。若不是这次意外，当年的诺贝尔物理奖必定非他莫属。

一、太阳不在银河系的中心

在夏秋之夜，繁星闪烁，银河茫茫。在罗马神话中，银河原是神后朱诺的乳汁，英语中银河是“Milky Way”——“牛奶色的路”。

由于地球是在绕太阳公转，所以不同季节我们所见到的银河迥然不同：春天里它一直隐于地平线之下，北半球上难觅其芳影；到夏日夜间，银河自西南斜向东北，分外壮观；秋高气爽时仍颇有气势，牛郎、织女隔河遥遥相对而泣；冬夜间北风凌厉，银河也变得暗淡稀疏，不易察觉。

最早窥破银河奥秘的是意大利天文学家伽利略。1609 年，他受到荷兰人发明能见到远处物体“幻镜”的启发，很快也制成了两架望远镜。更不凡的是，他第一个想到把它指向了天空，因此可以说，他手制的乃是人类第一台天文望远镜。他最先把它对向了人们最钟情的月球，可是这个最富诗意的“银盘”，在他的望远镜内却变成了一张丑陋不堪的大花脸，满目都是疮痍不平的坑洼，他把那些圆圆的突出物称为“环形山”，把那些暗黑而平坦的区域称为“海”——这些名称一直运用到今天。他看到的月面与地球表面大体类同，所以他也相信，那儿一定住着“月亮人”。虽然这是他的一大失误，但这对破除“地心说”和上帝造人的神话还是有积极意义的。

接着，伽利略把望远镜指向了恒星，他发现，尽管“星星还是那颗星星”，但比原先明亮得多了，而且还见到了许多平时肉眼看不见的星星。例如原来只能看到七八颗星的昴星团，现在却变成了 40 多颗星星在闪烁。他再观看如光幕一样的银河时，哪有什么“牛奶”“乳汁”？分明是点点繁星！是它们的星光交相映辉才组成了这道光幕。

后来，英国天文学家威廉·赫歇耳通过看似简单的统计星数方法，在长达 10 年的时间内，作了 1083 次观测，点清了各区域内的大约六七十万颗星星。从中他得到了几个结论，最主要的有二：(1) 银河与万千恒星一起组成了“银河系”，其形状如一个凸透镜；(2) 银河系中的恒星多得要以亿计，太阳就位于银河系的中心……

现在知道，赫歇耳的这些结论并不完全正确，尤其是太阳根本

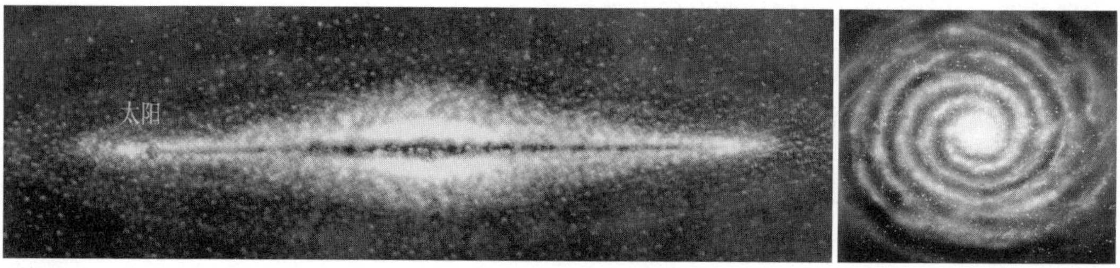

图 14.1　银河系的形状：侧看似透镜，俯看像海星

不在银河系的中心区域。这说明，人类乃至地球并没有什么值得骄傲的地方，当初哥白尼把地球从太阳系中心位置上拉下来，引发了一次科学革命，现在又让太阳返璞归真，回到了真实的位置上，所以这也成为人类认识史上的又一里程碑，是再一次的新发现。

多种方法证明，银河系是一个极为庞大的“星城”。包含有几千亿颗恒星，从侧面看去，它的确有些像凸透镜，中间的部分显得较厚，约有 6500 光年，边缘的部分相当薄，到近边缘处的太阳（离中心约 33000 光年）那儿，只有 3000 光年厚了。银河系的主体是“银盘”，银盘的直径为 8 万（也可粗略地称 10 万）光年。银盘的中心平面称为“银道面”，这是恒星最密集之处，而说来也让人气馁，我们的太阳也不在这个对称的银道面上，它离银道面还有 33 光年，比太阳到织女星的距离还稍远一些。

如果有谁能跳到银盘的上方，向下来俯视银河系，它就好像是一只美丽的大海星，从中心的银核那儿伸出 4 条弯弯的“旋臂”，几乎所有的恒星都集中在旋臂内，我们太阳也在其中的一条旋臂上。

银河系作为一个整体，它也在宇宙中运动着，同时它还在不停地自转。当然它的自转运动很特别，也很复杂，在银核及其附近，就像固体的自转，即线速度与距离成正比，但在银河系的边缘部分，自转像行星绕太阳的“开普勒运动”，离银心越远，速度越慢。在太阳那儿的区域，自转则介于二者之间，速度高达 250 千米每秒——比普通的出膛子弹还快 300 多倍！然而，银河系实在太大了，所以太阳在银河系内一圈绕下来，竟需要 2.5 亿年。如果以太阳现在 50 亿岁算，它也只绕了 20 圈而已。

二、形态各不相同的三类星系

哈勃证实了有些星云确是“河外星云”（实际是河外星系，下同），以后并没有停步不前，他把望远镜指向了宇宙间更深邃的地方，于是发现了更多的这类“河外星云”。在此基础上，他于 1926 年提出，可将那些“河外星云”分为三大类：旋涡星云（S）、椭圆星云（E）及不规则星云（Irr）。此后他又继续研究了 30 多年，对其进行了许多补充和修改，如把数量占据 80% 的旋涡星云又细分成两种：正常旋涡星云与棒旋星云（SB）。1936 年，他出版了《星云王国》

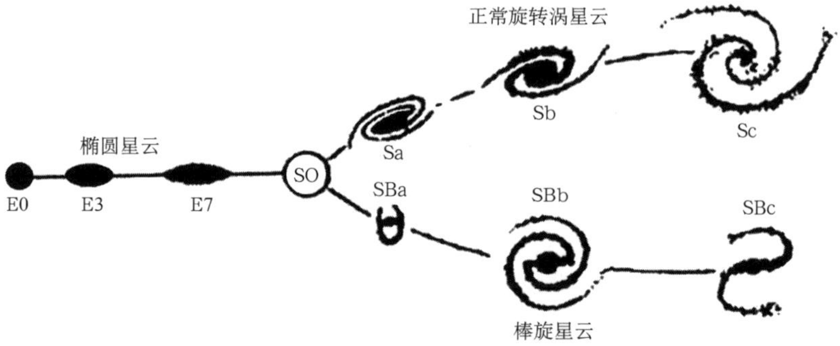

图 14.2 哈勃提出的星系分类法示意图，它又称“音叉”图

一书，书中有一张著名的星系分类图，从外形看，它极像一只音叉，故后来也称为“音叉图”。只是当时他并没能把不规则星云列于其间。

哈勃当时根据外形的扁度从小到大，把椭圆星云分成 8 个次型：E0、E1、E2……E7，而据旋臂的舒展程度，把旋涡星云分成 a、b、c 3 个次型。

后来人们对此稍加修改，尤其在右端加入了不规则星系，此图就一直沿用至今。而且一度认为，这也是星系的演化序列，只是当时人们弄不清楚，它是从左开始向右？是椭圆星系变到旋涡星系，旋涡星系的旋臂越来越松开，最后变为不规则星系；还是相反，先有不规则星系，再慢慢变成旋涡星系、旋臂越来越紧，变成椭圆星系，并最后演化为 E0 星系？

但是两种截然相左的意见争论了多少年也始终未能取得共识。

著名的仙女星系 M31 是最典型的旋涡星系。它也是人们第一个确证位于银河系之外的天体，同时它还是在北半球上肉眼唯一可见到的河外星系。仙女星系位于仙女星座内，离我们距离的确定几经反复，现在公认为 220 万光年。现在知道，它与我们银河系很像是一对“孪生姐妹”，不仅外貌相似，而且结构组成也基本相同。只是它的直径达 16 万光年，是银河系的 2 倍，质量是太阳质量的 3.1×10^{11} 倍，也是银河系的 2.2 倍。现在知道，旋涡星系的大小大致在 1.6 ~ 16 万光年间，质量则介于 10^9 ~ 10^{11} 太阳质量间。由此可见，仙女星系既是我们银河系附近几十个星系中最大、最重、最亮的星系，也是旋涡星系中的魁首之一。

从数量言，椭圆星系只占星系总数的 17% 左右，它的大小、质量相差悬殊。最小的椭圆星系直径不过 3300 光年左右，而最大的可

图 14.3 离我们 220 万光年的仙女星系 M31（NGC224）

比此大 200 倍，达 65 万光年！质量则可差 8 个数量级（10^5 ~ 10^{13} 太阳质量）！相当于蚂蚁与牛马之差。最著名的椭圆星系当推 M87（NGC4486），它位于室女 ε 的方向，属 E0 型，距我们远达 4400 万光年，几乎是仙女星系距离的 20 倍。

M87 的不凡处在于它的中心处，似有一串“珍珠”，可测量表明，每颗珍珠无论是大小还是质量，都比整个银河系还大：96000 光年直径与 1.5×10^{11} 太阳质量。向外喷出这些珍珠的速度高达数万千米每秒！由此算出爆发的能量至少有 10^{52} 焦耳——要知道，太阳自形成至今的近 50 亿年内，它所发出的能量一共才只有 10^{44} 焦耳，只是其亿分之一。

在南半球上，肉眼可以见到 2 个不规则星系——大、小麦哲伦星系，因为航海家麦哲伦在 1520 年发现而得名。不规则星系为数不多，只占 3%左右，而且一般都比较小，直径在 3000 ~ 30000 光年间，质量也不过 10^8 ~ 3×10^{10} 太阳质量间。大、小麦哲伦星系也是 2 个离我们最近的星系，离我们不过 16 万与 19 万光年。所以常是人们研究河外星系的好“标本”，星系中的很多天文现象都可一览无遗地尽收眼中，因为在银河系中反而是“不识庐山真面目，只缘身在此山中”。大、小麦哲伦星系的直径分别为 23000 与 9800 光年，质量分别为太阳质量的 7×10^9 及 1.4×10^9 倍，相当于银河系质量的

5%及1%。它们本身之间相距也只有9800光年，真可以说是形影不离的“双重星系”。从它们所含的气体非常丰富看来，它们只不过10亿岁光景，比我们银河系年轻得多。

近年来人们更相信，大、小麦哲伦星系与银河系一起组成了“三重星系”，三者之间有“桥”相连，通过这些桥，三者之间在互相交换物质。研究表明，大约20亿年后，小麦哲伦星系会慢慢钻进银河系内，融入我们银河系中。

三、都在疯狂逃离的星系世界

其实哈勃最大的贡献是发现了几乎所有的星系都在离我们而去。1929年，哈勃分析了资料比较可靠的24个星系的运动状况，发现它们都在“逃离”而去，而且他得到了一个极为简明的“哈勃公式”——从宇宙范围而言，河外星系离开的速度与它们的距离成正比。换句话说，如果一个星系离开我们的速度越快，说明它的距离越远。这分明说明，宇宙正在不断膨胀着。因为在此之前，包括爱因斯坦在内，几乎所有的人都认为，宇宙是静止不变的，爱因斯坦甚至在1930年宣称，他已算出了宇宙的半径是30亿光年。哈勃的发现让爱因斯坦终于醒悟，坦率地说，这是他的“终生之憾”。

人们是怎么知道天体是在离开我们还是接近我们的呢？这全靠“光谱分析”方法：看其光谱中谱线位置有无移动，移动了多少。凡是谱线的波长变短（即谱线向蓝端移，也称紫移，即频率变高），表明它正在向我们行来，这就像火车在驶来时笛声变尖锐一样；如果相反，波长变长（即谱线红移，频率变低），则表示它正在远离我们而去。这也是人们常说的“多普勒效应”。

哈勃公式极为简单：

$$Vr = C \cdot Z = H \cdot R$$

公式中的Vr就是天体的“视向速度”，单位为“千米每秒”，并规定，凡在接近我们（蓝移）时，它的速度Vr取为负值；反之，离开我们（红移）时，Vr为正值；C是光速，可取为300000千米每秒，Z即是谱线的移动值；同样是红移时为正，蓝移时为负；H则是“哈勃常数”，其单位比较奇特，为“千米/（秒•兆秒差距）”。其意义是距离每增大100万秒差距（1秒差距=3.26光年），天体的视向速度 Vr 增大 H 千米每秒；R 即是天体的距离。

其实，哈勃公式就像到超市买大米那样，应付的款项与大米的重量成正比。H 就可看作是大米的价格。但这是一个非常重要的常数，在 H 确定后，科学家们就可从哈勃公式中求得星系离我们的距离。因为红移值 Z 是可以从光谱中测出的量，C 光速又是不变的常数，所以星系的距离实际上就取决于 H 值的大小。哈勃在 20 世纪二三十年代测定的 H=528；后来随着观测资料的不断积累，H 值逐渐变小，1952 年已减小到了 290；到 20 世纪 60 年代，各国天文学家从多方面研究探索，H 又缩小到了 100……虽然到现在还没有精确的值，但一般认为它应为几十，大致在 40 ～ 70 间。

哈勃公式还表明：天体离我们越远，它离开的速度越大。初一看来，这似乎表示我们地球正处于宇宙的中心。这完全是一种误解，因为在这样的图像中，在任何其他天体上所见到的也是这一番现象。不妨以二维世界为例：正如一个气球在充气膨胀时，气球表面上的任何两点都在互相分离、相距越远分离越大一样。如右图上，任意取一点 G，与 G 最近 G1，在充气后分离最小（速度最小）；G 与 G2 和 G3 稍远，速度也就相应稍大些；G 与 G4 最远，分离也是最大，相应的分离速度也就最大。

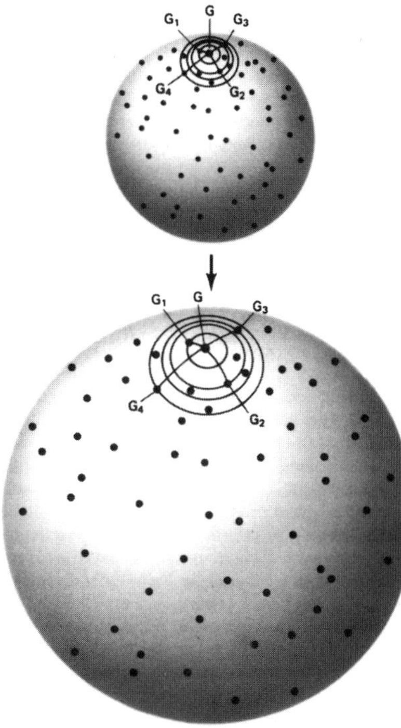

图 14.4　气球在充气时，所有点都在互相分离，而且，距离越远的两点，分离的速度越快

在 G 点上看来是这样的情形，但在其他点 G1 或者 G2 甚至另外别的什么点上，所能看到的与在 G 上所见根本没有任何不同。而且这个 G 点也是任意取的，哪一点都可担承。由此可见，球上的任何点都可“自封”为“中心”——实际上没有中心。

在适当的单位中，哈勃常数 H 还直接与“宇宙年龄”相关，因此，哈勃公式已是当今宇宙理论的重要基石之一。

四、中国学者对星系和宇宙学的研究

我们知道，星系都远在多少万光年之外，没有大望远镜，对它就只能望洋兴叹。早在 20 世纪 30 年代，一位年轻的中国学者——

周培源就敏锐地看到了国际学术发展的主要潮流。周培源 1903 年生于江苏宜兴，1928 年获美国加利福尼亚理工学院博士学位，1935 年 32 岁的周培源就在创刊不久的《中国物理学报》上发表了《膨胀宇宙的相对性理论》，给出了红移与距离的关系式，1939 年他又发表了两篇有关的论文，简化宇宙方程的求解过程。在 70 年代初，他把国外学者温伯格赠给他的新著《引力论和宇宙论》介绍给中国的年轻学者，直到 1989 年，他还和其研究生在《中国科学》上发表了《德西特宇宙中的红移问题》，对中国的宇宙学研究做出了重要的贡献。

当然，由于观测仪器的限制，对于星系与宇宙真正的深入研究，直至 20 世纪 70 年代才从理论探讨起步。当时，中科院物理研究所、中国科学技术大学、北京天文台、南京大学天文学系，都先后迈出了可喜的步伐。

从星系的演化看，戴文赛等指出，哈勃的形态分类并不是演化的序列，正如赫罗图上的主星序并不是恒星的演化途径一样，这“音叉”也与星系的演化无关。不同类别的星系之间并没有“血缘关系”，好比是白种人绝不会变成黄种人与黑种人，而黑种人也不会变为其他种人一样。旋涡星系与椭圆星系，两者在质量上有巨大的差别，无论是从旋涡星系到椭圆星系，还是从椭圆星系到旋涡星系，都面临着一个无法回避的质量问题，前者要抛掉 90% 的物质，后者却要从哪儿去吸取比自身还大几十倍的质量。

20 世纪 70 年代，戴文赛等在深入研究了 213 个星系后得到了许多重要的发现，其中之一就是它们的质量与角动量之间的关系，并由此提出了新的星系分类法。它以质量（因质量与角动量有关，故它实际上也含有了星系的转动情况）为准，将它们分成矮系（DG）、中系（MG）、巨系（GG）和超巨系（SGG）。从这种分类不难看出：(1) 椭圆星系大多属于超巨系和矮系，处于其两端，很少处于中间的两类；(2) 旋涡星系多数是巨系，只有少数是中系和超巨系，但绝没有矮系：(3) 不规则星系多数属于中系。

表 14–1　戴文赛提出的星系分类

质量（太阳质量）	$10^5 \sim 10^8$	$10^8 \sim 10^{10}$	$10^{10} \sim 5\times10^{11}$	$5\times10^{11} \sim 10^{13}$
类别名	矮系（DG）	中系（MG）	巨系（GG）	超巨系（SGG）

后来的许多研究表明，这种新的星系分类对于研究它们的演化很有帮助。

同时中国还与国外进行了积极的沟通，如北京天文台陈建生与英澳天文台合作，邹振隆与彼得森等合作，都取得了重大的研究成果。紫金山天文台苏洪钧在澳大利亚国立大学斯特朗洛山天文台时与美国学者合作，发现了一个“最大的星系”——马卡良348，这个位于仙女座方向上，距我们3亿光年的遥远星系，直径达130万光年，至少是银河系的16倍！

到了20世纪90年代，我国也有了一批能对星系进行有效观测的大望远镜，因而关于星系与宇宙学的研究也是硕果累累。在这10年中，以中国为第一单位，中国天文学家为第一作者的科学论文，仅发表于国际一流刊物SGI（《科学》）上的就有250篇之多。

五、类星体何时能获诺贝尔奖

20世纪60年代的四大天文发现不仅震撼了整个科学界，改写了天文学的教科书。而且其中的三项：星际有机分子、脉冲星与微波背景辐射，先后都获得了诺贝尔物理奖，唯有最早发现而且影响极大的“类星体”，却至今无人因此获奖。其原因不是类星体不重要，而是因为它至今仍是一团迷雾，类星体的实质仍然扑朔迷离，让人百思不得其解。

1960年，美国天文学家桑德奇虽然首先观测到了第一个闻所未闻的奇特天体3C48，但当时它那奇特的性质，让人弄不清它是什么天体。它的照片如恒星而肯定不是恒星，它的光谱像星云但肯定不是星云，外形似星团又肯定不是星团，发出的射电辐射类星系又肯定不是星系。所以当时有人戏称它是天上的“四不像”。直到1963年，人们才弄清了另一个同类天体3C273的奥秘，因为它的谱线的红移大得出奇，才让人一时无从识别，当时测出它的红移值高达0.158！后来人们称其为“Qusi-Stellar-Object”（类似恒星的天体），但这个名字太长，也很拗口，于是美籍华裔天文学家邱宗义创造出一个很响亮的名字“Quasar”，中译为“类星体”，简写为“QSO”，以Q后加坐标表示之。Quasar在我国台湾被译为“魁煞星”，意思是人们难以制服的魁煞恶星，这确也是很传神的名称。

我们知道，恒星的红移（或蓝移）都在万分之几到千分之几间，最大的也只有 0.002。星系的红移值稍大上几十倍，即都是千分之几的，至多到百分之几。而类星体则“身手不凡”，竟达到了 0.158，由此算出，它离开我们的速度高达 47400 千米 / 秒！从哈勃公式还可推出，它的距离就在 7—12 亿秒差距，或者说在 23—39 亿光年间。

后来发现，高红移是类星体的主要特征。在已发现的几千个类星体中，除极个别只有 0.06，其余的都大得惊人，有不少竟超过了 1。最大的记录也一再突破，现在甚至已发现了红移超过了 6 的类星体！按哈勃公式计算，它们必定都处于极其遥远的“宇宙边缘”上。当 Z=6 时，其相应的视向速度已高达光速的 96%——288000 千米 / 秒。

在类星体那儿，有许多难以理解的矛盾，其中最让人感到困惑的有二，一是“能量之谜”：以 HS1946+7658 为例，现在所见，它的亮度为 15.6 等，其红移为 3.02，由此算出，它所发出的能量竟是太阳的 10^{15} 倍！加上其他波段的辐射，总能量则至少相当于 10 万个银河系的总和。然而由多种方法测定的类星体的大小，都只有 1 光年的量级。一个比星团还小的天体却能发出比星系大千倍、万倍的能量，这真让人匪夷所思。难怪天文学家要惊呼，类星体是宇宙中最亮的天体了，甚至有人干脆称它为“白洞”。我们知道，黑洞与白洞都是爱因斯坦相对论所预言的两种天体。黑洞是“只进不出”，白洞则相反，是“只出不进”——它不会吸收却有巨大的辐射。因此如果能弄清类星体的产能机制，并“用之于民”，那还用担心什么“能源危机”？

类星体对科学的第二个挑战是“超光速之谜”。1972 年美国天文学家发现 3C120 的直径在 2 年时间内增大了 0.001″，千万别小看了这个 0.001″ 的微小角度，由于它位于极遥远的距离上，推算出来它的膨胀速度竟高达 120 万千米 / 秒，也就是 4C——光速的 4 倍。现在已经发现有“超光速”的类星体已有 18 个之多，最大的 Q1926+738 竟达到了光速的 45 倍！而相对论和现在所有的物理定律都告诉我们，光速 C 是速度的极限，一旦超越了光速，就会出现许多不可思议的荒唐事。

当然为了解开这两个“谜”，也有人提出，或许类星体的红移不是“宇宙学红移”，不适合哈勃公式，与距离无关。这似乎一时避开了能量与超光速的困境。但是至今无人能说明，何以类星体会有如此巨大的红移？这真是首尾难顾，难以两全。既然类星体位于 100

多亿光年以外的宇宙边缘区域，那人们现在见到的，也只是它们发自 100 多亿年前的信息，所以它们也是研究早期宇宙的重要钥匙。

1996 年，“哈勃太空望远镜”对许多类星体作了系统的观测，证明了它们都是位于 10 亿光年外的遥远天体，大小与我们太阳系相仿。更重要的是，它发现很多类星体位于星系的中心附近，尤其是那些有激烈活动的星系中心，更与它有千丝万缕的联系。因此现在有的天文学家认为，类星体可能是一个巨大的恒星或许多恒星发生爆炸，然后坍缩成巨大的引力场——黑洞时产生的天体，而黑洞就是它的能源。但 40 多年过去了，类星体仍是一个让人难解之谜，现在有人提出，类星体的中心可能有着“巨黑洞”，这是否就是解决问题的钥匙？还得有待于更多的观测资料来证实。

但有一点是可以肯定的，如果一旦有谁揭开了类星体的谜底，就一定会问鼎于那一年的诺贝尔物理大奖。

六、他们的眼睛比望远镜还厉害

类星体的光度很弱，又位于宇宙的边缘地区，所以在最初的 10 年时间内，人们找到的类星体只有 508 个。但后来它的队伍迅速壮大起来，到 1980 年时，就已达 1500 个，到 1990 年，增加到了 4169 个，1993 年又达到了 7383 个，到 20 世纪末则突破了五位数，达到 13214 个，现在则早已超过了十万之巨。

北京天文台的赵永恒等人在 1994 年用我国自制的望远镜终于证认出第一个类星体。后来随着 2.16 米大望远镜的投入使用，我国天文学家也就有了新的建树，用此证认出了 500 多个类星体与活动星系核，其中有 3/4 是新发现的。还有人在 NGC3516 星系的周围发现了 5 个有 X 辐射的类星体。

在类星体的探索中，不能不提到北京师范大学天文系的何香涛教授。他于 1938 年生在河北省束鹿县（现为辛集市）。在一篇文章中他曾自述：“解放后经历了一系列被改造运动，一直到‘文化大革命’。像孙行者一样，经历种种磨难，改造得几乎走了人形，也总难修成正果。”完全是“在党的十一届三中全会的光辉照耀下，获得了第二次生命……多亏邓小平二次出山，改革开放的春风把我送出了国门”。

1980 年，何香涛有幸成为改革开放后最早出国去的“访问学

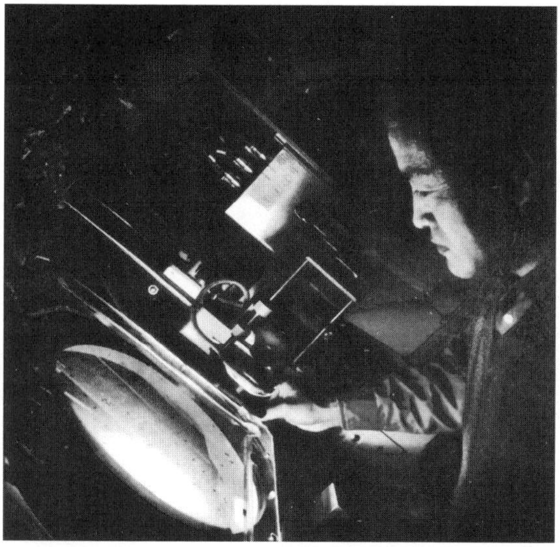

图 14.5 何香涛正在仪器上寻找类星体

者”，在英国爱丁堡天文台工作了 2 年时间。他很快领悟到，发现类星体固然首先应靠射电望远镜，但寻找和最后的确证类星体的工作，更需要靠光学的方法，而且他改进了寻找的仪器与方法，总结出了一套行之有效的程序，使得效率大为提高。在先前，类星体的发现者施密特与他的学生在最初的 10 年中，观测了近 1/4 的天区即 10714 平方度的星空（全天空约为 41253 平方度），他们发现的类星体总共也不过 92 颗，平均每年不到 10 颗，而且他们所发现的，都是那些最亮的容易发现的类星体，对于那些较暗的类星体似乎还缺少行之有效的办法。

何香涛充分利用了类星体的光谱有很大红移的特点，设计了一套认证类星体的科学方法，结果取得了令人瞩目的成果。正如当代类星体研究的权威之一、美国著名天文学家阿尔普在他的专著《类星体、红移及其争论》中所言：“中国天文学家何香涛反复搜寻了这些底片，最后在中心区 8.1 平方度内找到了 43 颗类星体的候选天体，我用分光法观测了其中的 33 颗，结果有 31 颗（94%）是类星体，这是我所知道的寻找类星体的最高成功率。”

仅是从 1981 年 6 月起的一年多时间内，何香涛本人所发现的类星体“样品”多达 1093 颗。后来证明，其中的正确率高达 70%！而当时人们所知的类星体只有 3000 多颗。1982 年，何香涛又得到了使用美国 5 米望远镜的机会，虽然在这 3 个夜晚中，有一夜的天气根本不能打开天文台的圆顶，没能观测，但在其余二个晚上的工作，他也有 13 颗类星体收获。也是在这一年，他将一颗类星体的候选体交给日本天文学家冈村定矩，结果让他们于 3 月 21 日成功地“发现”了日本的第一个类星体（也是亚洲的第一颗）。这一下轰动了全日本，他们要求把这颗红移为 2.259 的类星体命名为“何氏天体”，但在何香涛建议下，该星体后来终于正式称为“中国-日本类星体”。

所以那些“老外”们对于何香涛这项开创性的工作十分钦佩，说何香涛的眼睛比望远镜还要厉害！美国天文学会还专门为他颁发了“国际观测奖”。

图 14.6　樊晓晖

在世界类星体发现史上，还有一个值得中国人自豪的年轻人——樊晓晖。他自小就对天文学极为痴迷，1992 年从南京大学天文学系毕业后考入北京天文台的研究生，1995 年又进入美国普林斯顿大学攻读博士，2000 年他就发现了一颗红移为 5.8 的类星体。2001 年他再接再厉，发现了红移为 6.28 的类星体，这是世界上第一颗红移超过 6 的类星体，让人对他刮目相看。2003 年，他又在一次国际学术会议上宣布了 3 颗新的高红移类星体，它们的 Z 值分别为 6.4、6.2 与 6.1。据统计，樊晓晖与其合作者所发现的类星体已达 6 万多颗，占据全世界发现类星体总数的 2/3 左右。他本人也因此荣获了 2003 年度的美国天文学会颁发的“牛顿·雷斯·皮尔斯奖”。这是专门为年龄在 36 岁以下的年轻人设立的一个奖项，每年只有一人可以获奖。

第十五篇
其他方面的发现

天文学本来就是一门观测的科学。现代天文学更离不开巨大的望远镜和其他各种先进的仪器设备，在某种程度上说来，天文学史也是一部仪器的发展史。明清以后，中国一直处在封建的闭关锁国状态，昏聩无能的统治者夜郎自大，完全脱离了世界发展的潮流，甚至把西洋传教士带来的望远镜，也视作“奇技淫巧”，将其束之高阁。因而本来在世界上居于领先的古天文研究，此时已被远远地抛在了后面。中华人民共和国成立后，也因没有大的仪器设备，众多的天文工作者也只能望洋兴叹，在20世纪60年代“四大天文发现”极大地改变了现代天文学的时候，可是中国的天文学家在本土上，竟根本见不到这些新天体的尊容。然而中国人是智慧聪颖的，他们在没有必备的仪器设备的不利情况下，硬是闯出了一条独立的发展之路，做出了许多令人瞩目的成就。上述的几篇就是极好的例证，除此之外，还有不少可圈可点之处。

一、举世瞩目的“夏商周断代工程”

中国是四大文明古国之一，而我们也常常以“中华文明悠悠五千年”而自豪：中华文明起始于伏羲，兴盛于黄帝，以下即是三皇五帝、夏商周、春秋战国等。在伏羲前还有燧人氏、有巢氏……但是事实上，中国的历史年代表只是开始于公元前841年（西周共和元年）。这不到三千年的记录也是伟大的史学家司马迁在《史记》中留下的记载。

在司马迁的《史记·三代世表》中，他仅记录了夏商周各王的名字，而没有完整的在位年代，而在此之前的历史，并不太明了。一代代的帝王也似乎历历可数，一直可以追溯至夏朝的建立，那些有名的历史事件，如大禹治水、成汤革命、武王伐纣等，虽然也是妇孺皆知，家喻户晓，但它们究竟发生于哪个年代，没有一个人能说得清楚。连郭沫若也曾叹惜地说过“商代才是中国历史的真正开头”。这种状况被称为“有世无年”，成为中华文明史的一大缺陷。

在众说纷纭、万般无奈之际，一度甚至产生了怀疑一切的颓废思潮，有人认为，“三皇五帝”不过是一种神话传说，大禹也只是一条虫，鲁迅就曾为此写下了“故事新编”来抨击这股逆流。

国家科委主任宋健到世界各地去访问，在参观了一些古代文明的发祥地，如埃及、巴比伦后，他发现这些国家的博物馆对年代学有比较详尽、为大家公认的年表。为此他就深切感觉到，我们国家只能拿出一个不到三千年的年表，是很大的遗憾。1995 年他在访问了埃及后回来说：“古埃及第 12 王朝共 213 年，是帕克据某王登位的第 7 年 8 月 16 日，天狼星在东方升起的月相计算出来的，标明精度为 ±6 年。中国‘三代以上，人人皆知天文’，为什么我们现在的天文学家不根据中国丰富的天象记录算出夏商周的年代呢？”

在此基础上，宋健提出，现在处于世纪之交的“九五”期间，我们应当组织力量，对这一重大历史问题做出突破性的进展。于是他邀请了一些学者召开座谈会，想了解一下我们国家在这方面的研究状况。然后针对这种状况，他提出：有没有可能以我们国家在自然科学技术方面所取得的一定优势来支持人文社会科学，进行由自然科学和人文社会科学相结合的这样一个研究。这个意见，得到了出席会议的各学科专家学者的支持和拥护。这就是后来启动的国家重点工程“夏商周断代工程”的由来。

必要性是毋庸置疑的。现代科学的迅速发展，又为解决这个难题提供了可能性：现代考古学使得古代遗址与遗物的研究有了科学的手段和方法；碳十四测年的科学方法也使得那些不会开口的木头、骨头能够成为最好的见证人；现代天文学和高速计算机，使得几千年前的天象（如行星的位置、五星联珠、日月食、彗星出没等）可以准确无误地计算出来。另一方面，在 20 世纪尤其是建国以来，考古有了众多的重大发现：安阳殷墟和周原甲骨文字、史前及西周时期的大量遗址、新出土的商周铜器铭文……都促进了研究的深入发展。

“夏商周断代工程”简称“断代工程”，是1996年5月16日正式启动的。简单说来，该工程是一个用自然科学与人文社会科学相结合的方法，来研究中国历史上的一个特定时期，即夏、商、周三个朝代的年代学。参加者有不同学科的专家学者200多人，“断代工程”可分解为9个大课题，44个专题，其中天文学专题或以天文学为主的有12个，它们涉及夏、商、周三代。

断代工程需要有多种学科协同攻关，但其实在这些学科中，唯有天文学才能推算出历史事件的绝对年代，所以有着举足轻重的作用。只是必须看到，天文学也有其局限：它首先需要由历史学家和考古学家提供材料，还需要古文字学家对其进行释读，在此基础上天文学家才能施展其才华。

经过200多位专家学者的团结协作，共克难关，断代工程于2000年9月15日通过了国家验收。同年11月9日正式公布了《夏商周年表》。该年表把中国的历史纪年向前延伸了1200多年，推定出以周武王讨伐商纣王为标志的商周分界为公元前1046年，并明确了公元前841年以前西周十王的具体在位年代；又推定得到夏商分界年代为公元前1600年，并明确了商武王以下的十二王的在位年代，对于商代前期的历史给出基本的年代框架；推定夏代始年为公元前2070年，也相应提出了夏代基本的年代框架。

二、断代工程中的四大天文确证

经过五年多的努力，夏商周断代工程终于取得了许多突破，其中最显著的天文有四大确证。

一是有关商周两代的分界点——武王伐纣的年代确定。武王伐纣是一个极为有名的历史事件，也是中国历史中的重大疑案，所以是断代工程的关键点之一。经过《封神演义》等文艺作品的渲染，它早已成为家喻户晓、深入人心的传奇故事，甚至还因此延伸出许多诸如“酒池肉林”“助纣为虐”“姜太公钓鱼”等成语。有关这一重大历史事件还伴有众多的天象记录。只可惜，我国古文献的所有记录，都有文词过于简略的通病，而且它们大多又并非是当时的实录，而是几百年后的后人追记，其可靠性也易引起人们质疑，同时也必然会带来涵义模糊、多重解释的问题，有的甚至还会出现互相矛盾的现象。因此对于它发生的具体年代，历来就有很多争论。从西汉时代的天文学家刘歆开始（他认为此事发生于公元前1122年）；唐代大天文学家一行则考证为公元前1111年；20世纪80年代初，张钰哲则从彗星推出为前1057年；1982年美国天文学家则从“五星会聚”的史料，认定为此事发生的年代应在前1059年……在1997年出版的《武王克周之年研究》汇编了古今中外的许多学者提出的不同观点竟多达44种！洋洋大观，达692页之多。最早的定于公元前1130年，最迟的却到了前1018年，二者相差竟达112年。

事实上，现在已收集到的有关武王伐纣的天象记录，至少有16种之多。因此研究中最重要的是要对它们进行科学筛选。天文史学家江晓原用全新的思路，从众多的头绪中筛选出三条能互相印证的史料，配合碳十四测年的结果和《尚书·武成》的月相记录，得到了一个较好的结论。在此基础上，进一步的研究则让人们终于达成共识：克商的时间应是公元前1046年1月20日（甲子）！

第二个天文认证是：“天再旦”确证了懿王元年为公元前899年。在古本《竹书纪年》中有一则长期让人困惑的记录：“（西周）懿王元年天再旦于郑。”而在《汲冢纪年》也有类似的文字。《竹书纪年》是一本记载了自上古到战国魏国的历史纪年，其中有许多弥足珍贵的天 象记录，我们知道，懿王是共和以前的第四个王。“天再旦”是什么天象？郑是距首都不太远的周王行宫的所在地，周王的史官们当时究竟看到了什么？以致让他们郑重地记录到了书上。这历来就有不少争论，直到50多年前，学贯中西的刘朝阳先生经考证后指出，“天再旦”应当是恰好在日出的时候发生了日全食——在日出之前天本已大亮了，但正好此时，日面因日全食而被遮掩，于是天空又骤然重新变黑，但日全食的时间总是很短的，所以几分钟后天空再次放亮，这也就形成了奇特的“天再旦”现象。

日食与月食都是有严格规律可以推算的，所以可以为确定懿王元年的具体年代提供依据。但当时史学家与天文学家提出了六七种结果，争论仍然无法取得一致的结论。断代工程“天再旦专题组”首先从理论上分析了推导出“天再旦”现象的计算方法，确定了新的西周段的月行修正常数m后，再利用发生于1997年3月9日食的良机，在算出也可能发生“天再旦”的新疆北部地区组织了实际的验证，在广大天文爱好者的大力协助下，后来专题组收到了来自乌鲁木齐、石河子、塔城、阿勒泰、富蕴等18个地方的35份报告。完全证实了专题组的理论计算。如在阿勒泰的市区内，因它东边有一座高山，完全看不到日食的过程，但在日食发生时，本已大亮的天空突然变得漆黑一团，本已隐没了的星星又重新在空中闪烁，几分钟后天空再重新光亮起来……专题组再搜索了从前1000年—前840年间，所有日食所能形成“天再旦”的区域，而其中只有发生于前899年4月21日的那次日食才能造成与史书相符的奇观，这个结论也得到了史学方面其他证据的支持，于是为断代工程采纳。由于懿王元年为前899年的确定，加上出土金文中四要素俱全的历日资料和西周王记录，西周列王的年代也由此得到了一一确认。

第三个验证是由五次月食确定了商王武丁在位的确切年代。在《尚书・无逸》中明确记载商王武丁执政长达59年之久，但其具体的始末究竟是哪一时段却历来众说纷纭，20世纪40年代以来，几十位学者得到的结论竟多达44种。这次断代工程专题组通过深入的研究，得到了确切的结论：武丁在位的年代是从前1250年到前1192年。

第四项是否定了过去的一个谬传：1945年刘朝阳在《甲骨文之日珥观测记录》中认为卜辞中的“乙卯允明，三臽食日，大星”中的“三臽”应理解为“三焰”，并进而以为这是日全食时所见到的日面边缘的火焰——日珥。他认为古人以为此火是日食之因，故有“三臽食日”之辞。1953年刘还进一步论证，这是公元前1302年6月5日发生于安阳地区的日食。当时在日面附近见到的“大星”应是水星。刘朝阳的这些考证曾获得了三项“世界之最”：最早的日食记录、最早的日珥记录及最早的日食与水星并见的记录。这次断代工程通过严格的论证，却完全否定了刘朝阳的结论。卜辞中的“食日”，实际上是表示从天明到午饭前的一个时段，而并不是日食；“大星”是指天气“大晴”。由此可见，它与天文现象根本风马牛不相干。

有十余位天文史家参加了夏商周断代工程的研究，其中席泽宗为首席科学家，起到了组织领导作用。陈久金为天文组组长。陈久金具体主持了西周金文历谱的研究工作，为推定西周诸文奠定了坚实的基础；徐凤先开创了殷末王祀的研究工作；张培瑜、江晓原承担了武王伐纣之年的研究重担；刘次沅主持了天再旦的研究工作。共同协作，完成了断代工程中与天文有关的研究项目。

三、划时代的“一块铁”

现代人的生活早已离不开人造卫星。没有气象卫星发来的云图，就不会有准确的天气预报；没有通讯卫星的传播，人们也看不到精彩的体育赛事；资源卫星还能把丰富的地下宝藏展示在科学家的眼前……正是人造卫星的通天本领，使得寰球世界变成了一个“地球村”。

世界第一颗人造地球卫星是在 1957 年升天的。它的诞生像一部一波三折的精彩喜剧：1955 年 8 月，美国总统艾森豪威尔在给“国际天体航空联盟第六次大会”发出的贺信中透露，美国不久将向人类献出一颗人造地球卫星，这自然获得了经久不息的掌声。当时苏联的与会代表马上登台发言，说他们可能会走在美国人的前面。但对于他的这番演说，当时几乎所有人都没有当真。1957 年 7 月，正值“国际地球物理年”开始时，美国又宣布要在 1958 年年底前把一颗人造地球卫星送上太空，而苏联又如法炮制，发表了类似的一则声明，同样遭到了西方人的嘲笑：“苏俄居然也异想天开，要把笨拙的‘俄国熊’抛上太空……”

可他们做梦也没有想到，当得知美国在 1956 年 9 月的火箭试验又一次获得成功，升到了 1100 千米的太空后，苏联立即修改了原先按部就班的卫星计划，决定要抢在美国之前，把两颗简易的人造地球卫星送上天去，于是他们暗暗加快了步伐。

果然，在人们万万没有想到的 1957 年 10 月 4 日 22 时 28 分 34 秒（莫斯科时间），苏联人居然真的把他们的“卫星 1 号”送上了太空！当卫星上发出的“哔卜哔卜”声在人们头顶上周而复始地响起时，整个世界都被惊得目瞪口呆。各国主要报刊无不在最显著的版面上刊出这条爆炸性新闻：“轰动本世纪的新闻”“苏联击败了美国人”“俄国人打开了通向宇宙之门”……

卫星 1 号是一颗由铝合金制成的银白色球体，重 83.6 千克，外径 58 厘米，外壳上安装有 4 根长 2.4 ～ 2.9 米的天线，在离地 215 ～ 947 千米的椭圆轨道上绕地球运行，绕转的周期为 96.2 分钟。为了抢夺先机造成心理上的威慑，苏联人在卫星 1 号上，除了安装有一台无线电发报机和一支温度计外，再也没有放上什么其他有用的科学仪器。卫星内部的绝大部分空间，都是浸在液氮中的电池。

这颗卫星 1 号只在空间转了 1400 圈，就于 1958 年 1 月 14 日坠入大气层而焚毁，所以它基本没有取得什么有价值的科学资料。

尽管如此，可它的影响是空前的。尽管美国当局极力贬低它的意义，艾森豪威尔总统在发了一个礼节性的贺电后，依然去打高尔夫球了，国务卿杜勒斯也装出若无其事的样子，还一味地责问报界：为什么你们对苏联人的这个“铁块”大做文章！军界也有人散布怀疑的论调：塔斯社有没有搞错，它不可能重 83.6 千克，可能搞错了一个小数点，是 8.36 千克吧？

但其历史意义还是不可能被抹杀的，因为它的确开辟了人类航天时代的新纪元。当时它也真让美国人感到惴惴不安，不少美国人无不忧心忡忡地抬头望着天空，生怕有什么东西砸到头上。有的说见到了空中有一个长几百英尺蚕形巨物，海岸警卫队的一艘快艇甚至向当局报称，墨西哥湾上空出现了一个巨大的发光体，且正在快速移动……因为不言而喻，既然苏联人能够这样把卫星送上天去，使它在我们的头顶上飞行，那么他们当然也能发射导弹，让核武器朝我们冲来。

因此，杜勒斯的一位朋友，报界大王回答杜勒斯时说：“因为那决不是一块普通的‘铁’，它已使人类的生活进步了几个世纪。”

四、测轨、定轨、预报专家——吴连大

经过几代人的努力，中国人又一次扬眉吐气——1970 年 4 月 24 日，“东方红 1 号”飞上了太空，我国的第一颗人造卫星出手不凡：重量达 172.82 千克，是所有国家第一颗卫星的“重量之最”。

1941 年出生的吴连大，现在是中国科学院人造卫星观测系统应用研究中心主任、紫金山天文台“空间目标和空间环境监测”创新研究团组首席科学家、国际空间碎片协调委员会（IADC）中国组成员兼观测组组长。他所在的“405”组，为“东方红 1 号”的成功升天，献上了优秀的测轨预报方案和软件，并迅速、准确、及时地向全世界发布了卫星的轨道参数和飞经世界各地上空的路线与时刻。使用单位后来发来的表扬信中说：“‘405’组设计的轨道方案（包括初轨、改进、预报）经工程实践表明，正确性、可靠性及精度均满足了我国第一颗卫星‘东方红 1 号’的轨道设计要求，并为我国后来的轨道计算打下了基础、提供了经验，他们所做的工作是开创性的，他

们为我国航天事业的发展做出了重大贡献。”

其实早在苏联“卫星1号”上天之前的1957年初，紫金山天文台台长张钰哲先生就在《天文学报》上发表了《人造卫星的轨道问题》，而后来“卫星1号”的实际运动状况与该文中的所述大体相符。此后，紫台的张家祥、童傅等人，又建立起一套独特的“摆图预报”方法，他们所做出的卫星预报，精度甚至超过了苏联这个航天界的“老大”。1961年，他们又从美国“回声1号”的运动反常的研究中，发现了光压（阳光对卫星也有作用）的影响，这也表示此项研究已达到了国际先进水平。此外，中科院人卫系统在1979年和1982年，分别对美国的“天空实验室”和苏联的“宇宙1402号”坠地前的拦截观测，都取得了极大的成功。

图15.1　在第15颗返回式卫星上的特殊首日封

在成功回收了14颗卫星后，我国于1993年10月8日发射了一颗科学探测与技术试验卫星——第15颗返回式卫星。虽然，具有很大推力的“长征二号E”捆绑式运载火箭载着这2吨多重的卫星顺利升上了太空，但由于在接受地面指令时，它未能及时调整好自己的姿态，从而使卫星误入了一条更高的“不归之路”，预定8天后的回收计划也就成了泡影。一颗小小的人造卫星在浩瀚的太空中，无异于大海中的一枚细针，一旦失踪，再要把它找回来，其难度如同“大海捞针”。

在这颗未能回归的“游子”上，除了常见的用于生产半导体材料的晶体炉、昆虫、菌种和植物种子等一大批实验品，还载有大量的“私人物品”：计有毛泽东金质像章一枚、纯金铸小佛像两尊、首日封3000枚，另有金戒指、传呼机、激光磁盘、名片等等。真可谓琳琅满目，五花八门。毛泽东纪念章为纯金制，圆形，直径10厘米左右，周边镶嵌着44颗豆粒大的钻石。纪念章是由中国房地产公司委托搭载的，这家公司为纪念毛泽东同志诞辰100周年特制此种像章20000枚，并逐一编号。搭载上天的这枚标号为“8341”，在上天之前，该纪念章已在市场露面，当时标价为53000元人民币。在卫星的一个金属圆桶中还放着一些私人物品：高10厘米的观音菩萨与如来佛金像各一尊（重225克）、价值50多万港元的“满天星”名牌手表、用24K金压铸成的面额五十美元制币模板、白金戒指1对、钻石戒指1枚、激光唱片、激光影碟、传呼机，世界名车专用钥匙，还有全家福照片和结婚照片、名片等，共有235件之多。

它的命运也引起了广泛的关注，英国的一个组织于10月23日宣称，它在大气中未能燃烧完的2吨残余物质，会对广大地区造成一定的威胁；美国在10月中旬说，这颗中国卫星将于月底坠地，后来一个自诩“任何一个足球大小的太空物体都在他们掌握中”的“美国太空飞行指挥部”又测算出，它将于28日16时09分坠落在秘鲁西1600千米的大西洋中，而中东的某国甚至正式向我国通报，卫星已落在他们的境内，要中国政府派员前去核实……

但据国家有关部门要求，紫金山天文台迅速成立的以吴连大为首的“936任务课题组”，他们早在10月20日，就已从茫茫的星海中找到了失踪已达12天的卫星身影，并很快算出了它运行的新轨道。于是他们明确向世界宣布：这颗失控卫星根本没有落地，至今仍在天上运行。1995年7月，“936任务课题组”已测出它将于1996年3月陨落。能够预言失控卫星8个月后的行径，这确实让世界各国同行们大为折服。到该年底，吴连大他们更明确断定，它陨落的日期不会迟于3月12日。于是，在2月25日至3月11日，“936任务课题组”除了在那些固定观测站上坚持日夜监视外，还派出了13个流动观测队，从汕头一路随着卫星北上，直到祖国最北的漠河镇。12日，卫星“听话”地在他们预言的时段内，穿越了大气层，坠入大西洋内……

现在，吴连大他们早已建立了一套卫星捕获与识别的技术方法。在完成“空间目标高精度测轨、定轨及预报方法研究”的过程中，成功捕获并长期跟踪特殊的卫星，发现并掌握了这类卫星的变轨情况，建立了意义巨大的数据库。为保卫伟大祖国的国防安全和社会进步、经济发展、人民幸福做出了不可替代的贡献。

五、拉莫斯特——世界上效率最高的光谱观测仪

20世纪80年代初，天文学突飞猛进，各国在天文学方面的投

资也都是骇人的“天文数字”，兴起了一股建造超大望远镜的热潮。8米、10米级的计划竟有十几台之多，“哈勃”太空望远镜也是呼之欲出，而当时我国对于2.16米的望远镜也只是刚开始研制。就在可能与世界的差距进一步被拉大的关键时刻，王绶琯、苏定强与陈建生(他们现在都已是中科院院士)等人想到了一起，要根据国情出发，寻找新的突破口，那就是不要与国外拼“大”，而是追求“大视场、多目标”。

我们知道，像5米级（口径）那样的海尔望远镜，虽能见到极为暗弱的天体，但其视场只有几角分，也就是说它只能见到月面上的一小块地域，如果要让它把全天空依次巡视一遍，就可能要花上1万年时间。所以强光力与大视场几乎是“鱼与熊掌”，始终是无法兼顾的。

经过十多年的研究，几易其稿后，从1994年开始，他们终于确定了“拉莫斯特（LAMOST）”方案，其全名应是“大天区面积多目标光纤光谱天文望远镜”。核心是一架大口径的施密特式望远镜。这个独具匠心的新仪器包括有7个子系统：光学、主动光学和支撑、机架和跟踪装置、望远镜控制、焦面仪器、圆顶、数据处理和计算机。它于1996年列为国家重大科学项目，1997年得到国家计委的批复，投资2.35亿人民币，建设周期为7年，在北京天文台兴隆观测站建成后将作为国家设备，向全国天文界开放。

“拉莫斯特”的光学系统是口径4米的施密特式望远镜，与众不同的是，它的主镜与副镜都是反射镜，主镜固定不动，用转动副镜的方式来实现对天体的跟踪。主镜是由37块镜片组成的蜂窝式多面镜，每块镜片对角线长1.1米，组成的球面镜直径为6.67×6.05米，实际有效口径为4米，焦距是20米，焦比为5。

通常的4米镜，它的视场都只有1度左右，但LAMOST可达5度！在直径1.75米的视场上，可以安放4000根光纤，因而可以在较短的时间内，把光纤按星表精确定位，这样就可同时获得4000个天体的光谱，而且因它有足够大的口径，所以在曝光1.5小时时，以1纳米（10^{-9}米）的分辨率，可以观测到20.5等的暗弱天体的光谱。拉莫斯特能观测的天区可以达2万多平方度，这差不多是半个天空的面积。以它每年观测250天，每天观测8小时计，2000小时内4000根光纤，就能得到10^7（几千万）个天体的光谱。与此相对照的是，让目前世界上所有的4米左右口径的望远镜都一起参与天体光谱的拍摄，一年下来，充其量也只能得到大约5万个天体光谱，比我们的LAMOST还少一个数量级！所以这在世界上也堪称光谱观测效率最高的仪器。

与我国的拉莫斯特相比，美国与日本等几个单位合作，也搞了一个类似的“SLOAN”计划，准备建造一台与我国的LAMOST大体相仿的“SDSS”。但它的综合性能与LAMOST相比，优劣不言自明（见下表），而且在LAMOST上，科学家们还能根据需要配置照相设备或CCD设备，这就可以在作巡天观测时及时地发现发生在宇宙深处的各种天文现象，而它无论是聚光能力还是灵敏度，都比普通的施密特望远镜有成倍的提高。

表15—1　LAMOST与SDSS性能对比表

	SDSS（美、日）	LAMOST（中国）
能见天区（平方度）	～1万	＞2万
有效口径（米）	2.5	4
视场（平方度）	7	21
光纤数（根）	680	4000
同样时间所得光谱	10^6	10^7
总性能指标	1	19

人们通过大望远镜的光学观测，在几十年中所确证的天体大致是10^9（几十亿）颗，“哈勃”上天后，这个数字提高了近100倍，达10^{11}（几千亿）量级。但实际上，人们真正深入研究过的天体只有10^5（几十万）！但就是这几十万就已让人们对于宇宙的认识产生了重大的飞跃。因为我们知道，光谱是天体的“身份证”，通过光谱的研究分析，科学家就能破解天体的众多奥秘：宇宙的大尺度结构、类星体的本质、星系的形成与演化、银河系的结构、运动学等很多方面……

六、拉莫斯特的天文发现

拉莫斯特于2009年落成后，又得到了一个响亮的名字“郭守敬望远镜”。中国科学院国家天文台宣布，郭守敬望远镜已完成一期光谱巡天观测，为银河系演化研究提供了基础数据。一期巡天共用时5年(2012年9月—2017年6月)，发布光谱901万，确定534万组恒星光谱参数，发现太阳系外近 700 颗行星中，约八成的轨道都如同太阳系的行星近圆形轨道。那么，LAMOST 究竟获得了哪些重大发现呢？地外是否存在生命？

浩瀚的宇宙空间中，我们有没有同类？地外是否存在生命？这从来就是人类孜孜以求和极力想要解开的谜题。对此，LAMOST 也做出了贡献——它首次测量了近 700 颗太阳系外行星的轨道偏心率和倾角，发现其中约有 80% 的行星，其运行的轨道都如同太阳系的近圆形轨道。由此有人以为："这表明太阳系在宇宙中并不是一个特例而是具有一定代表性的，在某种程度上增强了人类寻找另一个地球和地外生命的信心。"

在这第一期光谱巡天观测中，郭守敬望远镜利用大样本优势，给银河系"重新画像"，两次刷新银盘半径大小，让天文学家重新审视星系形成及宇宙演化的一般规律。同时，该望远镜取得的数据改写了银河系晕的结构特征，确立为内扁外圆的新结构。这一明确的证据，推翻了前人关于恒星晕是一个轴比不变的扁球体的猜测。

据中国科学院国家天文台研究员、LAMOST 运行与发展中心主任赵刚介绍，银盘是恒星、尘埃和气体组成的扁平盘，在银河系可探测到的物质中，有九成都在银盘范围以内。原来科学家们认为银盘的半径约为 5 万光年，但目前科学家们的推测是，其半径在 10 万光年左右。

另外，利用 LAMOST 数据计算出迄今为止最为精确的外盘旋转曲线，构建了银河系的质量模型，估算出银河系的质量和太阳邻域暗物质密度。"太阳附近暗物质所占比例非常低，这给我们直接探测暗物质带来了巨大困难。"赵刚说，"利用 LAMOST 数据对太阳附近的暗物质密度进行了重新估算，对寻找暗物质粒子、理解暗物质在银河系中的分布具有重要意义。"

据赵刚介绍，LAMOST 精确估算了上百万颗恒星的年龄，使具有精确年龄的恒星样本增加了一千倍，为银河系演化研究提供了基础数据；测量了近 6000 颗类太阳恒星的磁活动指数，发现太阳具有与超级耀斑恒星相当的磁活动水平，证实太阳有爆发超级耀斑的可能。

它发现了五个"逃跑者"——能逃出银河系的超高速星。超高速星的速度很快，最终能够脱离银河系引力束缚。LAMOST 发现了五颗超高速星，目前世界上已证实的超高速星仅有 20 余颗。它们为深入研究这类“逃离”银河系的恒星的形成机制，提供了重要样本。

天文学家利用 LAMOST 发现大量“老年恒星”——白矮星。白矮星是绝大多数恒星演化到暮年的最后归宿之一，它是大小如地球、质量如太阳一般的奇特天体。利用 LAMOST“光谱工厂”的优势，天文学家发现了大量不同种类的白矮星，为研究恒星演化提供了更多证据。

在茫茫宇宙中还存在着一些性质非常奇异的天体，由于其稀有性，对这些奇异天体的搜寻和研究无异于大海捞针，往往是“可遇而不可求”。LAMOST 庞大的数据量成为挖掘这些天体的一个“富矿”，随着其数据量越来越大，研究人员从中逐渐发现了一些“怪东西”。如它发现了一万多颗宇宙“化石”——年老的贫金属星。贫金属星记录了宇宙化学演化的最初历史，对它们的分析可以实现对第一代恒星和早期宇宙本质的“考古”调查。在 LAMOST 光谱中已发现的一万多颗贫金属星，构建了目前世界上最大的、适合现有大望远镜跟踪观测的宇宙化石样本。

此外，天文学家利用 LAMOST 又发现了一颗富锂巨星——已知锂含量最高的恒星。经过进一步跟踪观测，科研人员发现，这颗奇特恒星的质量不足太阳的 1.5 倍，半径约为太阳的 15 倍，是一颗典型的巨星。接着，他们对其锂丰度进行了精确测量，发现这颗恒星绝对锂丰度高达 4.51，相当于太阳中锂含量的 3000 倍，是目前人类已知的锂元素含量最高的巨星，称得上是“奇珍异宝”。它来自银河系中心附近的蛇夫座方向，距离地球约 4500 光年。专家认为，这一发现改变了人类对天体中锂元素的认知，同时在理论上对锂元素合成和现有恒星演化理论提出了新观点。

众所周知，锂是元素周期表中的第 3 号元素，结构简单，紧随氢和氦，排在化学元素周期表的第 3 位。它虽然轻若鸿毛（轻到可以漂浮在水面上），却成就了现代科技革命。这个简单而实用的锂元素，不仅“接地气”，而且是连接宇宙大爆炸、星际物质和恒星的关键。一直以来，它在宇宙和恒星中的演化始终困扰着世界各地的科学家。“大爆炸产生了宇宙中最初的 3 种元素氢、氦和锂，而诞生于宇宙初期的古老恒星保留了这些‘原材料’。”发现者之一、中国科学院国家天文台博士闫宏亮说，粒子物理学家们通过计算，可以推断每种元素究竟产生了多少。实践证明，氢、氦和观测到的数量基本吻合，只有锂元素除外。在古老恒星中观测到的锂，其含量只有计算预期值的一半。个中原因，值得人们进一步深入研究。

七、“中国天眼”的天文新发现

“中国天眼”又称FAST，是世界上最大的直径达500米的球面射电望远镜。在此之前，地面上可动的射电望远镜直径最大的是德国的100米，建成于1971年。1974年，美国在波多黎各的阿雷西博，利用一个死火山的山口建造了一架直径305米的“大家伙”，它原先只是一个编得相当疏松的金属网，后来才改造为38774块铝板；到20世纪80年代，其直径又被扩大到366米！可它最大的问题是无法自由转动，始终只能观测其“头顶”上方的那一小片星空。

谈到这项令国人自豪的工程，就不能忘了被中央宣传部授予“时代楷模”称号的天文学家南仁东。这个被誉为“中国天眼之父”的南仁东，于1945年出生在吉林省辽源市。1963年以“吉林省理科状元”考入清华大学无线电系，1987年7月获博士学位。在6年后一次日本国际无线电科学联盟大会上，有人提出，在全球电波环境继续恶化之前，建造新一代射电望远镜，以接收更多来自外太空的信息。闻听此话，南仁东当即兴致勃勃地向同事们说：“咱们也建一个吧。”

从1994年始，南仁东提出利用喀斯特洼地作为望远镜台址，建设巨型球面望远镜作为国际SKA的单元。他的提议获得中国科学院国家天文台立项后，便开始启动在贵州喀斯特地貌的选址工作。为了给500米口径球面射电望远镜（FAST）工程选出一个理想的台址，他带着300多幅卫星遥感图，在中国西南地区的莽莽大山里，披星戴月，跋山涉水，风餐露宿，常以面包、方便面充饥。他带领自己的团队，用12年的时间，先后对比了1000多个洼地。他走遍了贵州上百个窝凼（dǎng，水塘般的凹坑），在那乱石密布的喀斯特石山里，不少地方连路都没有，只能从石头缝间的灌木丛中，深一脚、浅一脚地艰难前行。有

图15.2　南仁东在天眼施工工地

的陡坡坡度达到七八十度，人就像挂在山腰间，极其惊险。遇到艰险，南仁东总是一马当先，走在最前头。见到头戴安全帽、身穿工作服在荒野中行动的这位老科学家，人们无不钦佩他的吃苦耐劳精神。十多年间，南仁东每天不知疲劳地翻山越岭，终于在2006年，他和他的团队找到了建设FAST的最佳台址——贵州平塘的大窝凼！

2011年，天眼项目正式开工。可这么大的望远镜建设，关键技术无先例可循、关键材料需攻关、现场施工环境复杂……工程从纸面设计到实际建造和运行，不知横亘着多少艰难险阻。南仁东通过自己的执着、智慧和勤奋，解决了一个又一个的难题。

2014年，“中国天眼”反射面单元即将吊装，年近七旬的南仁东坚持自己第一个先上，亲自进行“小飞人”载人试验。2016年9月，“中国天眼”落成启用前，南仁东已罹患肺癌，并在手术中伤及声带。患病后，他依然带病坚持工作，尽管身体不适合舟车劳顿，但他仍从北京飞赴贵州，亲眼见证自己耗费22年心血的科学工程的落成启用。

“中国天眼”实现了完全自主的三大创新：利用了地球上独一无二的优良台址——贵州天然喀斯特巨型洼地，突破了平地上建设望远镜的百米极限；使用了主动变形的反射面，让不会动的望远镜动起来，使FAST能够灵活主动地观察宇宙的每个角落；自主研制了轻型索拖动的并联机器人，使接收信号的馈源舱能够精确对焦，从而更好地接收宇宙中极其微弱的无线电波信号。

“中国天眼”是我国具有自主知识产权的大国重器、苍穹之眼，是世界上最大最灵敏的单口径射电望远镜！它比德国的100米望远镜，灵敏度高几十倍；比美国阿雷西博366米望远镜，综合性能高10倍！它能探测到137亿光年也就是宇宙边缘的信息，其灵敏度甚至可以听到宇航员在月球上打电话的声音！

可让人痛心的事情发生了：2017年9月15日，南仁东因肺癌突然恶化，抢救无效逝世。虽然他没有能等到中国天眼产出科学成果的那一天，没有能等到他应得的荣誉、奖励，但他在离去的时候心里一定非常清楚，他毕生的事业已经成功了。有人对他的评价是：“朴素宽厚，淡泊名利，待人诚恳，胸怀全局，鞠躬尽瘁。”为了纪念南仁东，现已将国家天文台在1998年9月25日所发现的第79694号小行星，命名为“南仁东星”；他的塑像，也耸立在了天眼的现场。

南仁东还热心科普事业，曾完成CCTV的5小时美国宇航局NASA火星着陆直播；通过百家讲坛《寻找地外生命》，用科学思想影响公众与媒体对太空生命和地外文明的认识。他在SETI报告中定义了生命的三个识别标准，并提出星际旅行的三项物理法则限制。

2017年10月，“中国天眼”刚刚“睁开眼睛”就“看见”了离地球如此遥远（距离分别为4100光年和1.6万光年）的2颗脉冲星。这也是中国射电望远镜首次发现脉冲星，可谓“零的突破”。截至2018年9月12日，“中国天眼”已发现59颗优质的脉冲星候选体，其中44颗已被确认为新发现的脉冲星。值得一提的是，其中一颗非常罕见的“毫秒脉冲星”J0318+0253，其自转周期为5.19毫秒。也就是说，该星在一分钟内会飞速转上11560圈！它距离地球约4000光年，也是至今发现的射电流量最弱的高能毫秒脉冲星之一。有“脉冲星之母”之誉的英国天文学家乔瑟琳·贝尔，曾于2017年8月参观访问了“中国天眼”，她热切期待这座世界最大的射电望远镜能发现更多微弱、遥远、独特的脉冲星，包括发现围绕黑洞旋转的脉冲星。

当然对于“中国天眼”来说，发现脉冲星只是其使命之一，它还将在中性氢观测、谱线观测、寻找可能的星际通讯信号等方面大展宏图。

宇宙大爆炸学说认为，“中性氢”是宇宙中几乎与大爆炸同龄的“元老”，观测和研究中性氢的分布，能帮助科学家进一步弄清银河系和河外星系的结构，解开宇宙大爆炸等宇宙起源和演化之谜。“中国天眼”将通过巡视宇宙中的中性氢，绘制出最新最大的标准宇宙天图。它甚至还能“监听”宇宙中可能存在的“外星文明”发出的无线电波。澳大利亚科学及工业研究院Parkes望远镜科学主管乔治·霍布斯说：“中国天眼”能看得更远，说不定将来它会告诉我们更加令人振奋的消息。它的众多“独门绝技”，将为世界天文新发现提供更多机会和可能。

通过这架世界最大的射电望远镜，中外天文学家可以观测黑洞、宇宙暗物质与外星文明。近日，人们通过中国天眼发现了一个适宜人类居住的星球，因为其水源呈液态、地表植物都跟地球类似。这应该是迄今为止发现的整个宇宙中最像地球的第二个星球。如果这个发现最后得到确认，其意义必将轰动全球!

大自然是丰富多彩的，宇宙是浩瀚无际的，人类对于它们的认识也是逐步深入的。中国古代的天文学家曾经在人类天文学史上写下了无比辉煌的一页，但到了近现代却远远落后于西方。随着中国科技和综合国力的增强，中国人有志气也有能力赶超世界天文学研究的先进水平，在 21 世纪里，中国天文学家一定会取得更多更大的天文新发现，中国天文学界必将为人类天文学的发展做出更大的贡献。

主要参考书目

清阮元校刻:《十三经注疏》，中华书局1980年影印本。

段玉裁注:《说文解字注》，上海书店出版社，1992年版。

袁珂校译:《山海经校译》，上海古籍出版社1985年版。

王大有:《三皇五帝时代》，中国社会出版社2000年版。

何光岳:《东夷源流史》，江西教育出版社1990年版。

何光岳:《炎黄源流史》，江西教育出版社1992年版。

何光岳:《夏源流史》，江西教育出版社1992年版。

何光岳:《南蛮源流史》，江西教育出版社1988年版。

何光岳:《楚源流史》，湖南人民出版社1988年版。

《周髀算经》。

《大戴礼记》。

《淮南子》。

陈久金等:《彝族天文学史》，云南人民出版社1984年版。

陈久金:《陈久金集》，黑龙江教育出版社1993年版。

陈久金:《天文历法卷》(少数民族科技史丛书)，广西科技出版社1993年版。

陈久金:《帛书及古典天文史料注析与研究》，台湾万卷楼图书有限公司2001年版。

(日本)新城新藏著，沈璿译:《东洋天文学史研究》，中华学艺出版社1933年版。

云南彝学会等编:《中国彝族十月太阳历学术讨论会议文集》，

云南民族出版社 1995 年版。

王子国译:《土鲁窦吉》,贵州民族出版社 1998 年版。

罗家修:《古今彝历考》,四川民族出版社 1993 年版。

胡铁珠:《夏小正星象年代研究》,《自然科学史研究》2000 年第 3 期。

中国社会科学院考古所等:《山西襄汾县陶寺城址祭祀区大型建筑基址 2003 年发掘简报》,《考古》2004 年 7 期。

中国社会科学院考古所等:《2004 ~ 2005 年山西襄汾陶寺遗址发掘新进展》,《中国社会科学院古代文明研究中心通讯》2005 年第 10 期。

(日本)能田忠亮:《东洋天文学史论丛·夏小正星象论》,《中日文化》第 2 卷第 9、10 期。

陈久金、万辅彬:《中国科技史的研究方法》,油印本。

朱文鑫:《历法通志》,商务印书馆 1934 年版。

陈美东:《中国科学技术史·天文学卷》,科学出版社 2003 年版。

整研组编:《中国天文学史》,科学出版社 1981 年版。

薄树人编:《中国天文学史》,台湾文津出版社 1996 年版。

唐汉良等编:《日月食计算》,江苏科技出版社 1980 年版。

陈久金:《中国星占揭秘》,台湾三民书局 2005 年版。

陈久金:《回回天文学史研究》,广西科技出版社 1996 年版。

席泽宗:《古新星表与科学史探索》,陕西师范大学出版社 2002 年版。

何香涛:《蟹状星云和她的明珠》,湖南科技出版社 2005 年版。

《中国大百科全书·天文卷》,中国大百科全书出版社 1980 年版。

瞿悉达等编:《开元占经》。

《历代天文律历等志汇编》,中华书局编印,1975 年版。

陈久金:《泄露天机——中西星空的对话》,北京群言出版社 2005 年版。

马星垣等编著:《美丽的星空》,中国青年出版社 2004 年版。

冯时:《中国天文考古学》,社会科学文献出版社 2001 年版。

刘步林等编著:《简明天文学手册》,科学出版社 1986 版。

(英)D·H·克拉克等著,王德昌等译:《历史超新星》,江苏科技出版社 1982 年版。

（英）李约瑟著:《中国科学技术史·天学卷》，科学出版社1975年版。

王绶:《20世纪中国学术大典·天文学》，福建教育出版社2002年版。

中国科学技术协会编:《中国科学技术专家传略·理学编·天文卷》，科学普及出版社2005年版。

吴燕编著:《二十世纪重大发现与发明·天文卷·星星的秘密》，宁波出版社2001年版。

江苏地方志编纂委员会:《江苏省志·天文事业志》，江苏古籍出版社2001年版。

赵刚、戴志高主编:《当代天体物理及相关物理前沿》，中国科学技术出版社2005年版。

席泽宗:《古新星新表》,《天文学报》1955年2期。

席泽宗:《伽利略前2000年甘德对木卫的发现》,《天体物理学报》1981年2期。

席泽宗:《三个确定，一个否定》,《天文爱好者》2001年1期。

张钰哲、张家祥:《人造卫星轨道问题》,《天文学报》1957年2期。

江晓原、吴燕:《紫金山天文台史》，河北大学出版社2004年版。

戴文赛:《木星、土星、天王星及其规则卫星的形成》,《天文学报》1977年版。

陆埮:《奇异星物理发展中的一个故事》,《现代物理知识》51卷3期。

中国天文学会编印:《中国天文学在前进》，2002年版。

何香涛:《追逐类星体》,《天文爱好者》2006年版。

刘金沂:《木星在增亮吗？》,《自然杂志》1983年版。

张明昌:《宇宙索奇》，江苏少年儿童出版社1998年版。

张明昌:《天机—星座与命运的科学解码》，上海文化出版社2005年版。

张明昌:《宇宙之花》，重庆出版社2001年版。

张明昌:《地球兄弟》，重庆出版社2001年版。

张明昌:《永垂史册》，重庆出版社2001年版。

林景明:《九华还是瑞华？》,《中国国家天文》2017年5期。

图书在版编目（CIP）数据

中国天文大发现 / 陈久金，张明昌著. -- 增订本. -- 济南：齐鲁书社，2019.10
（“大发现”书系）
ISBN 978-7-5333-4130-5

Ⅰ. ①中… Ⅱ. ①陈… ②张… Ⅲ. ①天文学史—中国—普及读物 Ⅳ. ①P1-092

中国版本图书馆 CIP 数据核字（2019）第 128977 号

中国天文大发现（增订本）

ZHONGGUO TIANWEN DAFAXIAN

陈久金　张明昌　著

主管单位　山东出版传媒股份有限公司
出版发行　齊魯書社
社　　址　济南市英雄山路 189 号
邮　　编　250002
网　　址　www.qlss.com.cn
电子邮箱　qilupress@126.com
营销中心　（0531）82098521　82098519
印　　刷　山东临沂新华印刷物流集团有限责任公司
开　　本　720mm × 1020mm　1/16
印　　张　18.75
字　　数　366 千
版　　次　2019 年 10 月第 1 版
印　　次　2019 年 10 月第 1 次印刷
印　　数　1–3000
标准书号　ISBN 978-7-5333-4130-5
定　　价　48.00 元